高分辨率光学卫星敏捷姿态控制技术

常 琳　范国伟　杨秀彬　王绍举　编著

国防工业出版社

·北京·

内 容 简 介

本书针对光学成像卫星,介绍几种典型的成像模式、姿态控制相关的测量和执行机构部件,设计一些典型的姿态控制方法;并针对几种典型成像模式,采用一定的姿态控制策略,进行成像过程仿真。本书提供的方法能够为航天工程领域光学遥感卫星成像设计提供技术支持,可用于在轨成像过程控制。

本书既可供对地观测卫星先进控制技术的年轻科技工作者参考,也可供高等院校高年级相关专业研究生和科研院所的科研人员参考。

图书在版编目(CIP)数据

高分辨率光学卫星敏捷姿态控制技术/常琳等编著.
—北京:国防工业出版社,2019.6
ISBN 978-7-118-11825-4

Ⅰ.①高… Ⅱ.①常… Ⅲ.①高分辨率-小型卫星-姿态控制 Ⅳ.①V474.1

中国版本图书馆 CIP 数据核字(2019)第 084760 号

※

国防工业出版社出版发行
(北京市海淀区紫竹院南路 23 号 邮政编码 100048)
三河市腾飞印务有限公司印刷
新华书店经售

*

开本 710×1000 1/16 **印张** 12 **插页** 8 **字数** 222 千字
2019 年 6 月第 1 版第 1 次印刷 **印数** 1—2000 册 **定价** 72.00 元

国防书店:(010)88540777 发行邮购:(010)88540776
发行传真:(010)88540755 发行业务:(010)88540717

序

自1957年苏联第一颗人造卫星发射成功至今，空间科学研究已经走过了辉煌的60多年。空间遥感技术已经在通信、导航、对地观测、气象预报、环境保护、灾害监测和资源探测等方面发挥着重要作用。世界各国都希望能够借助空间遥感技术为国家经济的发展与建设提供强大的推动力和重要的战略决策依据，空间遥感技术因此在各国得以迅速发展，也越来越显现出其深远的军事意义和巨大的经济效益。空间遥感技术的发展水平，已经成为衡量一个国家科技实力和创新能力的重要依据。

随着航天技术的发展，当前对地观测卫星表现出高分辨率、轻小型化以及敏捷型姿态控制三个主要发展趋势。敏捷的姿态机动能力可以保证小型卫星从一个目标区域观测完之后能够迅速机动到另一个目标区域，在不增加星体的质量、体积及能量消耗的前提下采集到更多的科学数据，极大地提高整星的功率密度，进而降低研发成本。姿态控制系统是对地观测卫星的主要分系统之一，主要功能是实现卫星对地面目标的快速、精准、稳定指向。卫星姿态控制系统根据传感器测量的姿态信息，通过设计的姿态确定及控制算法来驱动姿态执行机构，实现卫星姿态的机动及稳定闭环控制，进而保障载荷的精确对地指向，实现高分辨率侦察、城市规划、农田水利服务、应急观测等军、民空间遥感任务。

卫星的敏捷姿态控制具有典型的多约束、非线性及强耦合特点，特别是在卫星姿态进行快速机动情况下，系统的挠性将逐渐加剧，这些问题的存在给姿态控制系统的设计带来了巨大的困难与挑战。为实现高性能的卫星姿态控制，需要从动力学及运动学建模、姿态控制部件、定姿算法、控制算法和仿真验证等全链路的角度进行深入的分析和设计。本书以对地观测卫星的姿态控制技术为研究对象，详细介绍了卫星的敏捷姿态动力学及运动学模型，在介绍了几种星载姿态敏感器及执行机构基础上，阐述了当前主流的姿态确定算法，并就以飞轮或控制力矩陀螺为执行机构的敏捷卫星，详细介绍了卫星的敏捷姿态控制算法和控制力矩陀螺的操纵律，通过建立的仿真系统验证了相关控制理论。相信本书的出版对当前敏捷卫星姿态控制技术的提升有很大的帮助。

本书是航天光学遥感领域的一部较新的著作，本书的编著者都是长期从事航天遥感、卫星姿态控制、综合电子学设计与仿真分析的一线科技工作者,有着深入的理论基础和工程经验。在本书的撰写过程中,编著者收集了大量、丰富的文献和资料,通过认真的分析和总结完成了本书的编写工作。该书不仅详细介绍了敏捷卫星的先进姿态控制方法,还结合仿真和实验等进行了相关理论的验证,使读者以更加直观、易懂的方式掌握本书的姿态控制基本理论,可读性较强。

本书在总结当前国内外敏捷卫星发展现状基础上,重点论述了对地观测卫星的敏捷型姿态控制方法,并结合仿真加以验证。本书内容由浅入深、内容丰富、重点突出、覆盖全面。对于需要快速学习对地观测卫星先进控制技术的年轻科技工作者来讲,本书很有参考价值,也可供高等院校高年级相关专业研究生和科研院所科研人员参考。

金光

2019 年 2 月

前　言

高精度的对地观测分辨率可以获得更多的目标信息,已成为当前对地观测卫星发展的主流趋势。然而,高精度的对地观测分辨率常意味着相对较小的视场孔径角,而实现对敏感区域大范围的观测就应使卫星能够快速频繁地进行姿态机动,这就要求卫星平台具备敏捷的姿态机动能力。卫星的敏捷性主要体现在卫星姿态的快速机动能力及高精度的稳定能力两个方面,尤其在卫星对地观测多种工作模式理念提出之后,这种敏捷性需求更加迫切。为实现对敏感区域大范围拍照、一次过境多次拍照或不同目标区一次拍照,卫星需进行同轨条带拼接、立体或凝视成像等,在这些工作模式实现过程中必然伴随卫星姿态的前摆、后摆或侧摆运动,卫星在不同姿态之间快速切换,这样可以在一个轨道周期内采集到更多的科学数据,极大地增加整个小型卫星的功率密度。

本书将从对地观测小型卫星的敏捷姿态控制理论出发,对高性能姿控部件、姿态确定算法、姿态控制算法以及地面仿真技术等方面进行深入的分析。全书共分为7章:第1章对当前国内外敏捷小型卫星的发展情况进行了概述,并总结了敏捷型小型卫星的未来发展趋势;第2章介绍了敏捷小型卫星的姿态描述方法,并给出了面向控制需求的姿态动力学及运动学模型;第3章介绍了高性能的姿态测量部件,以及当前小型卫星常用的姿态执行机构,包括磁力矩器、飞轮和控制力矩陀螺,并对其工作原理进行了阐述;第4章介绍了几种小型卫星在轨敏捷姿态确定算法,实现了卫星在轨的真实姿态测量和估计;第5章详细介绍了小型卫星实现敏捷姿态快速机动及稳定控制的若干姿态控制算法;第6章针对以控制力矩陀螺为姿态执行机构的小型卫星,阐述了几种当前主流的操纵律设计方法;第7章详细介绍了小型卫星的敏捷地面仿真技术,包括全链路数学仿真和实物仿真,并给出了多种成像模式下的姿态仿真结果。

本书是在我们团队的共同努力下完成的,参与本书资料整理、章节编写、校对审核和技术支持的人员有常琳、范国伟、杨秀彬、王绍举,同时,要特别感谢孙志远、杜丽敏、王亚敏、周美丽、朴永杰、章家保、冯汝鹏、王家骐院士、金光、徐伟、曲宏松、刘春雨、张贵祥、李宗轩、徐明林、刘帅、徐婷婷、徐超等对本书写作的帮助。在本书的编写过程中,始终得到中国科学院长春光学精密机械与物理研究所学术委员会主任、中国科学院院士王家骐研究员的关注、指导和支持，并为此书作序，在此特向王家骐院士表示衷心的感谢。空军第二航空学院、北京理工大学、长春理工大学、清华大学、哈尔滨工业大学、国防科技大学、深圳航天科技创新研究院等兄弟院校航空航天领域的专业老师们提出了许多宝贵的意见和建议；国防工业出版社的领导和编辑予以直接指导与帮助，特别是国防工业出版社编辑肖姝为本书的出版做了许多艰苦细致的工作。借此书出版之际，谨对上述领导、专家和朋友们一并表示深深的感谢。

小型卫星的敏捷姿态控制技术包含控制、电子、机械等多学科的系统工程，由于我们的水平所限，难免有错误和不妥之处，欢迎专家和读者批评指正。

常　琳

2019 年 1 月

目 录

第1章 绪 论

随着航天技术的发展,对地观测卫星的分辨率被要求得越来越高。高精度的对地观测分辨率可以获得更多的目标信息,已成为当前对地观测卫星发展的主流趋势。然而,高精度的对地观测分辨率常意味着相对较小的视场孔径角,而若实现对敏感区域大范围的观测,就应使卫星能够快速频繁地姿态机动,这就要求卫星平台具备敏捷的姿态机动能力。敏捷的姿态机动能力可以保证卫星从一个目标区域观测完之后能够迅速机动到另一个目标区域,这样可以在一个轨道周期内采集到更多的科学数据,极大地增加整个卫星的功率密度。

小型卫星具有研制成本低、研制周期短、质量轻、体积小、响应快速等优点,已成为当今世界各国的研究热点。小型卫星主要指质量小于1000kg的近地轨道卫星,其研究设计依赖于微电子学、微型机械和微加工等现代航天技术的进步。小型卫星同样具有功能完整性,既可以实现传统大型卫星执行的各项航天任务,也可组成星座或编队飞行,利用编队飞行的灵活性和星座的重访周期短的优点,完成一些大型卫星难以胜任的任务[1-3]。

机动及快速稳定能力是小型卫星广受重视的主要原因,尤其在卫星对地观测任务多种工作模式理念提出之后。姿态控制系统作为卫星的主要分系统之一,主要功能是实现卫星对地面目标的快速、精准、稳定指向。目前,我国遥感光学卫星通常采用星下点及侧摆的推扫成像模式,其要求卫星姿态控制系统具有一定的姿态机动性及较高的机动后姿态稳定性。现有技术主要是通过预留足够长的机动及稳定时间,以克服挠性附件或干扰力矩等造成的姿态波动。灵活多样的在轨成像模式,如多点目标成像、地面固定点凝视成像及非沿轨的灵巧成像等势必会提升遥感光学卫星的应用效能。但是,传统的卫星姿态控制技术难以满足多模式成像要求。新颖的成像模式需要卫星姿态控制系统在规定时间内完成卫星姿态的快速机动并保持较高精度的稳定性,或实现对期望姿态及姿态角速度的高精度跟踪控制,且对各种建模不确定性、刚柔耦合作用及外部干扰力矩等具有较强的鲁棒性,这对卫星姿态控制系统的设计提出了新的挑战。

1.1 敏捷型对地观测卫星发展现状

敏捷型卫星通常是指对姿态或轨道控制有快速机动要求的小型卫星，这一概念是航天任务多样化发展的必然产物，代表了对航天器姿态与轨道控制系统快速机动能力的更高要求。与传统航天器相比，敏捷型卫星的应用范围和效能显著提高，能够保障更长的载荷数据的传输时间，特别是在遥感信息获取、在轨服务非合作目标接近等任务背景下，可以实现以往常规技术难以企及的功能。在自然灾害频发、地区局势多变的今天，敏捷型卫星技术已经成为航天器研究领域中的焦点问题，掌握敏捷型卫星的控制技术将有利于及时准确地获得地面信息，为抗灾救灾、计划决策提供第一手资料，是提升国家实力的重要体现。

1.1.1 敏感型卫星的成像模式

本节将对敏捷型卫星的成像模式进行归纳和总结，概括出 6 种经典成像模式，并深入研究每种成像模式的工作机理和实现策略。

1. 星下点成像模式

星下点成像是最传统的成像模式，也是最简单的成像模式，它只需卫星机动一个小姿态角且保持稳定状态，高分辨率相机即可开机并沿飞行轨道对地球表面成像，推扫出一条与轨道走向一致的条带，如图 1-1 所示。

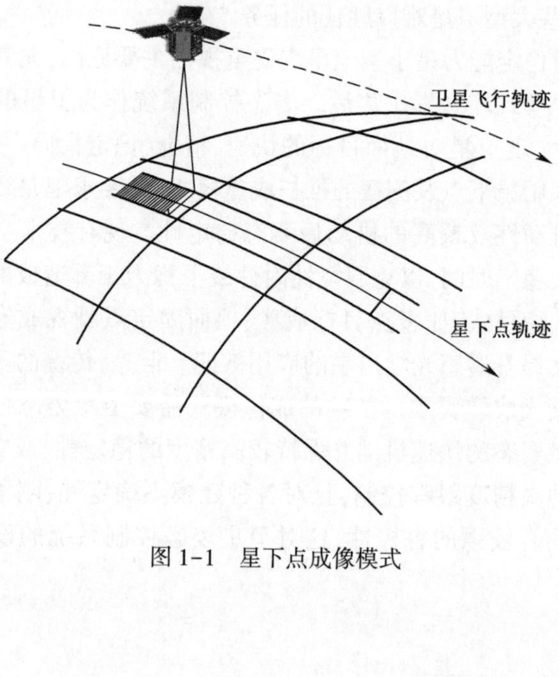

图 1-1　星下点成像模式

高分辨率相机在该过程中会受到地球自转以及相机本身视轴指向等因素的影响，目标点位置与星下点间有一些偏移，但是这种偏移非常微小，对卫星三轴姿态角的影响也比较小，这种模式称为星下点成像模式[4,5]。卫星星下点成像模式不属于敏捷型成像模式，成像时卫星三轴对地稳定，卫星、地心连线与地球表面的交点（星下点）通常是观测点。

2. 大角度侧摆成像模式

国内外研制的高分辨率敏捷型卫星大部分已经具有大角度侧摆成像能力，如图 1-2 所示。大角度侧摆成像模式是指空间相机通过卫星侧摆姿态的机动对星下点投影两侧一定区域进行推扫成像。这种模式大大增加了空间相机单轨的可探测地面范围。但由于卫星的侧摆机动，卫星相机与目标点的距离相对拉长，空间相机在目标点的地面分辨率会相对变小[6,7]。

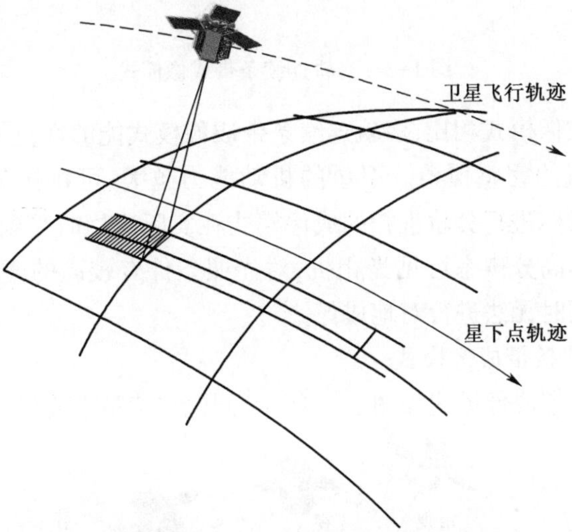

图 1-2　大角度侧摆成像模式

在相机拍摄期间，卫星对地姿态稳定。大角度侧摆成像模式相对于传统星下点成像模式对空间相机有更高的要求：①卫星的侧摆姿态精度和姿态稳定度；②对空间相机的像移补偿方面也提出了新的要求。这种模式属于最简单的敏捷成像模式[8,9]。

3. 多轨连续条带成像模式

如图 1-3 所示，就单轨而言，卫星的多轨连续条带成像模式与大角度侧摆成像模式没有太大差别，差别在于不同轨间在地面上所成的多个条带是一个连续接壤的大区域，通过地面图像系统可以处理成一幅具有多个条带宽度的图像条带，实现一轨扩大卫星地面成像范围，增加地面覆盖单景成像宽度的目的[10]。

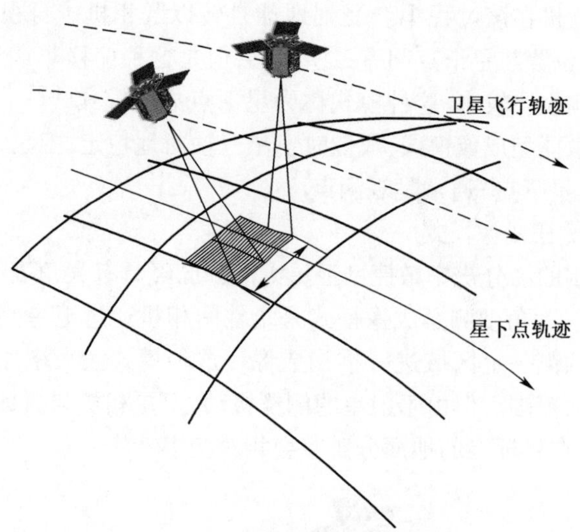

图 1-3　多轨连续条带成像模式

与单条带成像模式相比,多轨连续条带成像模式能够在更短的时间内实现对地球各个区域的完整覆盖。卫星的机动能力越大,可拼接条带数越多[11]。但这种对区域目标进行分轨推扫的成像模式在实际应用时受到一定限制,因为空间相机尤其是高分辨率可见光相机,对光照条件有较高的要求,当太阳高度角过低或者夜间时无法进行对地成像[12]。

4. 同轨连续条带成像模式

同轨连续条带成像模式如图 1-4 所示,同轨连续条带成像与多轨连续条带

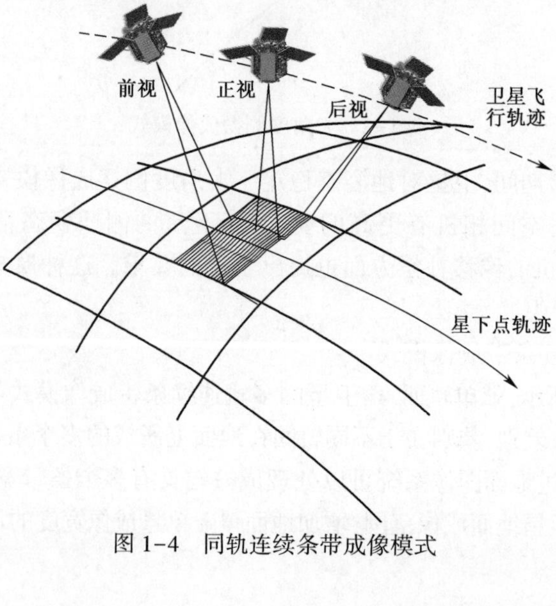

图 1-4　同轨连续条带成像模式

成像的目的是相同的,均是对地面某大区域目标划分成条带分别进行推扫成像,最后拼接成一幅数倍于单次推扫成像宽度的完整图像[13]。与多轨连续条带成像模式不同的是,同轨连续条带成像模式是在一轨之内完成的,不仅需要卫星侧摆姿态相互配合,还必须与卫星俯仰轴、偏航轴的姿态快速机动互相匹配[14]。

与多轨连续条带成像模式相比,同轨连续条带成像模式不会因为太阳光照条件的变化而漏掉一些条带(成像时间短),同时具有良好的实效性,但是该模式需要空间相机快速去适应更复杂的姿态变化,相机像移补偿的难度更大[15]。

5. 同轨立体成像模式

如图 1-5 所示,同轨立体成像模式是指空间相机通过调整卫星俯仰姿态,在一轨中卫星以不同俯仰姿态对同一地面目标推扫成像,构成多个立体像对[16]。

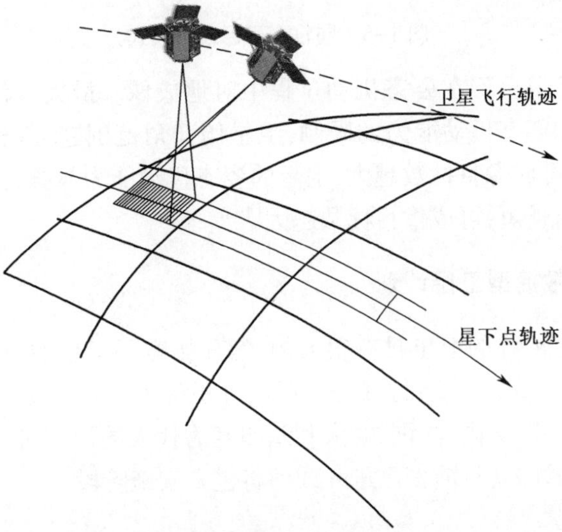

图 1-5　同轨立体成像模式

相比于多轨连续条带成像模式,同轨立体成像模式的成像实时性更强。但是多轨连续条带成像具有特殊的优势,如成像区域较大,灵活性较强,推扫的条带长度不受卫星姿态的限制。因此,通过多轨连续条带成像和同轨立体成像相结合,可以实现更大区域的立体成像和目标 360°全方位立体成像[17]。

6. 同轨多目标成像模式

如图 1-6 所示,同轨多目标成像是指一轨内卫星通过多次快速完成侧摆和前后摆机动并且稳定以后对所能观测到的多个不同目标进行推扫成像;但每次推扫时间较短,相当于不同姿态下单条带推扫的集合[18]。

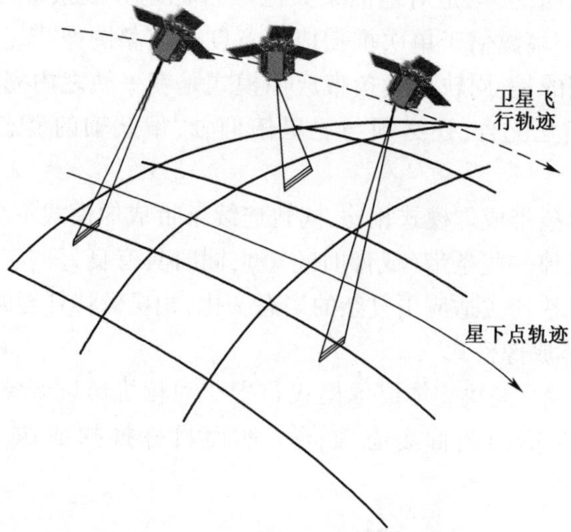

图 1-6　同轨多目标成像模式

一般情况下卫星不在姿态机动过程中对地成像。最大成像目标数受卫星的俯仰角范围和姿态机动能力的限制，卫星俯仰角范围越大，相机对地面可成像的时间越长，可成像目标数越大；卫星的姿态机动能力越强，两相邻成像目标点间的调整时间越短，可成像目标数越大[19]。

1.1.2　典型的敏捷型卫星计划

敏捷卫星比传统的卫星具有很大的优势，拓宽了卫星的对地观测能力，实现了以前难以完成的卫星飞行任务。国内外敏捷卫星也正成为当前航天领域的一个研究热点，以美国、法国、意大利及印度为代表的研究机构提出了一系列敏捷型卫星相关计划，目前多已进入或即将进入实施阶段。

1. 昴宿星[20-21]

昴宿星计划中的两颗卫星（图 1-7）均采用一体化结构框架设计，有效地降低了星体的转动惯量。此外，卫星姿态系统采用三轴稳定的控制方式。姿态测量单元有 3 个星敏感器和 4 个光纤陀螺，提供快速机动期间对姿态确定的要求。姿态机动执行机构采用卫星上安装的 4 个控制力矩陀螺，可以实现横滚轴和俯仰轴在 8s 内将卫星姿态调整 5°，在 10s 内调整 10°，在 25s 内调整 60°。

2. WorldView 系列卫星[22]

WorldView 系列卫星是美国数字地球公司所研制，用来取代 QuickBird 系列卫星成为新一代商业成像卫星系统。该系列所属的 WorldView-Ⅰ和 WorldView-Ⅱ卫星分别于 2007 年与 2009 年发射。这两颗卫星都采取了模块化的设计方

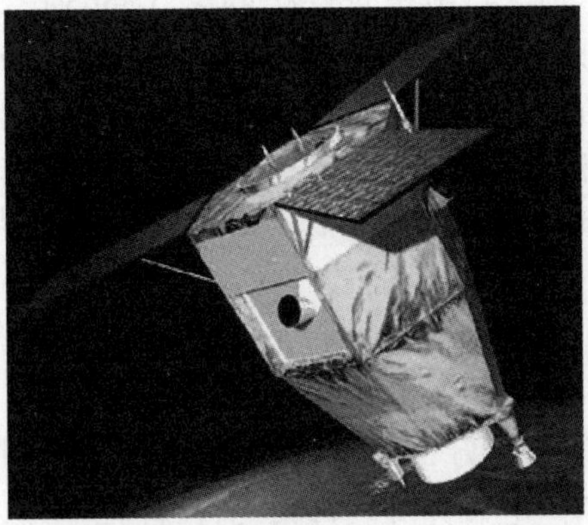
(a)

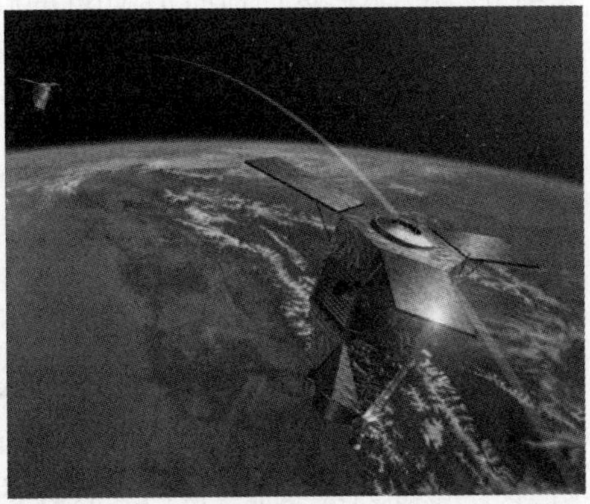
(b)

图 1-7　昴宿星

案,外形如图 1-8 所示。WorldView-Ⅱ卫星相对于 WorldView-Ⅰ卫星增加了新型的遥感设备以及安装了用于抑制卫星颤振、提高成像质量的振动隔离系统。两者的姿态控制系统均采取三轴稳定卫星控制,包括星敏感器、GPS、惯性测量单元、CMG 等,均具备星下点±40°的机动能力。WorldView-Ⅰ卫星能够提供 2.5(°)/s^2 的姿态角加速度和 4.5(°)/s 的姿态角速度,WorldView-Ⅱ卫星能够提供 1.5(°)/s^2 的姿态角加速度和 3.5(°)/s 的姿态角速度。

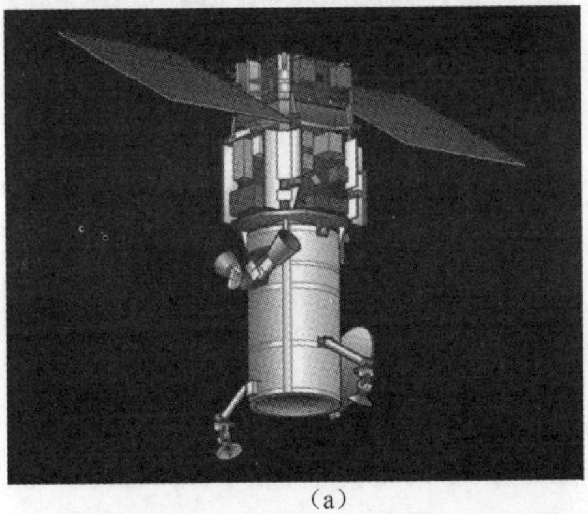
(a)

(b)

图 1-8　WorldView-Ⅰ和 WorldView-Ⅱ卫星

3. CartoSat-2 卫星

CartoSat-2 卫星是由印度空间研究机构研制的高分辨率成像卫星(图 1-9)。卫星采取轻量化和紧凑形结构设计,携带有分辨率为 0.8m 的全色传感器,成像幅宽为 9.6km,重访周期为 4 天。这颗卫星还携带了一个实验性的回收舱,在发射升空12天后返回地面，为印度的载人航天做前期的实验工作。CartoSat-2卫星采用三轴稳定姿态控制方式，姿态信息主要由星敏感器和惯性测量单元来测量，辅以太阳敏感器和磁强计。姿态执行机构采用大力矩的反作用飞轮（0.3N·m/15N·ms）、喷气推力器（1N）和磁力矩器。姿态确定精度和指向精度分别为0.01°和0.05°，三轴姿态稳定度为0.0003（°）/s，提供成像条带各方向±45°的机动控制能力。

4. 华卫2卫星

华卫2卫星是中国台湾首颗独立设计的高分辨率遥测卫星（图1-10），以全色2m、多光谱8m为分辨率目标，其成像幅宽为24km，该卫星可用于土地利用、农林规划、环境监测、自然灾害评估和闪电研究等。每天绕行台湾上空两次，每次经过台湾上空时，在天气许可的条件下，在8min内即可拍摄4个紧邻的影像条，以涵盖台湾，还可以改变卫星的前后仰角，进行立体拍摄，因此在军事和救灾等方面将会发挥巨大的作用。华卫2卫星的姿态控制方式为三轴稳定，姿态测量设备有星敏感器和陀螺仪，姿态执行机构有四个反作用飞轮和推力器。卫星能够达到指向精度小于0.7km（0.12°）。姿态控制系统能够提供星体横滚轴和俯仰轴均为±45°的机动，且能够达到的姿态机动能力为俯仰轴60s机动45°，横滚轴25s机动10°、60s机动30°。

图1-9　CartoSat-2卫星

图1-10　华卫2卫星

5. BILSAT-1侦察卫星

BILSAT-1侦察卫星是由英国萨里大学研制的一颗增强型微小卫星（图1-11），于2003年9月在俄罗斯发射。为使卫星能够实现姿态快速机动，以提高图像采集速度及侦察效率，该卫星采用两个单框架控制力矩陀螺与四个反作用飞轮作为执行机构，这是控制力矩陀螺在敏捷型卫星上的首次应用。

图 1-11 BILSAT-1 侦察卫星

6. TUBSAT 卫星

TUBSAT 卫星是由德国柏林工业大学设计制造的低成本敏捷型卫星系列，旨在探索在微小型卫星的设计和空间相关应用领域上的技术能力。图 1-12 是 TUBSAT 系列中的两颗卫星，图 1-12(a)为 MAROC-TUBSAT 微小型卫星，由摩洛哥和德国合作研制，图 1-12(b)为 LAPAN-TUBSAT 卫星，是由印度尼西亚基于 TUBSAT 技术研发的第一颗遥感卫星，质量为 55kg。这两颗卫星没有太阳电池帆板，电力供应比较有限，需要用电能消耗少的姿态控制执行机构来完成快速机动任务。MAROC-TUBSAT 卫星由三个分别安装在体轴方向的反作用飞轮作为姿态控制执行机构，有电流控制模式、力矩控制模式和速度控制模式三种工作模式，分别按照期望的电流、控制力矩和角速度工作。此外，还安装了磁力

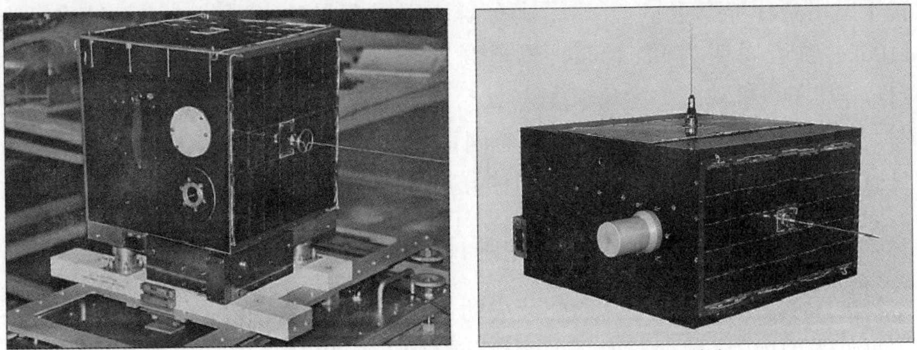

(a) (b)

图 1-12 TUBSAT 系列部分卫星

矩器为飞轮卸载。LAPAN-TUBSAT 卫星姿态控制系统采用飞轮与陀螺组配，包括安装 3 个反作用飞轮、飞轮驱动设备、3 个光纤陀螺、CMOS 星敏感器、3 个电磁线圈以及分别安装在 6 个面上的太阳敏感器，飞轮转速达 5000r/min。

7. GeoEye-1 卫星[23]

GeoEye-1 卫星是美国的一颗商业卫星(图 1-13)，由美国地球眼公司耗资 4.35 亿美元研发制造的，于 2008 年 9 月从美国加利福尼亚州范登堡空军基地发射。卫星幅宽 15.2km，重访周期 3 天以内，轨道高度为 684km。该星每天能够采集近 $700000km^2$ 的全色影像数据或近 $350000km^2$ 的全色融合影像数据。该卫星不仅能以 0.41m 全色(黑白)分辨率和 1.65m 多光谱分辨率搜集图像，而且能以 3m 以内的定位精度精确确定目标位置。其拍摄的彩色照片包含蓝、绿、红、近红 4 个谱段，波长范围分别为 0.45 ~ 0.51μm、0.51 ~ 0.58μm、0.655 ~ 0.69μm、0.78 ~ 0.92μm。GeoEye-1 卫星照片产品和解决方案现在已经大量推出，其地面分辨率分别为 0.5m、1m、2m 和 4m。GeoEye-1 卫星在实现大面积成图项目、细微地物的解译和判读等方面占有相当大的优势。

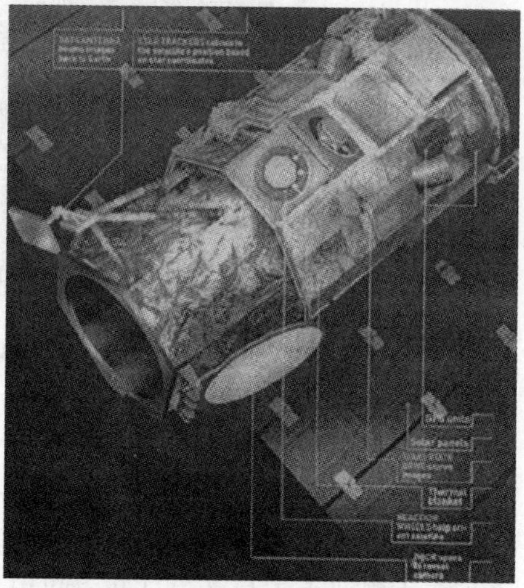

图 1-13　GeoEye-1 卫星

8. Ikonos 卫星

1999 年，洛克希德·马丁空间系统公司研制了 Ikonos-1 卫星(图 1-14)，属于民用高分辨率卫星，开启了高分辨率卫星测量的新时代。该卫星质量为 1100kg，轨道周期为 98.10min，轨道高度为 681km，对地成像幅宽为 11km×11km，其姿态机动能力为角速度为 4(°)/s，偏离星下点为±30°，分辨率为 1m 左右。2001 年 9 月，洛克希德·马丁空间系统公司发射了 Ikonos-2 卫星，该卫星具有更高的分辨率，遥感影像的标称分辨率已基本能满足 1∶10000 比例尺地形图的需要。

9. SPOT 卫星[24]

法国从 1986 年 2 月开始陆续成功地发射了 SPOT-1/2/3 卫星。其中，采用可见光 HRV 传感器获取了的图像信息中全色和多光谱分辨率分别已达到 10m 和 20m。法国的 SPOT-4 卫星于 1998 年 4 月成功发射，该卫星与 SPOT-

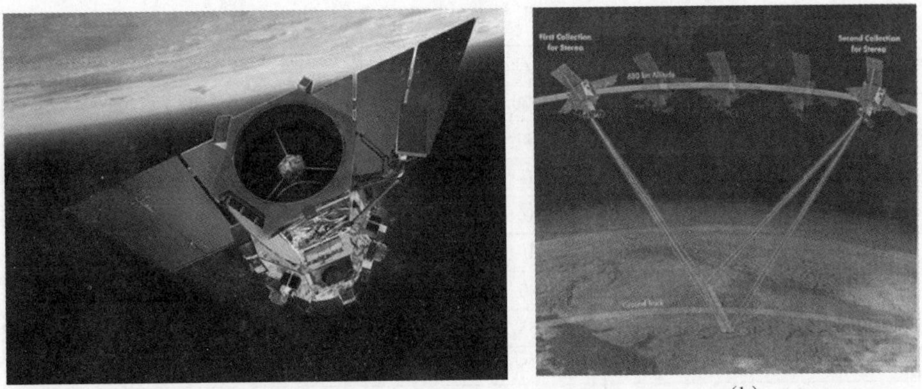

(a)　　　　　　　　　　　　(b)

图 1-14　Ikonos 卫星工作过程

1/2/3 卫星的不同之处在于采用的成像传感器是可见红外 HRVIR 传感器的单色模式 M 与多光谱 XI 模式合用 6000 个 CCD 探测器,单色模式 M 和多光谱模式 XI 分辨率分别达到 10m 和 20m,且比 SPOT-1/2/3 增加了一个短波红外段(SWIR)。采用单色成像替代全色成像的模式。在 2002 年 5 月,法国将 SPOT-5 遥感卫星(图 1-15)发射升空,与前 4 颗 SPOT 卫星相比,SPOT-5 卫星携带了新的仪器设备高分辨率几何(High Resolution Geometry,HRG)成像装置,该成像装置的全色地面分辨率已经达到 2.5m 或 5m,多光谱模式中,短波红外波段的分辨率达到 20m,其他波段的分辨率提高到 10m。表 1-1 为几种敏捷型卫星的对比。

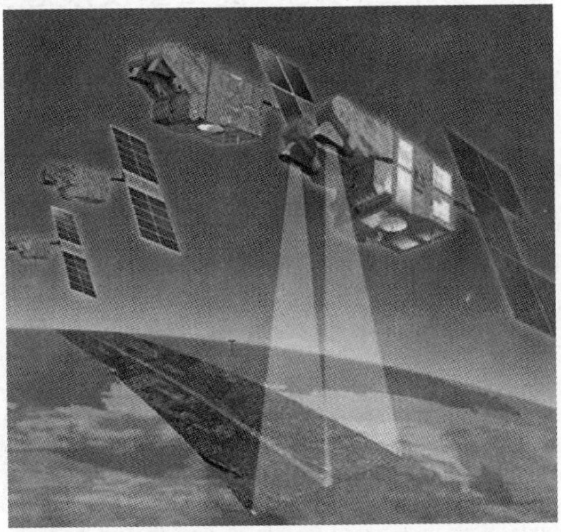

图 1-15　SPOT-5 卫星

表 1-1 几种敏捷型卫星的对比

卫星名称	发射时间	质量/kg	执行机构	机动能力
KH-12	1995	18000	力矩陀螺	30(°)/200s
Ikonos	1999	1100	飞轮	4(°)/s
Ikonos-2	1999.9	720	飞轮	4(°)/s,0.2(°)/s²
QuickBird-2	2001.10	950	飞轮	10(°)/20s,50(°)/45s
BILSAT-1	2003.9	130	力矩陀螺	—
WorldView-Ⅰ	2007.9	2500	力矩陀螺	4.5(°)/s,2.5(°)/s²
OrbView-5	2008.9	1955	飞轮	2.4(°)/s,0.16(°)/s²
GeoEye-1	2008	1955	—	—
WorldView-Ⅱ	2009.10	2800	力矩陀螺	3.5(°)/s,1.5(°)/s²
Pleiades	2011.12	1000	力矩陀螺	5(°)/6s,60(°)/25s
“天宫”一号	2011.9	8500	力矩陀螺	—
ROCSat-2	2004.5	—	飞轮+喷气	横滚:10(°)/25s,30(°)/60s 俯仰:60(°)/45s
TeeSar	2008.1	—	飞轮	—
THEOS	2008.10	—	飞轮+喷气	横滚:45(°)/60s,10(°)/25s 俯仰:30(°)/60s
NigeriaSat-2	2010.9	—	飞轮	4(°)/s
CartoSat-2	2007.1	—	飞轮+喷气	—

1.2 敏捷型对地观测卫星发展趋势

近年来,随着航天技术的发展,当前的对地观测卫星表现出如下三个主要发展趋势[25-27]:

(1) 高分辨率对地观测成为当前对地观测卫星发展的主流趋势。对地观测的高分辨率包含有高空间分辨率、高光谱分辨率和高时间分辨率三层含义,而高空间分辨率是其最主要的发展趋势。

(2) 小型卫星成为国际上的热点研究区域。现代小型卫星采用全新的设计概念,以微电子学、微型机械和微加工等现代航天高科技为基础,既可以完成大型卫星的各项航天任务,又能组成星座和编队飞行,利用星座的重访周期短和编队飞行的灵活性高等优点,完成大型卫星难以胜任的任务。此外,小型卫星还具有质量轻、体积小、研制成本低、研制周期短、功能密度高、生存能力强以及响应快速等大型卫星不具备的优点,具有深刻的军事意义和广泛的应用前景,因而成为当今世界各国的研究热点。

(3) 敏捷的姿态机动能力成为当今对地观测卫星的另一个重要发展趋势。可以说,高分辨率对地观测卫星必须具备敏捷的姿态机动能力。敏捷的姿态机动能力要求小型卫星能够实现1(°)/s~10(°)/s的快速姿态机动。敏捷的姿态机动能力可以保证小型卫星从一个目标区域观测完之后能够迅速机动到另一个目标区域,而且可以实现推扫、侧摆、前后摆成像,在一个轨道周期内能够完成多次的拍摄任务,极大地增加了小型卫星的工作范围。这样可以在不增加星体的质量、体积及能量消耗的前提下采集到更多的科学数据,将极大地提高整星的功率密度,进而降低研发成本。

纵观国内外遥感卫星的发展状况可以看出,敏捷型小型卫星已经成为未来的发展趋势[28]。所以,敏捷型姿态控制技术的研究对高性能对地观测小型卫星的研制具有重要的意义。

参考文献

[1] 高彬. 小卫星技术的发展现状及其军事应用前景[J]. 天津通信技术,2003,2(2):6-9.

[2] 林来兴. 分布式小卫星系统的技术发展与应用前景[J]. 航天器工程,2010,19(1):60-66.

[3] 申家双,陈波,翟京生. 现代小卫星技术在对地观测中的应用[J]. 海洋测绘, 2008,28(1):75-79.

[4] 谭婵. 基于扫描控制的空间凝视成像二维像移补偿技术研究 [D]. 上海:中国科学院上海技术物理研究所,2014.

[5] 黄浦,葛文奇,李友一,等. 航空相机像移补偿的线性自抗扰控制 [J]. 光学精密工程,2011,19(4):812-819.

[6] 刘亚侠. TDI CCD 遥感相机标定技术的研究 [D]. 长春:中国科学院长春光学精密机械与物理研究所,2004.

[7] 胡燕,金光,常琳,等. 椭圆轨道 TDI CCD 相机像移匹配计算与成像验证 [J]. 光学精密工程,2014,22(8):2274-2284.

[8] 常琳,金光,杨秀彬,等. 航天 TDI CCD 相机成像拼接快速配准算法设计与分析 [J]. 光学学报,2014,34(5):051101-1-051101-9.

[9] 张刘,孙志远,金光,等. 星载 TDI CCD 动态成像全物理仿真系统设计 [J]. 光学精密工程,2011,19(3):641-650.

[10] 张兰庆. 基于星载 TDI CCD 相机动态成像质量的分析与仿真 [D]. 哈尔滨:哈尔滨工业大学,2012.

[11] 于帅. 基于 CMOS 图像传感器的高速相机成像电路设计与研究 [D]. 上海:中国科学院上海技术物理研究所,2014.

[12] 罗斌. 基于 CMOS 图像传感器的多光谱遥感成像系统几个关键问题研究 [D]. 北京:

北京邮电大学,2011.
[13] 李芳宁．高清高速 CMOS 相机系统设计 [D]. 长春:中国科学院长春光学精密机械与物理研究所,2014.
[14] 刘新明．基于 CMOS 图像传感器的相机系统设计 [D]. 西安:中国科学院西安光学精密机械研究所,2009.
[15] 于海．对地观测卫星成像调度与约束修正方法研究 [D]. 长沙:国防科学技术大学,2007.
[16] 郭雷．敏捷卫星调度问题关键技术研究 [D]. 武汉:武汉大学,2015.
[17] 陈成．时间依赖调度方法及在敏捷卫星任务规划中的应用研究 [D]. 长沙:国防科学技术大学,2014.
[18] 杨剑．基于区域目标分解的对地观测卫星成像调度方法研究 [D]. 长沙:国防科学技术大学,2009.
[19] 陈成．基于数字地球的遥感卫星对地成像仿真研究 [D]. 西安:西安电子科技大学,2014.
[20] 冯钟葵,石丹,陈文熙,等．法国遥感卫星的发展——从 SPOT 到 Pleiades[J]. 遥感数据,2007,6(4):87-92.
[21] 郭今昌．商用高分辨率光学遥感卫星及平台技术分析[J]. 航天器工程,2009,18(2):83-89.
[22] Tao J, Yu W. A Preliminary study on imaging time difference among bands of WorldView-2 and its potential applications[C]. Proc. of IEEE International Geoscience and Remote Sensing Symposium, Shanghai, 2011.
[23] 朱仁璋,丛云天,等,全球高分光学星概述(一):美国和加拿大[J]. 航天器工程,2015,24(6):85-106.
[24] 朱仁璋,丛云天,等,全球高分光学星概述(二):欧洲[J]. 航天器工程,2016,25(1):95-117.
[25] 张召才,何慧东．2015 年全球小卫星发展回顾[J]. 国际太空,2016,446:49-56.
[26] 朱鲁青,张召才．2013 年国外微小卫星回顾[J]. 国际太空,2014,422:38-43.
[27] 刘佳．2014 年世界遥感卫星回顾[J]. 国际太空,2014,434:56-62.
[28] 童子军．小卫星井喷为哪般[J]. 太空探索,2014,6:18-21.

第2章　卫星姿态动力学及运动学模型

2.1 引　言

姿态描述就是通过一些姿态参数来描述卫星本体坐标系与空间参考坐标系之间的关系,从而达到描述卫星姿态的目的。一般来讲,卫星瞬间的姿态描述有多种方式:最一般的姿态参数是参考坐标系与卫星本体坐标系之间的方向余弦,但方向余弦描述的姿态不直观,很少用;欧拉角是视觉上最易理解的姿态参数,在卫星的姿态描述中应用得较多,只是在大角度旋转时,欧拉角存在奇异,所以欧拉角描述方法仅适用于小角度旋转的场合;四元数描述也是常用的姿态描述方法,因不存在奇异,在卫星姿态大角度机动任务中而被广泛采用。由于卫星姿态是唯一的,因此上述各种描述姿态参数的数学模型可以相互转换[1,2]。

2.2 姿 态 描 述

2.2.1 方向余弦阵

方向余弦阵是最直接的一种姿态描述方式。$x,y,z\{\boldsymbol{b}_1,\boldsymbol{b}_2,\boldsymbol{b}_3\}$ 为各坐标轴上的单位矢量,下标表示不同的坐标系,在这里用 r 表示参考坐标系,b 表示星体坐标系。那么 $\boldsymbol{x}_b,\boldsymbol{y}_b,\boldsymbol{z}_b$ 在参考坐标系中的坐标可以表示为

$$\begin{cases}\boldsymbol{x}_b=(A_{xx}\quad A_{xy}\quad A_{xz})^{\mathrm{T}},A_{xx}=\boldsymbol{x}_b\cdot\boldsymbol{x}_r,A_{xy}=\boldsymbol{x}_b\cdot\boldsymbol{y}_r,A_{xz}=\boldsymbol{x}_b\cdot\boldsymbol{z}_r\\ \boldsymbol{y}_b=(A_{yx}\quad A_{yy}\quad A_{yz})^{\mathrm{T}},A_{yx}=\boldsymbol{y}_b\cdot\boldsymbol{x}_r,A_{yy}=\boldsymbol{y}_b\cdot\boldsymbol{y}_r,A_{yz}=\boldsymbol{y}_b\cdot\boldsymbol{z}_r\\ \boldsymbol{z}_b=(A_{zx}\quad A_{zy}\quad A_{zz})^{\mathrm{T}},A_{zx}=\boldsymbol{z}_b\cdot\boldsymbol{x}_r,A_{zy}=\boldsymbol{z}_b\cdot\boldsymbol{y}_r,A_{zz}=\boldsymbol{z}_b\cdot\boldsymbol{z}_r\end{cases}\tag{2-1}$$

并记作

$$\boldsymbol{A}=\begin{bmatrix}A_{xx}&A_{xy}&A_{xz}\\A_{yx}&A_{yy}&A_{yz}\\A_{zx}&A_{zy}&A_{zz}\end{bmatrix}\tag{2-2}$$

式中：$\boldsymbol{A}$ 为星体坐标系在参考坐标系中的姿态矩阵，也称作方向余弦阵，该姿态矩阵完全描述了该星体在参考坐标系中的位置，由于参考坐标系和星体坐标系都属于正交坐标系，所以矩阵 $\boldsymbol{A}$ 中的九个元素仅有三个独立量，也就是说只用三个独立参数就可以描述卫星的姿态。用姿态矩阵 $\boldsymbol{A}$ 描述卫星的姿态，具备的优点是不存在三角函数，在进行坐标变换时运算比较容易。但是，存在给定独立三个参数时不能唯一确定姿态矩阵 $\boldsymbol{A}$ 的缺点，另外这样的描述方法在物理意义上也不直观。式(2-2)满足的约束方程为

$$\begin{cases} A_{xx}^2 + A_{xy}^2 + A_{xz}^2 = 1 \\ A_{yx}^2 + A_{yy}^2 + A_{yz}^2 = 1 \\ A_{zx}^2 + A_{zy}^2 + A_{zz}^2 = 1 \\ A_{xx}A_{yx} + A_{xy}A_{yy} + A_{xz}A_{yz} = 0 \\ A_{xx}A_{zx} + A_{xy}A_{zy} + A_{xz}A_{zz} = 0 \\ A_{yx}A_{zx} + A_{yy}A_{zy} + A_{yz}A_{zz} = 0 \end{cases} \tag{2-3}$$

2.2.2 欧拉角

欧拉角由三次连续旋转角组成，能够描述任何旋转物体的方向，在卫星姿态描述中被广泛应用。在任何三个直角坐标系中都可以发生旋转，但是连续两次旋转不能绕同一个坐标轴。总体来说，旋转方式分为以下两类：

（1）第一次和第三次绕同类坐标轴旋转，第二次绕剩下的两个坐标轴之一进行旋转。

（2）每次均绕不同的坐标轴旋转。

旋转的次序对于卫星的定位非常重要，比较普遍采用的旋转次序是不对称的 $z\to y\to x$ 旋转，这种不对称式的旋转因为没有重复而被广泛使用。然而当偏航角处于±90°的时候产生奇异，所以仅限于旋转不超过 90°的时候。不管是哪种旋转次序，奇异是用欧拉角描述卫星姿态的一个固有属性。

欧拉角描述姿态的主要优点是尽管已经过一系列旋转，却仍能够清晰地呈现卫星的方向。在工程应用中，欧拉角能够用姿态敏感器直接测量得到，并且能够比较方便地用欧拉角描述姿态运动学方程。

以上旋转矩阵都有如下标准形式：

$$\boldsymbol{R}_x(\theta) = \begin{pmatrix} 1 & 0 & 0 \\ 0 & \cos\theta & \sin\theta \\ 0 & -\sin\theta & \cos\theta \end{pmatrix} \tag{2-4}$$

$$\boldsymbol{R}_y(\theta)=\begin{pmatrix}\cos\theta & 0 & -\sin\theta\\ 0 & 1 & 0\\ \sin\theta & 0 & \cos\theta\end{pmatrix} \tag{2-5}$$

$$\boldsymbol{R}_z(\theta)=\begin{pmatrix}\cos\theta & \sin\theta & 0\\ -\sin\theta & \cos\theta & 0\\ 0 & 0 & 1\end{pmatrix} \tag{2-6}$$

采用 $z\rightarrow y\rightarrow x$ 的旋转顺序,则方向余弦阵为

$$\begin{aligned}\boldsymbol{A}_{ZYX}&=\begin{pmatrix}1 & 0 & 0\\ 0 & \cos\varphi & \sin\varphi\\ 0 & -\sin\varphi & \cos\varphi\end{pmatrix}\begin{pmatrix}\cos\theta & 0 & -\sin\theta\\ 0 & 1 & 0\\ \sin\theta & 0 & \cos\vartheta\end{pmatrix}\begin{pmatrix}\cos\psi & \sin\psi & 0\\ -\sin\psi & \cos\psi & 0\\ 0 & 0 & 1\end{pmatrix}\\ &=\begin{pmatrix}\cos\psi\cos\theta & \sin\psi\cos\theta & -\sin\theta\\ \cos\psi\sin\theta\sin\varphi-\sin\psi\cos\varphi & \sin\psi\sin\theta\sin\varphi+\cos\psi\cos\varphi & \sin\varphi\cos\theta\\ \cos\psi\sin\theta\cos\varphi+\sin\psi\sin\varphi & \sin\psi\cos\varphi\sin\theta-\sin\varphi\cos\psi & \cos\varphi\cos\theta\end{pmatrix}\end{aligned} \tag{2-7}$$

欧拉角与方向余弦阵参数之间的关系为

$$\begin{cases}\varphi=\arctan\dfrac{A_{23}}{A_{33}}\\ \theta=-\arcsin A_{13}\\ \psi=\arctan\dfrac{A_{12}}{A_{11}}\end{cases} \tag{2-8}$$

如果参考坐标系为轨道坐标系,那么定义 φ、θ、ψ 如下:φ 为横滚角,卫星俯仰轴 y_b 与其在当地水平面投影的夹角;θ 为俯仰角,卫星横滚轴 x_b 与其在当地水平面投影的夹角;ψ 为偏航角,卫星横滚轴 x_b 在当地水平面上的投影与轨道 x_o 的夹角。

当欧拉角 φ、θ、ψ 都比较小时,姿态矩阵即式(2-7)可近似为

$$\boldsymbol{A}_{ZYX}=\begin{bmatrix}1 & \psi & -\theta\\ -\psi & 1 & \varphi\\ \theta & -\varphi & 1\end{bmatrix} \tag{2-9}$$

2.2.3 四元数

坐标系 $OX_aY_aZ_a$ 可绕某个 ON 轴旋转 ϕ 角与坐标系 $OX_bY_bZ_b$ 重合,如图 2-1所示。

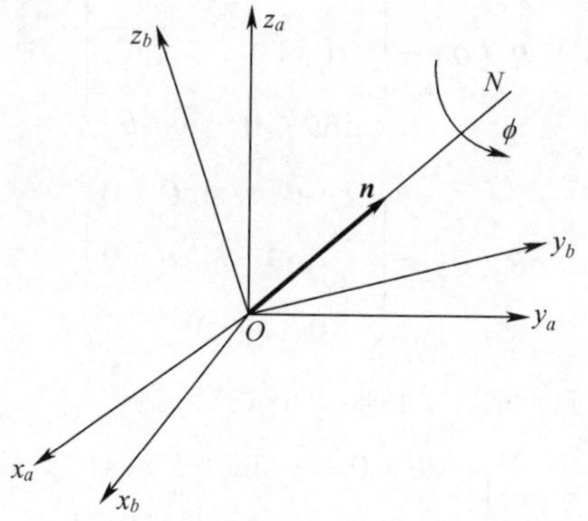

图 2-1　四元数示意图

定义四元数 $\boldsymbol{q}=[\boldsymbol{q} \quad q_4]^{\mathrm{T}}$，其中 $\boldsymbol{q}=[q_1 \quad q_2 \quad q_3]^{\mathrm{T}}$ 是一个三维矢量，q_4 为标量，那么

$$\boldsymbol{q}=\begin{bmatrix}\boldsymbol{q}\\ q_4\end{bmatrix}=\begin{bmatrix}q_1\\ q_2\\ q_3\\ q_4\end{bmatrix}=\begin{bmatrix}c_1\sin\dfrac{\phi}{2}\\ c_2\sin\dfrac{\phi}{2}\\ c_3\sin\dfrac{\phi}{2}\\ \cos\dfrac{\phi}{2}\end{bmatrix} \tag{2-10}$$

式中：ϕ 为绕 ON 轴的旋转角；$[c_1,c_2,c_3]$ 定义为 ON 轴相对于参考坐标系的方向矢量；四元数四个元素满足的约束条件为

$$q_1^2+q_2^2+q_3^2+q_4^2=1 \tag{2-11}$$

因此，四元数只有三个独立元素。由于四元数不存在奇异，在卫星小角度和大角度旋转中被使用。由式(2-10)可推导出用四元数表示的方向余弦阵为

$$\boldsymbol{C}_{\mathrm{q}}=\begin{bmatrix}q_4^2+q_1^2-q_2^2-q_3^2 & 2(q_1q_2+q_4q_3) & 2(q_1q_3-q_4q_2)\\ 2(q_1q_2-q_4q_3) & q_4^2-q_1^2+q_2^2-q_3^2 & 2(q_2q_3+q_4q_1)\\ 2(q_1q_3+q_4q_2) & 2(q_2q_3-q_4q_1) & q_4^2-q_1^2-q_2^2+q_3^2\end{bmatrix} \tag{2-12}$$

2.2.4　罗德里格斯参数

罗德里格斯参数(MRP)描述卫星姿态：

$$\boldsymbol{\rho}\equiv\hat{\boldsymbol{e}}\tan(\theta/4)$$

$$
\boldsymbol{\rho} = \begin{bmatrix} q_1/(1+q_0) \\ q_2/(1+q_0) \\ q_3/(1+q_0) \end{bmatrix}
$$

式中：$\boldsymbol{\rho} = [\rho_1 \quad \rho_2 \quad \rho_3]$ 为修正罗德里格斯参数；$\hat{e}$ 为欧拉轴方向；θ 为绕欧拉轴转角；$\boldsymbol{q} = [q_0 \quad q_1 \quad q_2 \quad q_3]^{\mathrm{T}}$ 为卫星姿态四元数。

2.3 参考坐标系定义

为表征小卫星的姿态及运动状态，需要建立适当的坐标系加以描述，针对本文中卫星的姿态控制任务，建立三种坐标系，如图 2-2 所示，各坐标系分别定义如下：

1）地心惯性坐标系 I：$o_i x_i y_i z_i$

以地心为坐标原点，x 轴沿地球赤道平面与太阳黄道平面的交线，并指向春分点，z 轴指向地球北极，y 轴与 x 轴、z 轴按右手法则构成右手正交坐标系。

2）卫星质心轨道坐标系 O：$o_0 x_0 y_0 z_0$

以卫星质心为坐标原点，x 轴沿卫星前进方向，z 轴由卫星所在位置指向地心，y 轴与 x 轴、z 轴按右手法则构成右手正交坐标系。

3）本体坐标系 B：$o_b x_b y_b z_b$

以卫星质心为坐标原点，以卫星惯量主轴为 xyz 轴，也称为主轴坐标系，定义为右手正交坐标系。对近圆轨道卫星，初始时刻该系与轨道坐标系重合。

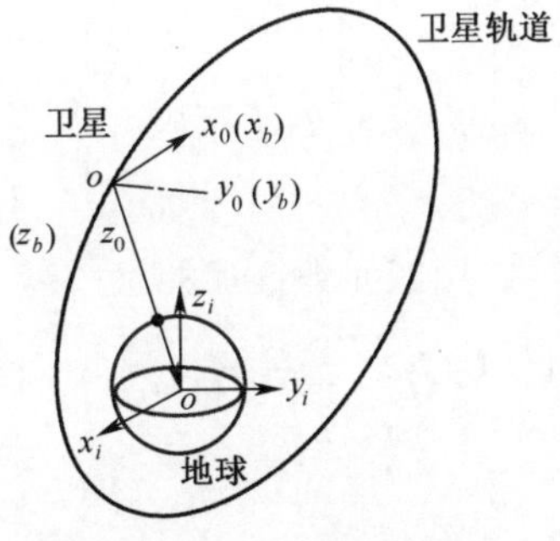

图 2-2　卫星参考坐标系

2.4 刚性卫星姿态动力学与运动学

由于在轨卫星成像过程中卫星姿态的变化对成像的物距、速度、行频计算有本质的影响,因此需要依据卫星动力学和运动学进行姿态精确指向与精度分析,最后应用模型进行地面物理仿真演示验证。下面给出刚体卫星姿态动力学与运动学模型。

敏捷型卫星通常采用反作用飞轮作为执行机构,卫星的姿态动力学方程在以地球惯性坐标系为参考系时可以表示成

$$\boldsymbol{J}\dot{\boldsymbol{\omega}}_b^I + \boldsymbol{\omega}_b^I \times (\boldsymbol{J}\boldsymbol{\omega}_b^I + \boldsymbol{h}) = \boldsymbol{T}_c + \boldsymbol{T}_d \tag{2-13}$$

式中:$\boldsymbol{J}$ 为星体的转动惯量,$\boldsymbol{J} \in R^{3\times3}$;$\boldsymbol{\omega}_b^I$ 为星体相对惯性坐标系的姿态角速度在卫星本体坐标系下的分量,$\boldsymbol{\omega}_b^I \in R^{3\times1}$;$\boldsymbol{h}$ 为反作用飞轮的角动量,$\boldsymbol{h} \in R^{3\times1}$;$\boldsymbol{T}_c$ 为反作用飞轮提供的控制力矩,$\boldsymbol{T}_c \in R^{3\times1}$;$\boldsymbol{T}_d$ 为外部干扰力矩,$\boldsymbol{T}_d \in R^{3\times1}$。

刚体绕某点的任意转动,由欧拉定理知,可由绕通过该点的某一轴转过一个角度而得到。因此,四元数 $\boldsymbol{Q}$ 可定义为

$$\boldsymbol{Q} = \begin{bmatrix} \cos\frac{\phi}{2} & e\sin\frac{\phi}{2} \end{bmatrix}^{\mathrm{T}} = [q_0 \quad \boldsymbol{q}]^{\mathrm{T}} = [q_0 \quad q_1 \quad q_2 \quad q_3]^{\mathrm{T}} \tag{2-14}$$

式中:ϕ 为欧拉角,是绕欧拉轴转过的角度;q_0 为四元数的标量部分,$\boldsymbol{q} = [q_1 \quad q_2 \quad q_3]^{\mathrm{T}}$ 为四元数的矢量部分;$\|\boldsymbol{Q}\|_2 = 1$。

设 $\boldsymbol{\omega}_b^O$ 为卫星相对于轨道坐标系的角速度,则它在本体坐标系中可以表示为

$$\boldsymbol{\omega}_b^O = \boldsymbol{\omega}_b^I - \boldsymbol{A}_O^B \omega_o \tag{2-15}$$

式中:ω_o 为卫星在轨道坐标系相对于惯性空间的转速在轨道坐标系下的分量;$\boldsymbol{A}_O^B$ 为轨道坐标系到星体坐标系的坐标转换矩阵,用四元数可以表示为

$$\boldsymbol{A}_O^B = \begin{bmatrix} 2(q_0^2 + q_1^2) - 1 & 2(q_1q_2 + q_0q_3) & 2(q_1q_3 - q_0q_2) \\ 2(q_1q_2 - q_0q_3) & 2(q_0^2 + q_2^2) - 1 & 2(q_2q_3 + q_0q_1) \\ 2(q_1q_3 + q_0q_2) & 2(q_2q_3 - q_0q_1) & 2(q_0^2 + q_3^2) - 1 \end{bmatrix} \tag{2-16}$$

以轨道坐标系为参考系,用四元数描述的星体运动学方程为

$$\boldsymbol{Q} = \frac{1}{2}\boldsymbol{E}(\boldsymbol{Q})\boldsymbol{\omega}_b^O \tag{2-17}$$

式中

$$\boldsymbol{E}(Q) = \begin{bmatrix} -\boldsymbol{q}^{\mathrm{T}} \\ q_0\boldsymbol{I}_3 + \boldsymbol{q}\times \end{bmatrix} = \begin{bmatrix} -q_1 & -q_2 & -q_3 \\ q_0 & -q_3 & q_2 \\ q_3 & q_0 & -q_1 \\ -q_2 & q_1 & q_0 \end{bmatrix} \tag{2-18}$$

且有

$$E^{\mathrm{T}}(Q)E(Q)=I_3 \tag{2-19}$$

$$\frac{\mathrm{d}}{\mathrm{d}t}[E^{\mathrm{T}}(Q)\dot{Q}]=E^{\mathrm{T}}(Q)\ddot{Q} \tag{2-20}$$

2.5 挠性卫星姿态动力学

以惯性坐标系为参考坐标系,建立的以金字塔构型 CMG 群为执行机构的具有挠性附件的卫星姿态动力学方程为

$$\boldsymbol{J}\dot{\boldsymbol{w}}+\boldsymbol{\delta}^{\mathrm{T}}\ddot{\boldsymbol{\eta}}+[\boldsymbol{w}\times]\boldsymbol{J}\boldsymbol{w}+[\boldsymbol{w}\times]\boldsymbol{\delta}^{\mathrm{T}}\dot{\boldsymbol{\eta}}=-\dot{\boldsymbol{H}}_{\mathrm{CMG}}-[\boldsymbol{w}\times]\boldsymbol{H}_{\mathrm{CMG}}+\boldsymbol{T}_{\mathrm{d}} \tag{2-21}$$

式中: $\boldsymbol{J}$ 为卫星的转动惯量矩阵; $\boldsymbol{w}$ 为星体三轴姿态角速度; $\boldsymbol{\delta}$ 为挠性附件与星体的刚柔耦合矩阵; $\boldsymbol{\eta}$ 为挠性附件在模态坐标系下的位移; $\boldsymbol{H}_{\mathrm{CMG}}$ 为金字塔构型 CMG 群的三轴角动量; $\boldsymbol{T}_{\mathrm{d}}$ 为空间干扰力矩。

在模态坐标系下,挠性附件振动的动力学方程为

$$\ddot{\boldsymbol{\eta}}+2\boldsymbol{\zeta}_{\mathrm{f}}\boldsymbol{w}_{\mathrm{f}}\dot{\boldsymbol{\eta}}+\boldsymbol{w}_{\mathrm{f}}^2\boldsymbol{\eta}+\boldsymbol{\delta}\dot{\boldsymbol{w}}=0 \tag{2-22}$$

式中: $\boldsymbol{\zeta}_{\mathrm{f}}$ 为挠性附件模态的阻尼比矩阵; $\boldsymbol{w}_{\mathrm{f}}$ 为挠性附件模态的振动频率矩阵。

定义 CMG 群的控制力矩为

$$\boldsymbol{T}=-\dot{\boldsymbol{H}}_{\mathrm{CMG}}-[\boldsymbol{w}\times]\boldsymbol{H}_{\mathrm{CMG}}$$

式中

$$[\boldsymbol{w}\times]=\begin{bmatrix}0 & -w_z & w_y\\ w_z & 0 & -w_x\\ -w_y & w_x & 0\end{bmatrix} \tag{2-23}$$

2.6 空间环境力矩模型[5-7]

2.6.1 重力梯度力矩

卫星体内的每个微小的质量单元都受到地球引力的作用,卫星所受的引力主要与卫星的转动惯量和轨道的高度有关,因为引力的合力不总是通过卫星的质心,所以引起了重力梯度力矩。当卫星的转动惯量位于主轴,即惯量阵 $\boldsymbol{J}=\mathrm{diag}\{[J_x\quad J_y\quad J_z]\}$,则由卫星姿态引起的重力梯度力矩在卫星本体轴的分量为

$$
\boldsymbol{T}_{\mathrm{g}} = 3w_0^2\begin{bmatrix}2(J_z - J_y)(q_2q_3 + q_0q_1)(1 - 2(q_1^2 + q_2^2)) \\ 2(J_x - J_z)(q_1q_3 + q_0q_2)(1 - 2(q_1^2 + q_2^2)) \\ 4(J_y - J_x)(q_1q_3 + q_0q_2)(q_2q_3 + q_0q_1)\end{bmatrix} \tag{2-24}
$$

式中：w_0、J_x、J_y 和 J_z 为已知参数。

重力梯度力矩与卫星姿态有关，可在姿态控制器仿真过程中作为反馈输入。

2.6.2 地磁力矩

作用于卫星上的磁力矩由卫星内磁体的磁矩 $\boldsymbol{M}$ 与卫星所在处的地磁矢量 $\boldsymbol{B}$ 相互作用产生。假定卫星体内的等效磁矩 $\boldsymbol{M}$ 和地磁矢量 $\boldsymbol{B}$ 为

$$
\begin{cases}\boldsymbol{M} = [M_{xb} \quad M_{yb} \quad M_{zb}]^{\mathrm{T}} \\ \boldsymbol{B} = [B_{xb} \quad B_{yb} \quad B_{zb}]^{\mathrm{T}}\end{cases} \tag{2-25}
$$

则作用于卫星的磁力矩为

$$
\boldsymbol{T}_{\mathrm{m}} = \begin{bmatrix}T_{mx} \\ T_{my} \\ T_{mz}\end{bmatrix} = \boldsymbol{M} \times \boldsymbol{B} = \begin{bmatrix}M_{yb}B_{zb} - M_{zb}B_{yb} \\ M_{zb}B_{xb} - M_{xb}B_{zb} \\ M_{xb}B_{yb} - M_{yb}B_{xb}\end{bmatrix} \tag{2-26}
$$

2.6.3 气动力矩

气动力矩主要是对500km以下的卫星有影响。气动力是由高层大气分子撞击卫星表面而产生的，它的模型可由动量转换原理来推导，如下式所示：

$$
\boldsymbol{F}_{\mathrm{s}} = -\frac{1}{2}C_{\mathrm{d}}\rho S(\boldsymbol{n} \cdot \boldsymbol{v}_{\mathrm{s}})\boldsymbol{v}_{\mathrm{s}} \tag{2-27}
$$

式中：ρ 为大气密度；S 为迎流面积；$\boldsymbol{n}$ 为该面积的法向矢量；$\boldsymbol{v}_{\mathrm{s}}$ 为面积元相对入射流的平移速度矢量；C_{d} 为阻力系数，对于高层大气可取 $C_{\mathrm{d}} = 2$。

因为地球旋转时会带动大气也跟着旋转，所以 $\boldsymbol{v}_{\mathrm{s}}$ 应是卫星对地的速度，可表示成为

$$
\boldsymbol{v}_{\mathrm{s}} = \boldsymbol{v}_0 - \boldsymbol{w}_{\mathrm{e}} \times \boldsymbol{r}_{\mathrm{s}} \tag{2-28}
$$

式中：$\boldsymbol{v}_0$ 为卫星轨道速度；$\boldsymbol{r}_{\mathrm{s}}$ 为面积 S 的地心向径；$\boldsymbol{w}_{\mathrm{e}}$ 为地球自旋速率。

设该面积的压力中心到卫星质心的距离为 $\boldsymbol{\rho}_{\mathrm{s}}$，那么入射流在该面积上所产生的气动力矩在卫星本体坐标系中的表达式为

$$
\boldsymbol{T}_{\mathrm{a}} = \boldsymbol{\rho}_{\mathrm{s}} \times \boldsymbol{F}_{\mathrm{s}} \tag{2-29}
$$

式中：$\boldsymbol{F}_{\mathrm{s}}$ 为式(2-27)求出的气动力。

2.6.4 太阳光压力矩

太阳光压力矩是由于太阳辐射压力与卫星质心不重合所致。假定太阳垂直于照射的星体表面,那么太阳光压可由下式估计:

$$\boldsymbol{F}_{\mathrm{s}} = \frac{\boldsymbol{I}}{c}\left[-(1+R) + \frac{2}{3}v \right] S \tag{2-30}$$

式中:$\boldsymbol{I}$ 为太阳辐射通量;c 为光速;R 为反射系数;v 为漫反射系数;S 为受照面面积。

设 $\boldsymbol{M}$ 为太阳光压作用力臂,则光压干扰力矩可表示为

$$\boldsymbol{T}_{\mathrm{s}} = \boldsymbol{M} \times \boldsymbol{F}_{\mathrm{s}} \tag{2-31}$$

参 考 文 献

[1] 黄静. 三轴稳定航天器姿态最优控制方法研究[D]. 哈尔滨:哈尔滨工业大学,2010.

[2] 褚庆军. 三轴稳定卫星姿态控制系统研究[D]. 哈尔滨:哈尔滨工业大学,2006.

[3] 王喆鑫. 基于滑模变结构的火星探测器姿态控制研究[D]. 哈尔滨:哈尔滨工业大学,2011.

[4] 刘亚静. 三轴稳定卫星姿态控制方法研究[D]. 哈尔滨:哈尔滨工业大学,2008.

[5] 刘海颖. 微小卫星姿态控制系统[D]. 南京:南京航空航天大学,2008.

[6] 章仁为. 卫星轨道姿态动力学与控制[M]. 北京:北京航空航天大学出版社,1998.

[7] 张锦江. 单框架控制力矩陀螺系统的构型分析和对比研究[J]. 中国空间科学技术,2003(3):52-56.

第3章　卫星姿态测量部件及执行机构

3.1　引　言

为了获得卫星当前准确的姿态信息，通常在卫星星体上安装不同的姿态测量敏感器件，如太阳敏感器、星敏感器、陀螺等。通过对太阳或恒星等的测量，实时输出卫星当前的姿态信息。同时，在设计的姿态控制算法作用下，利用姿态执行机构，如飞轮、控制力矩陀螺、磁力矩器等，驱动卫星姿态至期望姿态。下面主要介绍一些姿态敏感部件与姿态执行机构，对其工作原理进行概述。

3.2　01/数字一体化太阳敏感器

通常，01式太阳敏感器主要粗略地测量太阳的方位，而数字式太阳敏感器能够较精确地敏感太阳的方位，并输出测量狭缝与太阳光线的夹角[1]。中国科学院长春光学精密机械与物理研究所研制了01/数字一体化太阳敏感器，作为新产品试验部件，重点验证CMOS的数字太阳敏感器在轨定姿精度以及数字式、01式两种太阳敏感器一体化设计后的工作模式和可行性[2]。

数字式太阳敏感器以进口的CMOS APS图像传感器STAR1000为探测器，01式太阳敏感器以光电池为探测器，信息处理电路采用一体化设计，数字式太阳敏感器和01式太阳敏感器共用一个信号处理电路。部件由光学系统、电池片、线路盒、探测板、信号处理板和电源板以及接插件组成。光学系统采用小孔滤光片和视场光阑组成；五片电池片分布在太阳敏感器的五个面上，用于覆盖探测半球空间的太阳方位；探测板完成太阳光斑的光电转换、采集电池片输出电流；信号处理板利用FPGA驱动、采集太阳光在APS探测器面形成的光斑像，通过算法处理，求出太阳光斑像的“质心”，同时通过CAN总线与姿轨控中心计算机交换数据；电源板为整个系统提供所需的各种电源。部件结构示意图如图3-1所示。

数字式太阳敏感器采用了CMOS图像传感器(STAR1000)作为感光元件，通过计算太阳光斑在传感器表面的质心位置得到太阳的角度，其原理如图3-2所示。

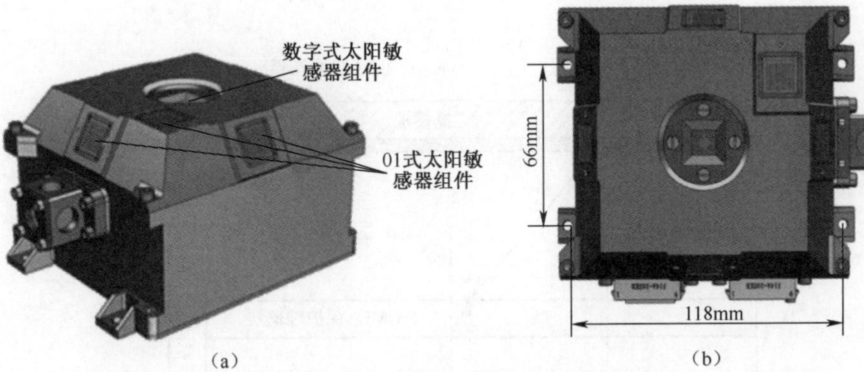

图 3-1 数字一体化太阳敏感器结构示意图

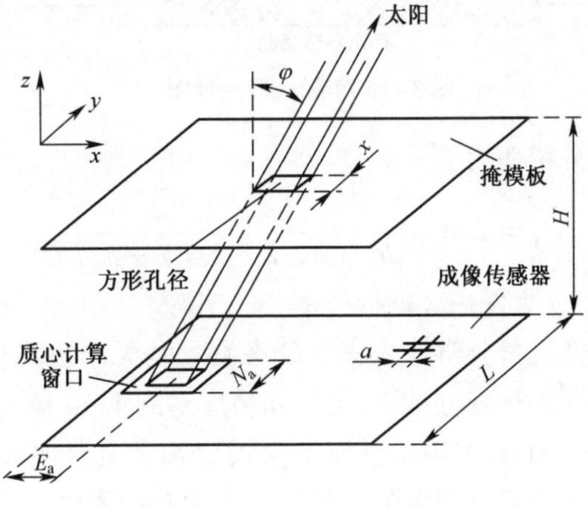

图 3-2 数字式太阳敏感器原理

太阳光通过位于 CMOS 上方指定高度上的方形小孔成像于 CMOS 探测器阵列面上。

设定 CMOS 边缘给出 E 个像素的余量,从而保证装调小误差时边缘视场光线成像在 CMOS 的有效区域;设定探测窗口为 $N \times N$ 个像素,根据几何关系和视场要求可得掩模板到 CMOS 探测器的高度为 H。

由于 CMOS 光敏元件的上面有一层保护玻璃,因此实际参数设计中要考虑这层玻璃的折射引起的坐标偏移计算实际掩模板到 CMOS 探测器的高度值,如图 3-3 所示。

根据几何关系,有:

$$
\begin{aligned}
l &= h_2 \tan\theta + h_3 \tan\theta_3 + h_4 \tan\theta \\
n &= \sin\theta / \sin\theta_3
\end{aligned}
\tag{3-1}
$$

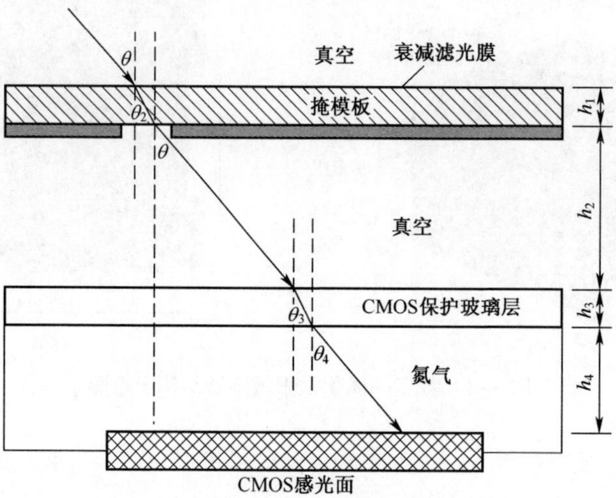

图 3-3　实际构型原理图

像元对应的角分辨率为

$$\sigma_{\mathrm{P}} = \arctan\left(\frac{a}{h_2 + h_3(2 - 1/n) + h_4}\right) \tag{3-2}$$

式中：a 为像元尺寸；n 为保护玻璃折射率。

如果单纯依靠像元角分辨率来进行姿态测量是无法达到 0.02°测量精度，采用质心算法对像元进行细分计算，当计算精度达到 1/10 像元细分时，可以达到 0.016°角分辨率。01 式太阳敏感器通过设定输出电流的阈值，使得太阳电池可以在一定的视场内检测到太阳。对于卫星太阳检测要求，通常为了覆盖半球视场(±90°×±90°)，常用几个探头组成较大的视场，采取的方案是在四棱台的五个面贴上太阳电池如图 3-4 所示。四棱台的侧面与上表面各呈 60°，图中线条即为五个面的法向矢量，五个面分别贴上太阳电池。为了覆盖半球空间视场，

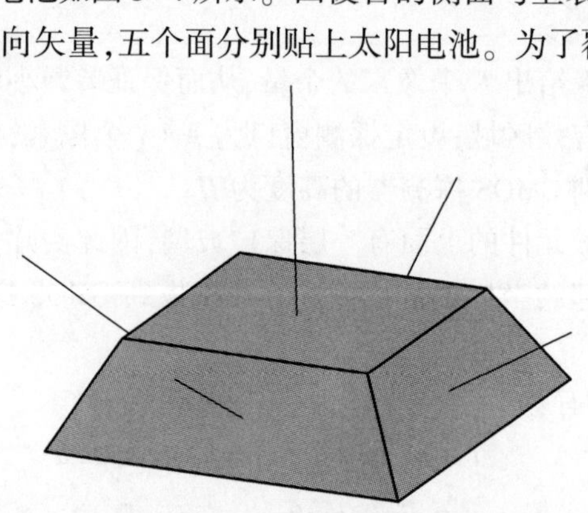
图 3-4　太阳能电池片的排布方式及其法向矢量示意图

设定四棱台底面平面内与两底边各成 135°的角度入射太阳方向矢量为探测阈值,则此阈值对应的太阳方向矢量与两斜面法线矢量的夹角为 52.24°。也就是说,如果要使五片太阳电池组成的 01 式太阳敏感器能够覆盖半球空间,则其每一个探测器的视场要达到 104.5°。

五个太阳电池片各对应一个圆锥区域,当太阳矢量位于某个单个圆锥区域时,太阳大致位置即在对应太阳电池方向;当太阳矢量位于多个圆锥区域交叠区域时,太阳大致位置即在对应电池的交叠区域。这样,通过采集不同太阳电池片输出的 01 信息,即可以得到太阳的大概方位。

3.3 星敏感器

星敏感器[3,4]是当前应用最为广泛的天体敏感器,它以恒星作为姿态测量的参考信标,可解算得到自身相对于惯性坐标系的姿态数据。星敏感器具有高精度、体积小、质量轻、低功耗的特点,且测量误差不随时间累积,目前在长时间导航的应用中,星敏感器是精度最高的姿态敏感器。

简单地说,星敏感器就是数码相机加微处理器。相机拍摄到当前姿态下的星图,拍摄的星图由微处理器处理,根据导航星库和拍摄星图计算出当前姿态。

图 3-5 给出了星敏感器工作原理。恒星光经过遮光罩去除大部分杂散光,再通过镜头在探测器平面上成像,星图像经过平面阵列探测器光电采样后形成数字化星图,然后将其送入微处理器。拍摄的星图通过星点提取得到恒星像在探测器平面的位置坐标和星敏感器坐标系下的位置矢量;提取星图中若干星点位置坐标后通过星图识别得到所提取的星点在天球惯性系中的坐标,从而得到其在天球惯性系中的位置矢量;最后根据星点在星敏感器坐标系下的位置矢量和天球惯性系中的位置矢量计算出当前星敏感器姿态。

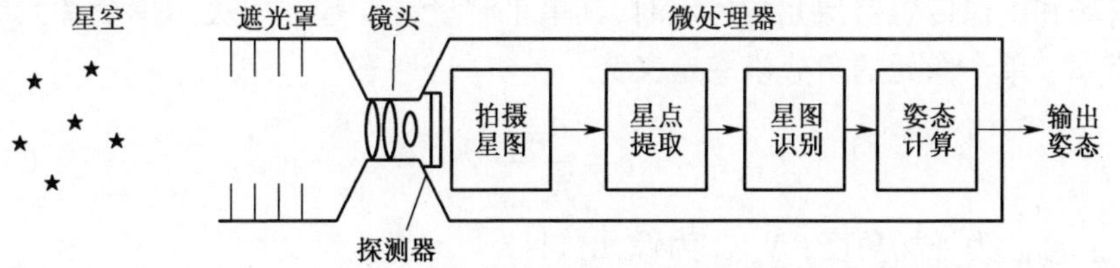

图 3-5　星敏感器工作原理

视场是微型星敏感器最重要的技术参数之一,微型星敏感器视场对角线方向通常从几度到二十多度,视场的大小决定了微型星敏感器采集星图的大小,影响着微型星敏感器的各项性能。减小星敏感器的视场角,将会提高单星的测角精度。但对于小视场光学系统,为保证视场内有足够的星数目,光学系统镜头孔径需要加大,因为孔径加大能使系统探测到更多的暗星。这意味着,要增加导航星库包含的星数目,匹配时间也急剧变大,冗余匹配也会增多,导致星图识别算法复杂而低效。同时,大孔径也会导致光学系统体积和质量变大。

当微型星敏感器的感光探测元件确定以后,微型星敏感器的视场和焦距是一对相互制约的关系量,如图 3-6 所示。

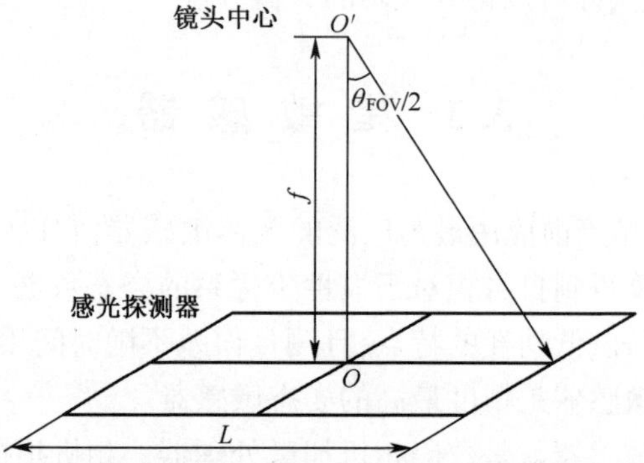

图 3-6 微型星敏感器焦距、视场和图像传感器之间关系

其关系为

$$f \times \tan\left(\frac{\theta_{\text{FOV}}}{2}\right) = \frac{L}{2} \tag{3-3}$$

式中:f、θ_{FOV} 分别为微型星敏感器的焦距和视场角度; L 为探测器的感光区域长度。

星敏感器测量精度是指星敏感器最后输出的姿态角测量精度。单星测角精度是星敏感器整体精度的基础,它直接影响姿态角测量精度。当星敏感器系统视场和图像传感器像元数一定时,其单星测量精度基本取决于单个像元的角分辨率。单个像元的角分辨率定义为

$$\delta = \frac{\theta_{\text{FOV}}}{N_{\text{pixel}}} \tag{3-4}$$

式中: θ_{FOV} 为视场角度; N_{pixel} 为像元数目。

采用质心细分法,可使星点光斑质心坐标达到 1/10 像元级,得到单星测量精度为

$$\xi_{\text{simplepixel}} = \frac{\theta_{\text{FOV}}}{N_{\text{pixel}}} \cdot \sigma_{\text{centroid}} \tag{3-5}$$

式中：$\sigma_{centroid}$为焦平面内所观测星的坐标的质心误差，即质心细分精度值。

姿态测量精度 $Error_{starframe}$ 与单星测量精度 $Error_{singlestar}$ 关系为

$$Error_{starframe} = Error_{singlestar} / \sqrt{N_{stars}} \tag{3-6}$$

式中：N_{stars} 为视场中被识别出的星数目。

星敏感器三轴姿态精度与单星测量精度等有关，横滚姿态精度为

$$\sigma_{roll} = \frac{\sqrt{2}\sigma_{centroid}\tan(\theta_{FOV}/2)}{\sqrt{N_{stars} - 1}N_{pixel}\theta_{sep}} \tag{3-7}$$

式中：θ_{sep} 为所观测星的平均角距，对均匀分布的圆视场，一般为视场角的 1/2。

俯仰和偏航姿态精度为

$$\sigma_{cross-boresight} = \frac{\theta_{FOV}\sigma_{centroid}}{N_{pixel}\sqrt{N_{stars}}} \tag{3-8}$$

3.4 磁力矩器

姿控分系统通常配置三路磁力矩器，分别沿卫星的三个轴正交安装，主要用于速率阻尼和飞轮卸载。根据控制规律，将磁力矩器通一定大小和方向的磁电流，使之产生所要求的磁矩，在轨道地磁场作用下产生力矩，该力矩直接作为控制力矩，用于飞轮卸载和实现卫星姿态磁控制。相对姿态控制系统中其他执行机构，磁力矩器具有简单、可靠等优点，因此要求其不仅输出力矩大、剩磁小，而且体积小、质量轻。

磁力矩器[5,6]采用铁镍合金棒作为铁芯，铁芯外包裹一层聚酰亚胺薄膜，在其外均匀密绕线圈，线圈外再包裹一层聚酰亚胺薄膜，聚酰亚胺薄膜的作用是防止线圈漆包线破损导致短路，起到绝缘作用。另外，还有线圈支架、无磁电连接器、堵头等。包裹了聚酰亚胺薄膜的铁芯和线圈组件，用 D04 硅橡胶固定在半圆形线圈支架上，并通过两端固定件夹紧。磁力矩器结构如图 3-7 所示。

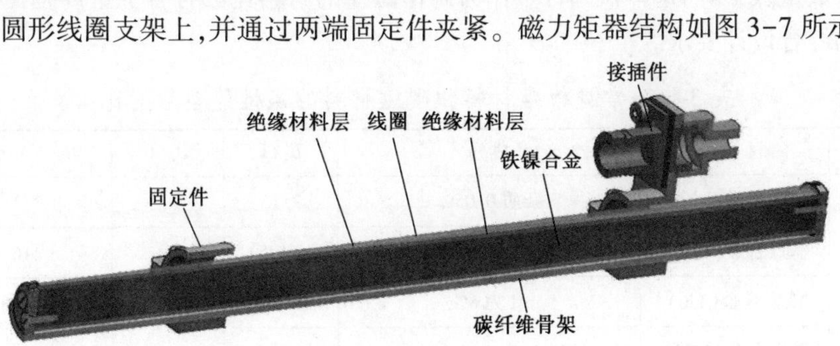

图 3-7　磁力矩器结构

线圈选用240级芳香族聚酰亚胺漆包铜圆线，热级为240级，即最小温度指数为240，热冲击温度至少为260℃，这是迄今为止耐温等级最高的漆包线。可以在240℃环境下连续工作20000h以上，在耐高温、耐严寒、耐冷冻机、耐化学性、耐辐射等方面具有优良的性能。

磁力矩器磁棒使用磁性材料主要由于一般的通电线圈产生的磁场较小，无法满足卫星姿态控制系统的指标要求，必须通过磁性材料的磁化作用来提高通电线圈产生的磁场强度。此外，磁力矩器要求在不通电工作时自身的磁场很小，在通电工作时要能产生较大的磁场，而某些磁性材料的特点又恰好能满足这一要求，因此在磁力矩器中使用磁性材料。

按照磁滞回线特征可将磁性材料分为硬磁材料和软磁材料两大类。

硬磁材料的磁滞回线宽、矫顽力 H_c 大，剩磁 B_r 也很大，撤去磁场后仍可长久保持很强的磁性。适合制成永久磁铁，或用作“磁记录”材料，制作成磁带、磁盘等。而软磁材料磁滞回线呈细长形，矫顽力 H_c 小，在交变磁场中剩磁易于被清除，常用于制造电机、变压器、电磁铁等的铁芯。软磁材料可以使传导电流产生的磁场获得几千倍的增强。常见软磁材料和硬磁材料的磁性能参数对比见表3-1。由表中明显可以看出，软磁材料的矫顽力远小于硬磁材料的矫顽力，这也是软磁材料和硬磁材料的最大区别。由于姿态控制要求磁力矩器剩磁小，而硬磁材料的剩磁较大，无法满足要求，因而只有选择软磁材料来制作磁力矩器。国内外同类型的小型卫星中磁棒材料主要有镍含量中等的铁镍合金(坡莫合金)以及铁钴合金。两种材料各有优、缺点：铁镍合金的矫顽力比铁钴合金小，因而剩磁小，但是饱和磁感应强度没有铁钴合金大。综合考虑，虽然铁钴合金的饱和磁感应强度较大，这样磁力矩器电流可控的范围较大，便于电路实现，但是由于剩磁对卫星姿态的控制精度影响很大，当剩磁过大时，影响卫星姿控性能。由表3-1可知，铁钴合金的矫顽力比铁镍合金(坡莫合金)的矫顽力大近一个数量级，因而选择铁镍合金作为制作磁棒的材料比较符合卫星姿态控制系统的综合设计要求。

表3-1　常见软磁材料和硬磁材料的磁性能参数对比

	材　料	成分	B_s/T	B_r/T	H_c/(A/m)
软磁材料	纯铁	杂质0.05%	2.15	—	7.2
	铁镍合金(1J50)	Ni为49%~51%，其余为Fe	>1.5	—	<16
	铁铝合金(1J6)	Al为6%	>1.35	—	32~48
	铁钴合金(1J22)	Co为50%，V为1.4%~1.8%	>2.4	—	<150

（续）

	材　料	成分	B_s/T	B_r/T	H_c/(A/m)
硬磁材料	铁氧体 10T	$BaO \cdot 6Fe_2O_3$	—	0.2	(128~160)×103
	钐钴(125)	Sm 为 37%，其余为 Co	—	0.82~0.95	(500~600)×103
	铝镍钴合金 52	Al 为 8%，Ni 为 14%，Co 为 24%，Cu 为 3%，其余为 Fe	—	1.30	56×103

设计中选用铁镍合金牌号为 1J85，合金百分比：Ni 为 80%，Mo 为 4%，其余为 Fe（含有微量元素）。其特点是具有较高的初始磁导率、较低的饱和磁感应强度及较低的矫顽力，且在弱磁场内有最高的磁导率。直流磁性能见表 3-2。

表 3-2　1J85 直流磁性能

合金牌号	产品种类	厚度或直径/mm	在 0.8A/m 磁场强度中的磁导率 μ/(mH/m)	最大磁导率/(mH/m)	矫顽力（在饱和磁感应强度下）H_o/(A/m)	饱和磁感应强度 B_s/T
1J85	热轧（锻）棒材	8~100	37.5	125	1.6	0.7

磁力矩器结构设计原则如下：

(1) 提高结构强度和刚度，增大结构阻尼：

① 选择比刚度(E/ρ)较高的材料铝合金；

② 设备各主要部件采用加强筋结构，合理设计加强筋的形式和布局；

③ 加强凸耳与壳体连接部位的设计以及合理地确定凸耳的数量；

④ 足够的连接螺钉数量，提高整体的连接强度。

(2) 印制板合理分板及元器件在印制板上合理布局：

① 印制板根据功能插件合理划分，合理布局元器件，尽量将质量较大的元器件分布在远离印制板中心的位置；

② 根据外引电连接器、元器件高度合理确定印制板的间距；

③ 通过有效的结构加固措施，辅助满足设备的电性能、EMC 和热性能要求；

④ 通过一致性设计，使固态盘层数可以进行一定数量的增减（不需要修改结构）；

⑤ 结构简单，体积小，质量轻，具有良好的工艺性和可维修性，保证设备长寿命、高可靠地圆满完成指定的任务要求。

3.5 反作用飞轮

反作用飞轮是卫星系统姿态稳定平台的执行部件，是卫星系统的核心部件，其可靠性决定了卫星的在轨寿命。反作用飞轮的性能对卫星系统的姿态稳定性和控制精度起决定作用[7-9]。

反作用飞轮安装在卫星上，其旋转质量在电动机的驱动下高速旋转，形成一定的角动量，该转子与卫星构成了一个角动量守恒的系统。如果改变飞轮角动量的大小或方向，卫星会做出一定的角动量变化反应来维持角动量守恒。也就是说，飞轮和卫星之间存在着动量交换的关系。将反作用飞轮按照一定的方式安装在卫星的惯量轴上，卫星的控制系统根据各轴的姿态偏差，通过改变反作用飞轮的速度，对卫星的每个轴进行控制。

反作用飞轮共有壳体部件、旋转质量、飞轮电动机、轴承组件、控制电路板五个组成部分。飞轮电动机采用无刷无铁芯直流电动机，电动机转子和旋转质量为一体，以滚珠轴承为支承，装在壳体上部密封的空间内，壳体中间的部分为基座，主要提供反作用飞轮在星上的安装的机械接口和电接口，控制电路安装在壳体的下部，如图 3-8 所示。

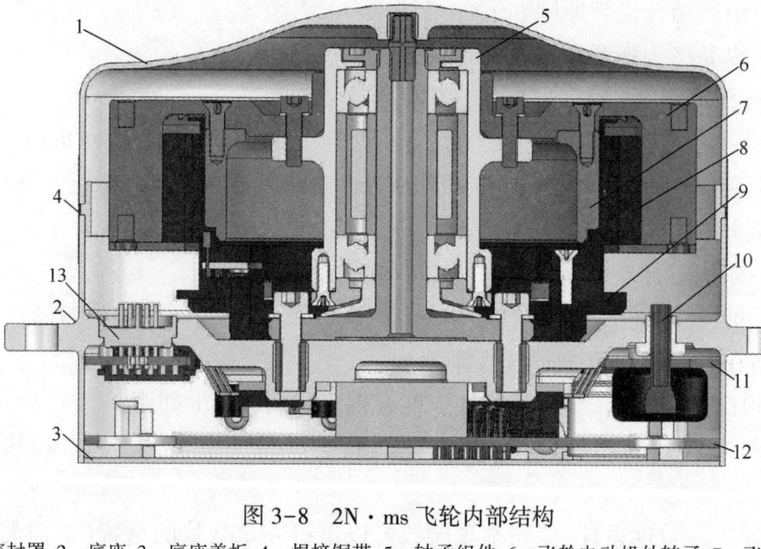

图 3-8　2N · ms 飞轮内部结构

1—密封罩；2—底座；3—底座盖板；4—焊接铜带；5—轴承组件；6—飞轮电动机外转子；7—飞轮电动机内转子；8—磁钢；9—飞轮电动机定子；10—抽气嘴；11—驱动电路；12—控制电路；13—真空插座。

建立下述数学模型的目的是估算数字调节器增益的范围以确定运算字长

及算法，因此仅考虑最简单的情况；实际调试时需要根据实验情况整定。

3.5.1 电流模式的模拟量数学模型

不考虑管压降，则电流模式模拟量数学模型如图 3-9 所示。

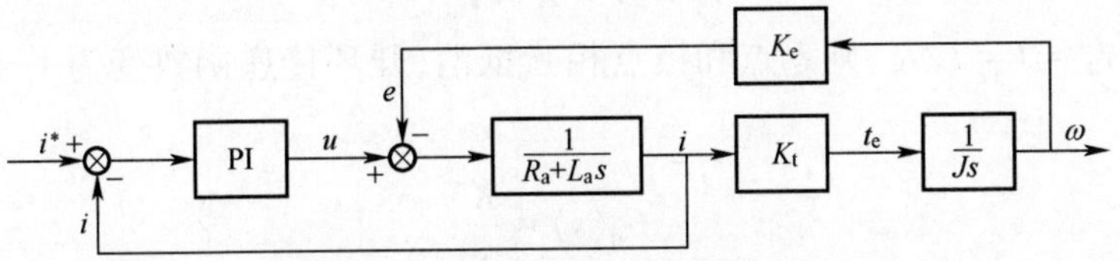

图 3-9 电流模式模拟量数学模型

由于飞轮转动惯量非常大，因此机电时间常数比电磁时间常数高得多，可以忽略反电势的影响，而把它看作负载扰动。此时图 3-9 可以简化为图 3-10。

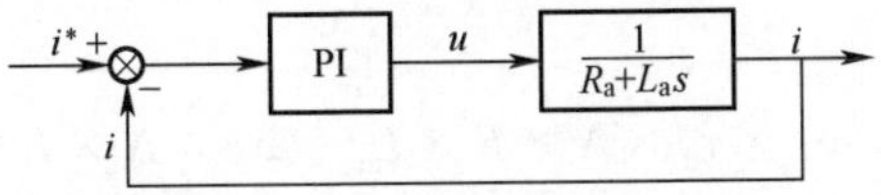

图 3-10 电流模式简化模型

图 3-9 和图 3-10 中的 PI 为模拟比例+积分调节器，各变量都是模拟量。

3.5.2 采用数字电路后的数学模型

采用数字电路后的数学模型变为图 3-11。

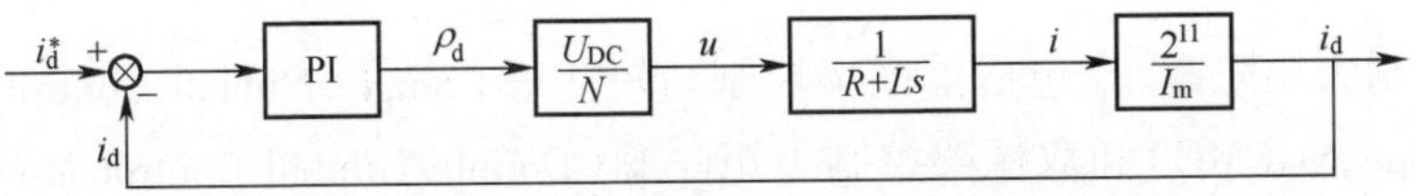

图 3-11 采用数字电路后的数字模型

图中：电流指令以及反馈都是 13 位数字量；PI 为数字比例+积分调节器；ρ_d 为数字化的占空比，范围 0~N，对应实际的占空比 0~1；$2^{11}/I_m$ 为实际电流转化为数字电流的比例系数。

采用比例加积分调节器，即

$$\mathrm{PI} = K_p\left(1 + \frac{1}{\tau_i s}\right) \tag{3-9}$$

此时开环传递函数为

$$G_o(s)=\frac{K_p\times(\tau_i s+1)\times U_{DC}\times 2^{11}}{\tau_i s\times N\times(R+Ls)\times I_m}=\frac{K(\tau_i s+1)}{s(Ts+1)} \tag{3-10}$$

式中

$$K=\frac{K_p\times U_{DC}\times 2^{11}}{\tau_i\times N\times R\times I_m},T=\frac{L}{R}$$

令 $\tau_i=T=L/R$，则零点和极点相互抵消，开环传递函数变为一个积分环节，即

$$G_o(s)=\frac{K}{s} \tag{3-11}$$

此时电流环带宽 $\omega_c=K$。

经过双线性变换后的数字 PI 控制器为

$$\mathrm{PI}[n]=\mathrm{PI}[n-1]+K_p(E[n]-E[n-1])+K_i(E[n]+E[n-1]) \tag{3-12}$$

式中

$$K_p=\frac{\omega_c\times\tau_i\times N\times R\times I_m}{U_{DC}\times 2^{11}}=\frac{\omega_c\times N\times L\times I_m}{U_{DC}\times 2^{11}}$$

$$K_i=\frac{T_s\cdot K_p}{2\tau_i}=\frac{T_s\times\omega_c\times N\times R\times I_m}{U_{DC}\times 2^{12}}$$

其中：T_s为电流环采样周期。确定了 ω_c，则 K_p与 K_i都可以确定。

3.6 控制力矩陀螺

控制力矩陀螺[10]包括单框架控制力矩陀螺（Single Gimbal Control Moment Gyroscope，SGCMG）和双框架控制力矩陀螺（Double Gimbal Control Moment Gyroscope，DGCMG）两种类型。DGCMG 具有质量轻、只需两个即可完成航天器的姿态控制等优点，但输出力矩较小、制造和装配工艺要求高、可靠性差等缺点限制了其在现代航天器上的应用。SGCMG 具有输出力矩大、结构简单、无框架锁定状态等优点，使得在航天器中得到广泛应用。

SGCMG 单元包含三部分，一个以恒定速度转动的飞轮、支撑和固定飞轮的框架以及框架转动伺服系统，如图 3-12 所示。框架转轴线与飞轮转轴始终保持垂直，并通过飞轮质心，框架转动导致飞轮的角动量方向发生改变，飞轮角动量的这种进动运动局限于框架轴的垂直平面内，且进动过程中产生陀螺反作用力矩，对框架基座形成反作用。由 SGCMG 三个轴向矢量垂直关系可知，框架转

速矢量与飞轮角动量矢量的叉乘大小即为陀螺力矩值。在任一瞬时时刻,角动量的变率限于单自由度,若想实现三自由度的姿态控制,至少需要应用三个SGCMG。

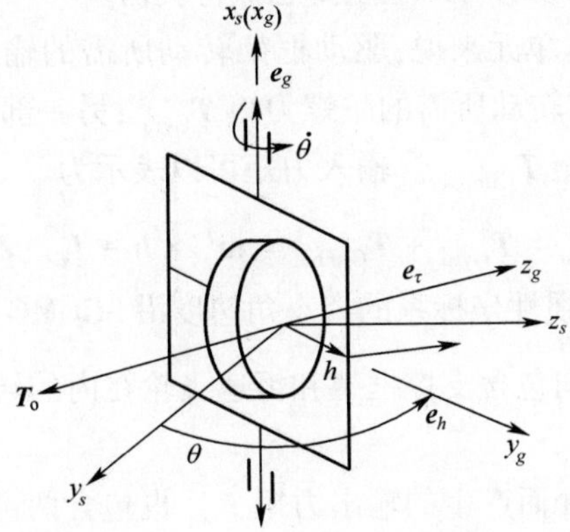

图 3-12　SGCMG 原理示意图

框架坐标系内,坐标基轴以单位矢量 $\boldsymbol{e}_g$ 、$\boldsymbol{e}_h$ 、$\boldsymbol{e}_\tau$ 表示,分别表征框架轴、角动量轴和力矩轴的方向。由几何关系知,力矩轴垂直于框架轴与角动量组成的平面,令框架转角为 θ ,则框架转动 $\dot{\theta}$ 引起的陀螺输出力矩为[11-12]

$$\begin{aligned}\boldsymbol{T}_\mathrm{o} &= -\dot{\theta}\boldsymbol{e}_g \times h\boldsymbol{e}_h \\ &= -\dot{\theta}h\boldsymbol{e}_\tau\end{aligned} \tag{3-13}$$

驱动框架转动的输入力矩为

$$\begin{aligned}\boldsymbol{T}_\mathrm{i} &= -[(\boldsymbol{\omega} \times \boldsymbol{h}) \cdot \boldsymbol{e}_g]\boldsymbol{e}_g \\ &= h[(\boldsymbol{e}_g \times \boldsymbol{e}_h) \cdot \boldsymbol{\omega}]\boldsymbol{e}_g \\ &= h(\boldsymbol{e}_\tau \cdot \boldsymbol{\omega})\boldsymbol{e}_g\end{aligned} \tag{3-14}$$

因此,SGCMG 力矩的放大倍数为

$$\boldsymbol{T}_\mathrm{o}/\boldsymbol{T}_\mathrm{i} = \dot{\theta}/\omega \tag{3-15}$$

根据小型卫星系统角动量守恒关系,可得

$$\dot{\theta}/\omega \approx \boldsymbol{I}_\mathrm{satellite}/\boldsymbol{I}_\mathrm{gimbal} \tag{3-16}$$

进而有

$$\boldsymbol{T}_\mathrm{o}/\boldsymbol{T}_\mathrm{i} \approx \boldsymbol{I}_\mathrm{satellite}/\boldsymbol{I}_\mathrm{gimbal} \tag{3-17}$$

SGCMG 放大倍数不受框架力矩器能力的限制,由于星体转动惯量远大于陀螺框架转动惯量,两者的转速相差很大,因此力矩放大倍数很大,甚至可达上千倍,这是 SGCMG 系统的最大优点。

SGCMG 的力矩放大能力是指 SGCMG 因框架带动飞轮使飞轮角动量方向改变而产生的进动输出力矩远远大于驱动框架转动所需的输入力矩。具备力矩放大能力的优点可以使得 SGCMG 以较小的质量和体积产生更大的输出力矩,因而成为当今最具吸引力的卫星姿态执行机构。

对于一个 SGCMG 单元来说,驱动框架转动所需的输入力矩 $\boldsymbol{T}_{\text{in}}$ 包含两部分:一部分是驱动框架转动所需的陀螺力矩 $\boldsymbol{T}_{\text{Gyro}}$;另一部分是因框架角加速度存在而需要的驱动力矩 $\boldsymbol{T}_{\text{Gimbal}}$。输入力矩可以表示为

$$\boldsymbol{T}_{\text{in}} = \boldsymbol{T}_{\text{Gyro}} + \boldsymbol{T}_{\text{Gimbat}} = \boldsymbol{\omega}_{\tau}^{I} \times \boldsymbol{h} + \boldsymbol{I}_{G} \cdot \ddot{\boldsymbol{\delta}} \tag{3-18}$$

式中:$\boldsymbol{\omega}_{\tau}^{I}$ 为星体相对惯性坐标系的姿态角速度沿 SGCMG 输出力矩方向 $\boldsymbol{\tau}$ 的分量;$\boldsymbol{I}_{G}$ 为沿框架轴方向包含支撑框架和恒速飞轮在内的转动惯量;$\ddot{\boldsymbol{\delta}}$ 为框架角加速度。

因角动量方向改变而产生的输出力矩 $\boldsymbol{T}_{\text{out}}$ 也包含两部分:一部分是由框架角速度产生的进动力矩;另一部分是由星体姿态角速度产生的进动力矩。输出力矩可以表示为

$$\boldsymbol{T}_{\text{out}} = \boldsymbol{h} \times \dot{\boldsymbol{\delta}} + \boldsymbol{h} \times \boldsymbol{\omega}_{g}^{I} \tag{3-19}$$

式中:$\boldsymbol{\omega}_{g}^{I}$ 为星体相对惯性坐标系的姿态角速度沿 SGCMG 框架轴 $\boldsymbol{g}$ 方向的分量。

当框架角加速度 $\ddot{\boldsymbol{\delta}}$ 和姿态角速度分量 ω_{g}^{I} 较小时,力矩放大倍数可以表示为

$$N = \frac{\| \boldsymbol{T}_{\text{out}} \|}{\| \boldsymbol{T}_{\text{in}} \|} \approx \frac{\dot{\boldsymbol{\delta}}}{\boldsymbol{\omega}_{\tau}^{I}} \tag{3-20}$$

当 SGCMG 工作时,框架角速度 $\dot{\boldsymbol{\delta}}$ 远大于星体姿态角速度沿 SGCMG 输出力矩方向 $\boldsymbol{\tau}$ 的分量 $\boldsymbol{\omega}_{\tau}^{I}$,即 $\dot{\boldsymbol{\delta}} = \boldsymbol{\omega}_{\tau}^{I}$。此时,根据式(3-20)可得,力矩放大倍数 $N \gg 1$。

参 考 文 献

[1] 王红睿,李会端,方伟. 航天太阳敏感器的应用与发展[J]. 中国光学,2013,6(4):481-489.

[2] 何丽,胡以华. 太阳敏感器的原理与技术发展趋势[J]. 电子元件与材料,2006,25(9):5-7.

[3] 张路, 刘垒, 郑辛,等. 星敏感器技术研究现状及发展趋势[J]. 红外与激光工程,2007, 36(s):529-533.

[4] 王天聪. 航空导航白天星敏感器技术研究及光学系统优化设计[D]. 北京:中国科学院大学,2012.
[5] 周美丽,朴永杰,张贵祥,等. 基于 A3PE3000L 的磁力矩器控制系统设计[J]. 电子测量技术,2016, 39(7):120-123.
[6] 周美丽,戴路,徐开,等. 针对微小卫星的磁力矩器设计及测试[C]. 中国空间科学学会2013 年空间光学与机电技术研讨会会议论文集,2013.
[7] 刘胜忠, 平菊英. 卫星飞轮产品和技术的商业化发展[J]. 上海航天,2004(4):37-38.
[8] 高庆嘉, 白越, 吴晓溪, 等. 姿控飞轮用永磁无刷直流电动机电磁设计与分析[J]. 微特电机. 2009(10):4-6.
[9] 杨作起, 白越, 黄敦新, 等. 卫星姿态控制飞轮轴承不同润滑状态下功耗分析[J]. 润滑与密封,2007, 32(5):144-146.
[10] 孙志远. 单框架控制力矩陀螺新型操纵律研究[D]. 长春:中国科学院长春光学精密机械与物理研究所,2012.
[11] 章仁为. 卫星轨道姿态动力学与控制[M]. 北京:北京航空航天大学,1998.
[12] 崔维桥. 采用 SGCMG 的敏捷卫星姿态机动控制研究[D]. 哈尔滨:哈尔滨工业大学,2010.

第4章 卫星姿态确定技术

4.1 引 言

由于姿态测量传感器通常存在测量噪声,如星敏感器的测量偏差、光纤陀螺的噪声及常值漂移等,会造成卫星真实姿态信息的测量准确性。因此,为实现卫星真实姿态的精确预估,依据不同的姿态敏感器设计相应的姿态确定算法是对地观测敏捷卫星姿态控制技术的核心技术之一。

4.2 双矢量定姿

参考矢量法是姿态测量和姿态确定的基本方法之一[1,2]。飞行器姿态初值确定和姿态修正等都要用到此方法。不同的参考矢量或同一参考矢量的物理量表现形式可以是不同的,如光学的、电磁的、力学的等。

应用参考矢量法进行姿态确定时有各种误差源。首先,敏感器的精度是非常重要的,它直接影响参考矢量在星体固联坐标系下的方位测量精度。同时影响该精度的还有反映参考矢量的物理量的精确性和不定性。

参考矢量法按照所使用的参考矢量的数目可分为单参考矢量法、双参考矢量法和多参考矢量法。由于单参考矢量方法不能完全确定星体坐标系在参考系中的三轴姿态,因此一般多采用双参考矢量法来进行姿态确定。

现在考查存在两个不共线的参考矢量 $\boldsymbol{u}$ 和 $\boldsymbol{v}$ 的情况。定义矢量 $\boldsymbol{w}$ 如下:

$$\boldsymbol{w} = \boldsymbol{u} \times \boldsymbol{v} \tag{4-1}$$

设这三个矢量在空间参考坐标系 S_a 和航天器体坐标系 S_b 的坐标列阵为 $\boldsymbol{u}_a$、$\boldsymbol{v}_a$、$\boldsymbol{w}_a$ 和 $\boldsymbol{u}_b$、$\boldsymbol{v}_b$、$\boldsymbol{w}_b$。定义矩阵 $\boldsymbol{A}$ 和 $\boldsymbol{B}$ 为

$$\boldsymbol{A} = [\boldsymbol{u}_a \quad \boldsymbol{v}_a \quad \boldsymbol{w}_a], \boldsymbol{B} = [\boldsymbol{u}_b \quad \boldsymbol{v}_b \quad \boldsymbol{w}_b]$$

设坐标系 S_b 相对 S_a 的姿态矩阵为 $\boldsymbol{C}_{ba}$,则根据矢量坐标变换可得

$$\boldsymbol{B} = [\boldsymbol{u}_b \quad \boldsymbol{v}_b \quad \boldsymbol{w}_b] = [\boldsymbol{C}_{ba}\boldsymbol{u}_b \quad \boldsymbol{C}_{ba}\boldsymbol{v}_b \quad \boldsymbol{C}_{ba}\boldsymbol{w}_b] = \boldsymbol{C}_{ba}[\boldsymbol{u}_b \quad \boldsymbol{v}_b \quad \boldsymbol{w}_b] = \boldsymbol{C}_{ba}\boldsymbol{A}$$

由于 $\boldsymbol{u}$ 和 $\boldsymbol{v}$ 不共线，矩阵 $\boldsymbol{B}$ 可逆，则有

$$\boldsymbol{C}_{ba} = \boldsymbol{B}\boldsymbol{A}^{-1}$$

由于矩阵 $\boldsymbol{A}$ 是已知的，矩阵 $\boldsymbol{B}$ 是由测量得到的，于是由上式即可求得姿态矩阵 $\boldsymbol{C}_{ba}$，即在不共线的双参考矢量为完全可测量的情况下，姿态矩阵可唯一确定。此即为双矢量定姿原理。

首先讨论姿态确定的精度问题。由于测量的误差，矢量 $\boldsymbol{u}$、$\boldsymbol{v}$ 的观测矢量 $\boldsymbol{u}^*$、$\boldsymbol{v}^*$ 不能与 $\boldsymbol{u}$、$\boldsymbol{v}$ 完全一致。实际上，$\boldsymbol{u}^*$、$\boldsymbol{v}^*$ 位于以 $\boldsymbol{u}$、$\boldsymbol{v}$ 为轴的锥面上，记两个锥的半锥角分别为 α_1 和 α_2，$\boldsymbol{u}$ 和 $\boldsymbol{v}$ 之间的夹角为 θ，如图 4-1 所示。

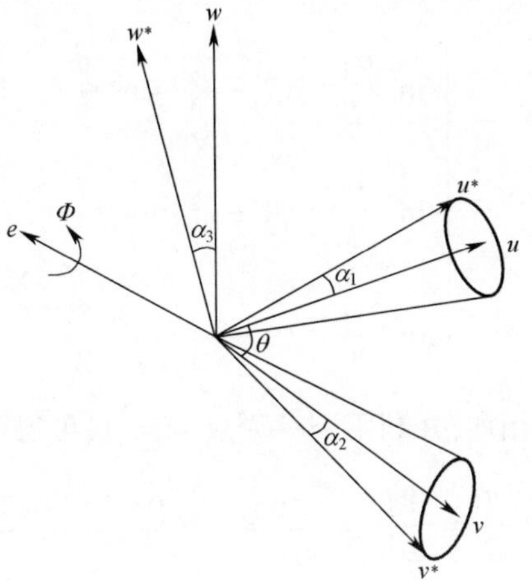

图 4-1　双矢量定姿中观测矢量存在误差的情况

令单位矢量 $\boldsymbol{w}$ 和 $\boldsymbol{w}^*$ 分别垂直于 $\boldsymbol{u}$、$\boldsymbol{v}$ 和 $\boldsymbol{u}^*$、$\boldsymbol{v}^*$，两个矢量间的夹角为 α_3。这样 $\boldsymbol{u}$、$\boldsymbol{v}$ 和 $\boldsymbol{w}$ 组成一个固联于参考坐标系 S_a 的非正交坐标系 S，同样 $\boldsymbol{u}^*$、$\boldsymbol{v}^*$ 和 $\boldsymbol{w}^*$ 也组成一个固联于星体的非正交坐标系 S^*。分析这两个坐标系之间的姿态参数，就可以说明由于测量误差引起的姿态确定误差。为简便起见，用欧拉轴/角参数中的转角 Φ 表示这两个坐标系之间的相对角位移。

记 S^* 相对 S 的姿态矩阵为 $\boldsymbol{C}^*$（不具有正交性），则由姿态矩阵和欧拉轴/角参数公式

$$\boldsymbol{C}^* = \cos\Phi \boldsymbol{E}_3 + (1 - \cos\Phi)\boldsymbol{e}\boldsymbol{e}^{\mathrm{T}} - \sin\Phi \boldsymbol{e}^{\times} \tag{4-2}$$

根据其展开式得到矩阵 $\boldsymbol{C}^*$ 的对角元素 C_{11}、C_{22}、C_{33} 为

$$\begin{cases} C_{11} = (1 - \cos\boldsymbol{\Phi})e_x^2 + \cos\boldsymbol{\Phi} \\ C_{22} = (1 - \cos\boldsymbol{\Phi})e_y^2 + \cos\boldsymbol{\Phi} \\ C_{33} = (1 - \cos\boldsymbol{\Phi})e_z^2 + \cos\boldsymbol{\Phi} \end{cases} \tag{4-3}$$

另外，C_{11}、C_{22}、C_{33} 也可由 S、S^* 系相应坐标轴的方向余弦得到，即

$$\begin{cases} C_{11} = \boldsymbol{u}^* \cdot \boldsymbol{u} = \cos\alpha_1 \\ C_{22} = \boldsymbol{v}^* \cdot \boldsymbol{v} = \cos\alpha_2 \\ C_{33} = \boldsymbol{w}^* \cdot \boldsymbol{w} = \cos\alpha_3 \end{cases} \tag{4-4}$$

将相关角度换成半角形式

$$\begin{cases} \sin^2 \dfrac{\alpha_1}{2} = (1 - e_x^2)\sin^2 \dfrac{\boldsymbol{\Phi}}{2} \\ \sin^2 \dfrac{\alpha_2}{2} = (1 - e_y^2)\sin^2 \dfrac{\boldsymbol{\Phi}}{2} \\ \sin^2 \dfrac{\alpha_3}{2} = (1 - e_z^2)\sin^2 \dfrac{\boldsymbol{\Phi}}{2} \end{cases} \tag{4-5}$$

将上面三个公式相加，并利用 $e_x^2 + e_y^2 + e_z^2 = 1$，可得

$$\sin^2 \frac{\boldsymbol{\Phi}}{2} = \frac{1}{2}\left(\sin^2 \frac{\alpha_1}{2} + \sin^2 \frac{\alpha_2}{2} + \sin^2 \frac{\alpha_3}{2}\right) \tag{4-6}$$

当 $\boldsymbol{\Phi}$、α_1、α_2、α_3 都为小量时，由式(4-6)可得

$$\boldsymbol{\Phi} = \frac{1}{\sqrt{2}}\sqrt{\alpha_1^2 + \alpha_2^2 + \alpha_3^2} \tag{4-7}$$

还近似有

$$\begin{cases} |\boldsymbol{u} \times \boldsymbol{v}| \approx |\boldsymbol{u}^* \times \boldsymbol{v}^*| \approx \sin\theta \\ \boldsymbol{u} \cdot \boldsymbol{w} \approx \boldsymbol{u}^* \cdot \boldsymbol{v}^* \approx \cos\theta \end{cases} \tag{4-8}$$

由此导出 $\boldsymbol{w}$ 和 $\boldsymbol{w}^*$ 间的角度关系

$$\begin{aligned} \cos\alpha_3 = \boldsymbol{w} \cdot \boldsymbol{w}^* &= \frac{\boldsymbol{u} \times \boldsymbol{v}}{\sin\theta} \cdot \frac{\boldsymbol{u}^* \times \boldsymbol{v}^*}{\sin\theta} \\ &= \frac{1}{\sin^2\theta}[(\boldsymbol{u} \cdot \boldsymbol{u}^*)(\boldsymbol{v} \cdot \boldsymbol{v}^*) - (\boldsymbol{u} \cdot \boldsymbol{v}^*)(\boldsymbol{v} \cdot \boldsymbol{u}^*)] \end{aligned}$$

$$= \frac{1}{\sin^2\theta}[\cos\alpha_1\cos\alpha_2 - \cos^2\theta]$$

$$= \frac{1}{\sin^2\theta}(\cos\alpha_1\cos\alpha_2 - 1) + 1 \tag{4-9}$$

利用半角关系可得

$$\sin^2\frac{\alpha_3}{2} = \csc^2\theta\left[\sin^2\frac{\alpha_1}{2} + \sin^2\frac{\alpha_2}{2} - 2\sin^2\frac{\alpha_1}{2}\sin^2\frac{\alpha_2}{2}\right] \tag{4-10}$$

经整理可得

$$\sin^2\frac{\boldsymbol{\Phi}}{2} = \frac{1}{2}(1 + \csc^2\theta)\left(\sin^2\frac{\alpha_1}{2} + \sin^2\frac{\alpha_2}{2}\right) - \csc^2\theta\sin^2\frac{\alpha_1}{2}\sin^2\frac{\alpha_2}{2} \tag{4-11}$$

当 $\boldsymbol{\Phi}$、α_1、α_2、α_3 都为小量时，式(4-11)近似为

$$\boldsymbol{\Phi}^2 = \frac{1}{2}(1 + \csc^2\theta)(\alpha_1^2 + \alpha_2^2) \tag{4-12}$$

此即为由于矢量 $\boldsymbol{u}$、$\boldsymbol{v}$ 测量误差引起的坐标系 S 和 S^* 之间的误差，将其折算到参考系 S_a 和星体坐标系 S_b 之间的姿态矩阵 $\boldsymbol{C}_{ba}$ 中，即为定姿误差。定姿误差由两部分组成：一部分是由测量误差直接引起的，即

$$\boldsymbol{\Phi}^2 = \frac{1}{2}(\alpha_1^2 + \alpha_2^2) \tag{4-13}$$

另一部分是由参考矢量几何关系和测量误差联合引起的，即

$$\boldsymbol{\Phi}^2 = \frac{1}{2}\csc^2\theta(\alpha_1^2 + \alpha_2^2) \tag{4-14}$$

当 $\boldsymbol{u}$ 和 $\boldsymbol{v}$ 正交时，$\theta = 90°$，$\csc^2\theta = 1$，定姿误差最小；而 $\theta < 90°$ 或 $\theta > 90°$ 时，$\csc^2\theta > 1$，定姿误差都要变大。把 $\sin\theta$ 定义为参考矢量 $\boldsymbol{u}$ 和 $\boldsymbol{v}$ 的基线长度。由此可知，姿态确定精度不仅取决于测量误差，同时与基线长度有关，在同等测量精度情况下，基线长度越大，姿态确定精度越高。

卫星姿态确定时，可使用太阳敏感器和磁强计 TRIAD 算法进行双矢量定姿，姿态确定精度低，且只能在太阳敏感器有效时应用，但算法成熟，可靠性高，是一种较好的姿态确定备份方案。

在定姿时，使用数字式太阳敏感器测量的太阳矢量与中心计算机通过 GPS 信息计算的参考太阳矢量、磁强计测量的地磁场信息与通过 GPS 信息计算的参考地磁场矢量确定姿态。TRIAD 定姿算法如图 4-2 所示。

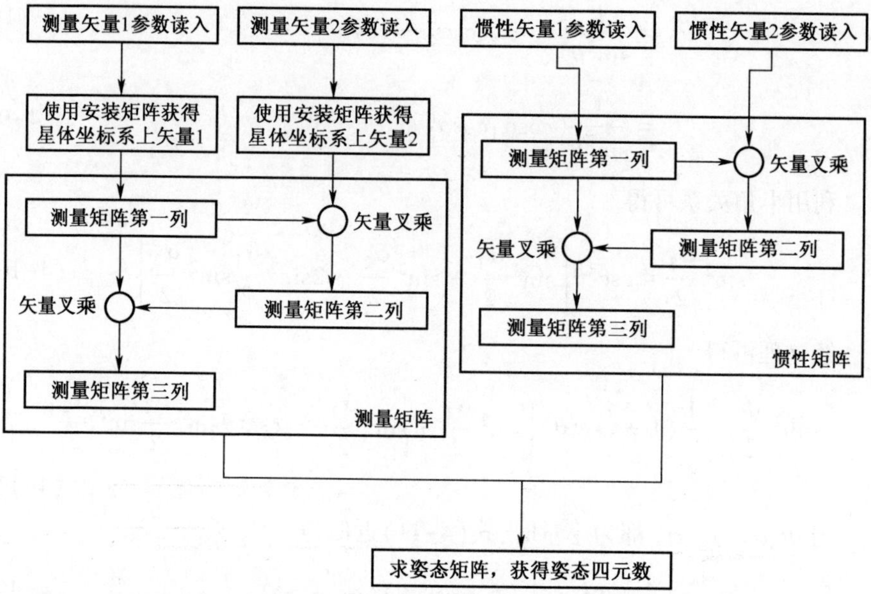

图 4-2　数字太阳敏和磁强计 TRIAD 定姿算法

4.3　角速度积分定姿

在卫星进行快速大角度姿态机动时,卫星三轴角速度较大,采用星敏感器确定卫星三轴姿态的精度较低。考虑到光纤陀螺测量三轴角速度精度较高,可采用星敏感器赋予姿态初值、光纤陀螺积分定姿的方案,如图 4-3 所示。以星敏感器测得机动起始时刻的卫星姿态四元素为准,利用光纤陀螺实时测得的卫星姿态角速度进行积分,获得卫星姿态四元素及角速度的信息。

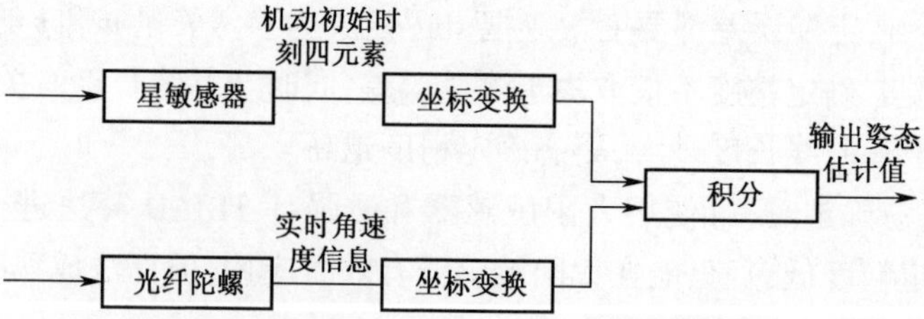

图 4-3　卫星姿态机动阶段姿态确定原理图

当星敏感器输出无效时,短期使用陀螺数据积分定姿,积分定姿算法直接利用姿态运动学方程,使用卫星的姿态角速度进行积分,获得卫星的姿态四元数。积分方程为

$$dQ/dt = 0.5Q \otimes w \tag{4-15}$$

式中:Q 为姿态四元数;w 为卫星角速度;"$\otimes$"为四元数乘积。

积分定姿算法过程如图 4-4 所示。

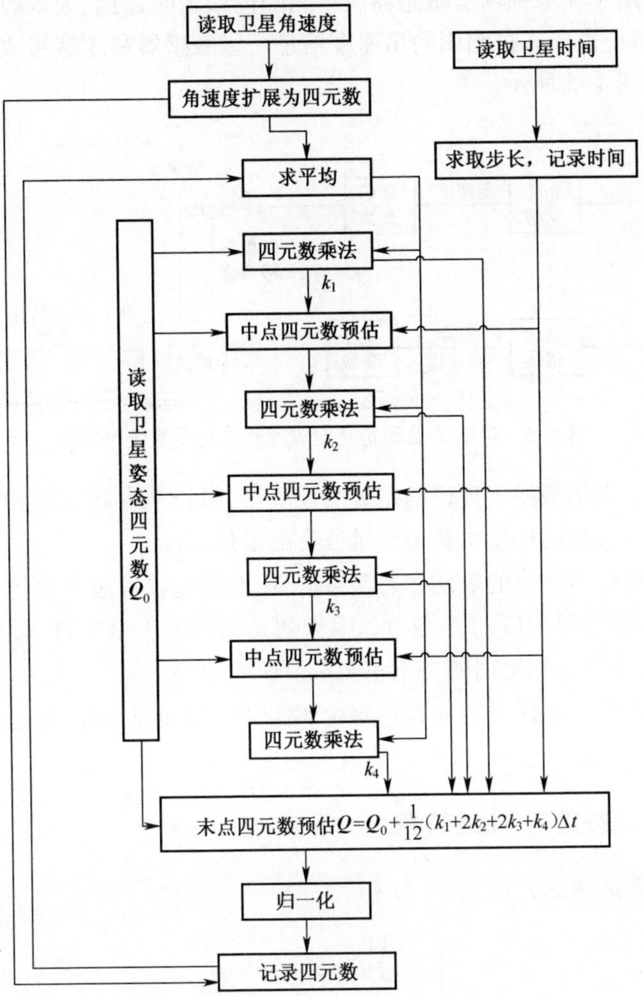

图 4-4　积分定姿算法

4.4　星敏感器和陀螺联合滤波定姿

该方法姿态确定精度高,算法成熟,使用方便,不受阴影区的限制。目前,星敏感器与陀螺联合定姿系统多采用基于卡尔曼滤波理论的定姿滤波算法[3-5],可以获得三轴姿态的最佳估计。其中大多数算法都采用六个滤波状态,即三个姿态偏差和三个陀螺漂移偏差。星敏感器在每个采样时刻均能提供三轴姿态,这样大大简化了定姿滤波算法中的更新方程和滤波增益的计算。光纤陀螺主要用于在宽视场星敏感器测量间隔内或暂时遮挡、失效时提供三轴姿态,同时还可提供姿态控制用的角速度信息。星敏感器和陀螺组成的联合定姿系统原理如图 4-5 所示。

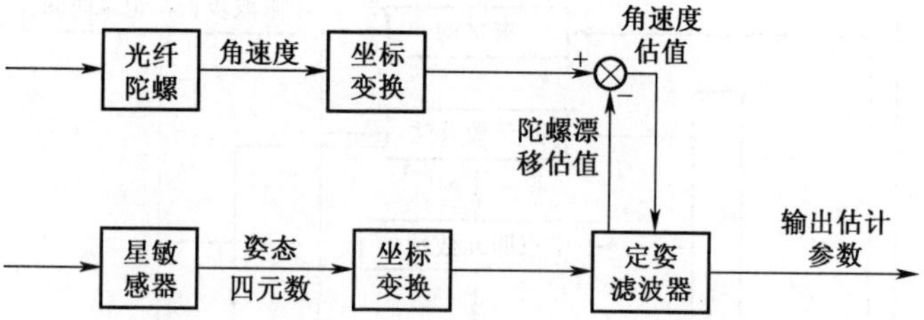

图 4-5　星敏感器和陀螺组成的联合定姿系统原理图

采用基于卡尔曼滤波理论的定姿滤波算法,可以从存在陀螺和星敏感器测量噪声及陀螺漂移的环境中获得三轴姿态的最佳估计。

光纤陀螺作为星体的短期姿态测量部件,能够提供连续的星体三轴姿态角速率信息,积分可得相应的姿态角。因为初始条件的不确定性、陀螺漂移以及积分误差等,所以陀螺给出的姿态角测量值误差较大。

星敏感器作为星体长期的姿态测量部件,以一定的时间测量星体相对惯性空间的姿态角信息,该测量值经过滤波后用以校正陀螺测量信息。

4.4.1　滤波状态变量及状态方程

卫星姿态运动学方程为

$$\dot{\boldsymbol{q}}_B^O = \frac{1}{2}\boldsymbol{q}_B^O \otimes \boldsymbol{A}(\boldsymbol{\omega}_{BO}) \tag{4-16}$$

式中: $\boldsymbol{q}_B^O$ 为轨道坐标系旋转到星体坐标系的四元数矢量, $\boldsymbol{q}_B^O = [q_0 \quad q_1 \quad q_2 \quad q_3]^{\mathrm{T}}$,满足 $(\boldsymbol{q}_B^O)^{\mathrm{T}}\boldsymbol{q}_B^O = 1$ 规范性条件; $\boldsymbol{\omega}_{BO}$ 为星体坐标系相对轨道坐标系的姿态角速度矢量;$\otimes$为四元数乘子;下划线表示矢量, $\boldsymbol{A}(\boldsymbol{\omega}_{BO}) = [0 \quad \boldsymbol{\omega}_{BO}^{\mathrm{T}}]^{\mathrm{T}}$ 。

积分式(4-16)可得到姿态四元数值。但事实上,由三轴速率陀螺获得的星体角速率中含有测量误差、漂移误差等,因此可得到估计四元数值:

$$\dot{\hat{\boldsymbol{q}}}_B^O = \frac{1}{2}\hat{\boldsymbol{q}}_B^O \otimes \boldsymbol{A}(\hat{\boldsymbol{\omega}}_{BO}) \tag{4-17}$$

假设 $\Delta\boldsymbol{q}_B^O$ 为真实四元数 $\boldsymbol{q}_B^O$ 与估计四元数 $\hat{\boldsymbol{q}}_B^O$ 之间的误差四元数,即

$$\Delta\boldsymbol{q}_B^O = [\sqrt{1-(\Delta q_1^2+\Delta q_2^2+\Delta q_3^2)} \quad \Delta q_1 \quad \Delta q_2 \quad \Delta q_3]^{\mathrm{T}}$$

四元数的误差增量式为

$$\boldsymbol{q}_B^O = \hat{\boldsymbol{q}}_B^O \otimes \Delta\boldsymbol{q}_B^O \tag{4-18}$$

对上式两边求导,可得

$$\begin{aligned}\Delta\dot{\boldsymbol{q}}_B^O &= \frac{1}{2}\Delta\boldsymbol{q}_B^O \otimes \boldsymbol{A}(\boldsymbol{\omega}_{BO}) - \frac{1}{2}\boldsymbol{A}(\hat{\boldsymbol{\omega}}_{BO}) \otimes \Delta\boldsymbol{q}_B^O \\ &= \frac{1}{2}\Delta\boldsymbol{q}_B^O \otimes \boldsymbol{A}(\hat{\boldsymbol{\omega}}_{BO}) - \frac{1}{2}\boldsymbol{A}(\boldsymbol{\omega}_{BO}) \otimes \Delta\boldsymbol{q}_B^O + \frac{1}{2}\Delta\boldsymbol{q}_B^O \otimes \boldsymbol{A}(\Delta\boldsymbol{\omega}_{BO})\end{aligned} \tag{4-19}$$

式中

$$\Delta\boldsymbol{\omega}_{BO} = \boldsymbol{\omega}_{BO} - \hat{\boldsymbol{\omega}}_{BO} \tag{4-20}$$

由陀螺测量得到的是星体相对惯性坐标系的姿态角速度,设为 $\boldsymbol{\omega}_{BI}$,则有

$$\boldsymbol{\omega}_{BO} = \boldsymbol{\omega}_{BI} - \boldsymbol{T}_{BO}(\boldsymbol{q}_B^O)\boldsymbol{\omega}_{OI} \tag{4-21}$$

式中: $\boldsymbol{\omega}_{OI}$ 为轨道角速度, $\boldsymbol{\omega}_{OI} = [0 \quad -\omega_0 \quad 0]^{\mathrm{T}}$; $\boldsymbol{T}_{BO}(\boldsymbol{q}_B^O)$ 为轨道坐标系与星体坐标系之间的坐标转换矩阵。

进一步可得

$$\boldsymbol{T}_{BO}(\boldsymbol{q}_B^O) = \boldsymbol{T}_{BO}(\Delta\boldsymbol{q}_B^O)\boldsymbol{T}_{BO}(\hat{\boldsymbol{q}}_B^O) \tag{4-22}$$

求得

$$\begin{aligned}\Delta\boldsymbol{\omega}_{BO} &= \Delta\boldsymbol{\omega}_{BI} - [\boldsymbol{T}_{BO}(\boldsymbol{q}_B^O) - \boldsymbol{T}_{BO}(\hat{\boldsymbol{q}}_B^O)]\boldsymbol{\omega}_{OI} \\ &= \Delta\boldsymbol{\omega}_{BI} - [\boldsymbol{T}_{BO}(\Delta\boldsymbol{q}_B^O) - \boldsymbol{I}_{3\times3}]\boldsymbol{T}_{BO}(\hat{\boldsymbol{q}}_B^O)\boldsymbol{\omega}_{OI}\end{aligned} \tag{4-23}$$

4.4.2 陀螺漂移误差模型

陀螺模型及估计模型分别为

$$\begin{aligned}\boldsymbol{\omega}_{BI} &= \boldsymbol{u} - \boldsymbol{b} - \boldsymbol{n}_1 \\ \hat{\boldsymbol{\omega}}_{BI} &= \boldsymbol{u} - \hat{\boldsymbol{b}}\end{aligned} \tag{4-24}$$

式中: $\boldsymbol{u}$ 为陀螺输出; $\boldsymbol{b}$ 为陀螺漂移; $\boldsymbol{n}_1$ 为陀螺测量噪声; $\hat{\boldsymbol{b}}$ 为陀螺漂移估计值。

陀螺测量噪声统计特性为

$$E[\boldsymbol{n}_1(t)] = 0, E[\boldsymbol{n}_1(t)]\boldsymbol{n}_1^{\mathrm{T}}(t')] = Q_1(t)\delta(t-t') \tag{4-25}$$

则陀螺测量误差为

$$\Delta\boldsymbol{\omega}_{BI} = \boldsymbol{\omega}_{BI} - \hat{\boldsymbol{\omega}}_{BI} = -\Delta\boldsymbol{b} - \boldsymbol{n}_1 \tag{4-26}$$

式中：$\Delta \boldsymbol{b}$ 为陀螺漂移误差，定义其模型为

$$\Delta \dot{\boldsymbol{b}} = \boldsymbol{n}_2 \tag{4-27}$$

其中：$\boldsymbol{n}_2$ 为陀螺漂移斜率随机噪声，其统计特性为

$$E[\boldsymbol{n}_2(t)] = 0, E[\boldsymbol{n}_2(t)\boldsymbol{n}_2^{\mathrm{T}}(t')] = Q_2(t)\delta(t - t') \tag{4-28}$$

且 $\boldsymbol{n}_1$ 与 $\boldsymbol{n}_2$ 不相关。取姿态四元数误差 $\Delta \boldsymbol{q}_B^O$ 和陀螺漂移误差 $\Delta \boldsymbol{b}$ 为需要估计的状态变量，则相应的状态方程即构成。

4.4.3 状态方程线性化

由滤波方程可以得到关于 $\Delta \boldsymbol{q}_B^O$ 和 $\Delta \boldsymbol{b}$ 的一组非线性状态方程。为了能应用卡尔曼滤波法，必须将其线性化。

采用小角度假设，并忽略二阶以上小量，进而有

$$\Delta \dot{\boldsymbol{q}} = \begin{bmatrix} \Delta q_1 \\ \Delta q_2 \\ \Delta q_3 \end{bmatrix} = -[\hat{\boldsymbol{\omega}}_{BO} \times]\Delta \boldsymbol{q} + \begin{bmatrix} 0 & 0 & \omega_0 \\ 0 & 0 & 0 \\ -\omega_0 & 0 & 0 \end{bmatrix} \Delta \boldsymbol{q} - \frac{1}{2}\Delta \boldsymbol{b} - \frac{1}{2}\boldsymbol{n}_1$$

$$\Delta \dot{q}_0 = 0 \tag{4-29}$$

式中：$[\boldsymbol{V} \times]$ 为矢量叉乘算子阵，即

$$[\boldsymbol{V} \times] = \begin{bmatrix} 0 & -V_3 & V_2 \\ V_3 & 0 & -V_1 \\ -V_2 & V_1 & 0 \end{bmatrix} \tag{4-30}$$

取滤波状态变量为

$$\boldsymbol{X} = \begin{bmatrix} \Delta \boldsymbol{q} \\ \cdots \\ \Delta \boldsymbol{b} \end{bmatrix} \tag{4-31}$$

由此可得到线性化状态方程为

$$\dot{\boldsymbol{X}} = \boldsymbol{F}(t)\boldsymbol{X} + \boldsymbol{G}(t)\boldsymbol{w} \tag{4-32}$$

设星敏感器的输出形式为姿态四元数，则其测量模型可表示为

$$\boldsymbol{Q}_{SI} = \boldsymbol{Q}_{BI} \cdot \boldsymbol{Q}_{SB} \tag{4-33}$$

式中：$\boldsymbol{Q}_{SI}$ 为星敏感器的输出，为测量时刻（曝光时刻）敏感器测量坐标系相对惯性坐标系的姿态四元数；$\boldsymbol{Q}_{BI}$ 为测量时刻星体坐标系相对惯性坐标系的姿态四元数；$\boldsymbol{Q}_{SB}$ 为星敏感器测量坐标系相对星体坐标系安装矩阵的姿态四元数。

将星敏感器的测量值经坐标变换后转为星体坐标系相对轨道坐标系的姿

态四元数 $\boldsymbol{Q}_{bo}^{m}$,并将其作为滤波器的观测量。

定义滤波器的测量残差为姿态观测量与估计值的姿态四元数矢部之差:

$$\Delta \boldsymbol{S} = \boldsymbol{q}_{bo}^{m} - \hat{\boldsymbol{q}}_{bo} \tag{4-34}$$

4.5 基于扩展卡尔曼滤波算法的姿态确定

4.5.1 系统方程的建立

由于四元数在任何姿态位置时都不存在奇异性问题,且与其他姿态参数容易转换,同时考虑状态方程协方差矩阵求逆过程中要求其是非奇异的,需要对四元数进行一定的处理来消除归一化的约束条件,因此采用误差四元数来表示卫星的姿态运动方程。

定义 $\Delta\bar{\boldsymbol{q}}$ 为真实姿态四元数 $\bar{\boldsymbol{q}}$ 与估计值 $\hat{\bar{\boldsymbol{q}}}$ 的误差四元数,根据四元数运算法则可得

$$\bar{\boldsymbol{q}} = \hat{\bar{\boldsymbol{q}}} \otimes \Delta\bar{\boldsymbol{q}} \tag{4-35}$$

式中: $\Delta\bar{\boldsymbol{q}} = [\Delta q_0;\Delta\boldsymbol{q}]$; $\Delta\boldsymbol{q}$ 为误差四元数的矢部; $\Delta\boldsymbol{q} = [\Delta q_1;\Delta q_2;\Delta q_3]$ 。

同时有

$$\bar{\boldsymbol{q}}^{-1} = \frac{1}{\bar{\boldsymbol{q}}} = \bar{\boldsymbol{q}}^{*} = [q_0; -\boldsymbol{q}] \tag{4-36}$$

上式两边同时进行一阶微分,可得

$$\dot{\bar{\boldsymbol{q}}} = \dot{\hat{\bar{\boldsymbol{q}}}} \otimes \Delta\bar{\boldsymbol{q}} + \hat{\bar{\boldsymbol{q}}} \otimes \Delta\dot{\bar{\boldsymbol{q}}} \tag{4-37}$$

根据姿态运动学方程可得

$$\begin{gathered}\dot{\bar{\boldsymbol{q}}} = \frac{1}{2}\bar{\boldsymbol{q}} \otimes \boldsymbol{A}(\boldsymbol{w}) \\ \dot{\hat{\bar{\boldsymbol{q}}}} = \frac{1}{2}\hat{\bar{\boldsymbol{q}}} \otimes \boldsymbol{A}(\hat{\boldsymbol{w}})\end{gathered} \tag{4-38}$$

式中: $\boldsymbol{A}(\boldsymbol{w}) = [0,w_x,w_y,w_z]^{\mathrm{T}}$, $\boldsymbol{w}$ 为星体真实的角速度; $\boldsymbol{A}(\hat{\boldsymbol{w}}) = [0,\hat{w}_x,\hat{w}_y,\hat{w}_z]^{\mathrm{T}}$, $\hat{\boldsymbol{w}}$ 为估计的星体角速度。

整理可得

$$\hat{\bar{\boldsymbol{q}}} \otimes \Delta\dot{\bar{\boldsymbol{q}}} = \frac{1}{2}\bar{\boldsymbol{q}} \otimes \boldsymbol{A}(\boldsymbol{w}) - \frac{1}{2}\hat{\bar{\boldsymbol{q}}} \otimes \boldsymbol{A}(\hat{\boldsymbol{w}}) \otimes \Delta\bar{\boldsymbol{q}} \tag{4-39}$$

两边同时乘以 $\hat{\bar{q}}^{-1}$，可得

$$\begin{aligned}\Delta\dot{\bar{\boldsymbol{q}}} &= \frac{1}{2}\hat{\bar{\boldsymbol{q}}}^{-1}\otimes\bar{\boldsymbol{q}}\otimes\boldsymbol{A}(\boldsymbol{w}) - \frac{1}{2}\hat{\bar{\boldsymbol{q}}}^{-1}\otimes\hat{\bar{\boldsymbol{q}}}\otimes\boldsymbol{A}(\hat{\boldsymbol{w}})\otimes\Delta\bar{\boldsymbol{q}} \\ &= \frac{1}{2}\Delta\bar{\boldsymbol{q}}\otimes\boldsymbol{A}(\hat{\boldsymbol{w}}) + \frac{1}{2}\Delta\bar{\boldsymbol{q}}\otimes\boldsymbol{A}(\Delta\boldsymbol{w}) - \frac{1}{2}\boldsymbol{A}(\hat{\boldsymbol{w}})\otimes\Delta\bar{\boldsymbol{q}}\end{aligned} \tag{4-40}$$

且有

$$\Delta\boldsymbol{w} = \boldsymbol{w} - \hat{\boldsymbol{w}}, \boldsymbol{A}(\Delta\boldsymbol{w}) = [0, \Delta w_x, \Delta w_y, \Delta w_z]^{\mathrm{T}}$$

由四元数运算法则易得

$$\frac{1}{2}\Delta\bar{\boldsymbol{q}}\otimes\boldsymbol{A}(\hat{\boldsymbol{w}}) - \frac{1}{2}\boldsymbol{A}(\hat{\boldsymbol{w}})\otimes\Delta\bar{\boldsymbol{q}} = \begin{bmatrix} 0 \\ \Delta\boldsymbol{q}^{\times}\hat{\boldsymbol{w}} \end{bmatrix} \tag{4-41}$$

式中 $\Delta\boldsymbol{q}^{\times}$ 为 $\Delta\boldsymbol{q}$ 的叉乘矩阵，且有

$$\Delta\boldsymbol{q}^{\times} = \begin{bmatrix} 0 & -\Delta q_3 & \Delta q_2 \\ \Delta q_3 & 0 & -\Delta q_1 \\ -\Delta q_2 & \Delta q_1 & 0 \end{bmatrix} \tag{4-42}$$

假设角度误差为小角度误差，忽略二阶小量，可得

$$\Delta\bar{\boldsymbol{q}} \approx [1, 0, 0, 0]^{\mathrm{T}} \tag{4-43}$$

化简可得

$$\begin{aligned}\Delta\dot{q}_0 &= 0 \\ \Delta\dot{\boldsymbol{q}} &= \Delta\boldsymbol{q}^{\times}\hat{\boldsymbol{w}} + \frac{1}{2}\Delta\boldsymbol{w}\end{aligned} \tag{4-44}$$

根据陀螺的测量模型，可得

$$\boldsymbol{w} = \boldsymbol{u} - \boldsymbol{b} - \boldsymbol{v}_b \tag{4-45}$$

$$\hat{\boldsymbol{w}} = \boldsymbol{u} - \hat{\boldsymbol{b}} \tag{4-46}$$

式中：$\boldsymbol{u}$ 为陀螺的输出值；$\boldsymbol{b}$ 陀螺真实漂移值；$\boldsymbol{v}_b$ 为陀螺测量噪声；$\hat{\boldsymbol{b}}$ 为陀螺漂移的估计值。

结合陀螺测量模型可得

$$\begin{cases} \Delta\boldsymbol{b} = \boldsymbol{b} - \hat{\boldsymbol{b}} \\ \Delta\boldsymbol{w} = \boldsymbol{w} - \hat{\boldsymbol{w}} = \hat{\boldsymbol{b}} - \boldsymbol{b} - \boldsymbol{v}_b = -\Delta\boldsymbol{b} - \boldsymbol{v}_b \\ \Delta\dot{\boldsymbol{b}} = \boldsymbol{v}_b \end{cases} \tag{4-47}$$

整理可得系统的状态方程为

$$
\begin{cases}
\Delta \dot{q}_0 = 0 \\
\Delta \dot{\boldsymbol{q}} = -\hat{\boldsymbol{w}}^{\times} \Delta \boldsymbol{q} - \frac{1}{2}\Delta \boldsymbol{b} - \frac{1}{2}\boldsymbol{v}_g \\
\Delta \dot{\boldsymbol{b}} = \boldsymbol{v}_b
\end{cases} \tag{4-48}
$$

式中：$\hat{\boldsymbol{w}}^{\times}$ 为$\hat{\boldsymbol{w}}$ 的叉乘矩阵，且有

$$
\hat{\boldsymbol{w}}^{\times} = \begin{bmatrix} 0 & -\hat{w}_z & \hat{w}_y \\ \hat{w}_z & 0 & -\hat{w}_x \\ -\hat{w}_y & \hat{w}_x & 0 \end{bmatrix} \tag{4-49}
$$

4.5.2 测量方程的建立

采用星敏感器作为测量元件，使用星敏感器的测量值来修正陀螺漂移。采用参考矢量法作为星敏感器的测量模型。设 $\hat{\bar{\boldsymbol{q}}}$ 为姿态四元数的估计值，$\Delta\bar{\boldsymbol{q}}$ 为真实的姿态四元数和估计的姿态四元数的误差四元数，则可得

$$
\boldsymbol{C}_{bi}(\bar{\boldsymbol{q}}) = \boldsymbol{C}(\Delta\bar{\boldsymbol{q}})\boldsymbol{C}(\hat{\bar{\boldsymbol{q}}}) \approx (\boldsymbol{E}_{3\times3} - 2\Delta\boldsymbol{q}^{\times})\boldsymbol{C}(\hat{\bar{\boldsymbol{q}}}) \tag{4-50}
$$

设两个互不平行的星光矢量在惯性坐标系的分量列阵分别为 $\boldsymbol{u}_{i1}$、$\boldsymbol{u}_{i2}$，可得测量方程为

$$
\boldsymbol{y} = \begin{bmatrix} \boldsymbol{y}_1 \\ \boldsymbol{y}_2 \end{bmatrix} + \boldsymbol{v}_g = \begin{bmatrix} (\boldsymbol{E}_{3\times3} - 2\Delta\boldsymbol{q}^{\times})\boldsymbol{C}_{bi}(\hat{\bar{\boldsymbol{q}}})\boldsymbol{u}_{i1} \\ (\boldsymbol{E}_{3\times3} - 2\Delta\boldsymbol{q}^{\times})\boldsymbol{C}_{bi}(\hat{\bar{\boldsymbol{q}}})\boldsymbol{u}_{i2} \end{bmatrix} + \boldsymbol{v}_g \tag{4-51}
$$

式中：$\boldsymbol{v}_g$ 为星敏感器的测量噪声，这里假设为零均值的高斯噪声；$\boldsymbol{y}_1$、$\boldsymbol{y}_2$ 分别为两个恒星矢量的观测值。

为简化模型，通常假设两个互不平行的星光测量矢量在惯性坐标系的分量列阵为

$$
\boldsymbol{u}_{i1} = [1,0,0]^{\mathrm{T}}
$$
$$
\boldsymbol{u}_{i2} = [0,1,0]^{\mathrm{T}}
$$

4.5.3 滤波器设计

取误差四元数的矢部 $\Delta\boldsymbol{q}$ 和陀螺漂移估计误差 $\Delta\boldsymbol{b}$ 为状态变量 $\boldsymbol{x}$，即有 $\boldsymbol{x} = [\Delta\boldsymbol{q};\Delta\boldsymbol{b}]$，则系统的状态方程可表示为

$$
\dot{\boldsymbol{x}} = \boldsymbol{F}(t)\boldsymbol{x} + \boldsymbol{G}(t)\boldsymbol{W} \tag{4-52}
$$

式中：$\boldsymbol{W}$ 为过程噪声，其协方差矩阵为 $\boldsymbol{Q}$。$\boldsymbol{F}(t)$、$\boldsymbol{G}(t)$ 分别为

$$
\boldsymbol{F}(t) = \begin{bmatrix} -\hat{\boldsymbol{w}}^{\times} & -\frac{1}{2}\boldsymbol{I}_{3\times3} \\ \boldsymbol{0}_{3\times3} & \boldsymbol{0}_{3\times3} \end{bmatrix} \tag{4-53}
$$

$$
\boldsymbol{G}(t)=\begin{bmatrix} -\dfrac{1}{2}\boldsymbol{I}_{3\times3} & \boldsymbol{0}_{3\times3} \\ \boldsymbol{0}_{3\times3} & \boldsymbol{I}_{3\times3} \end{bmatrix} \tag{4-54}
$$

进而,测量方程可以表示为

$$
\boldsymbol{y}=\boldsymbol{H}(t)\boldsymbol{x}+\boldsymbol{V} \tag{4-55}
$$

式中:$\boldsymbol{V}$ 为测量噪声,其协方差矩阵为 $\boldsymbol{R}$;$\boldsymbol{H}$ 的表达式为

$$
\begin{aligned}
\boldsymbol{H}=\frac{\partial \boldsymbol{y}}{\partial \boldsymbol{x}}&=\begin{bmatrix} \dfrac{\partial y_1}{\partial \boldsymbol{x}} \\ \dfrac{\partial y_2}{\partial \boldsymbol{x}} \end{bmatrix}=\begin{bmatrix} \dfrac{\partial y_1}{\partial \Delta \boldsymbol{q}} & \boldsymbol{0}_{3\times3} \\ \dfrac{\partial y_2}{\partial \Delta \boldsymbol{q}} & \boldsymbol{0}_{3\times3} \end{bmatrix} \\
&=2\begin{bmatrix} \boldsymbol{m}_1^{\times} & \boldsymbol{0}_{3\times3} \\ \boldsymbol{m}_2^{\times} & \boldsymbol{0}_{3\times3} \end{bmatrix}
\end{aligned} \tag{4-56}
$$

式中

$$
\begin{aligned}
\boldsymbol{m}_1&=\boldsymbol{C}_{bi}(\hat{\bar{\boldsymbol{q}}})\boldsymbol{u}_{i1} \\
\boldsymbol{m}_2&=\boldsymbol{C}_{bi}(\hat{\bar{\boldsymbol{q}}})\boldsymbol{u}_{i2}
\end{aligned} \tag{4-57}
$$

将系统状态方程和测量方程离散化,可得

$$
\begin{cases} \boldsymbol{x}_k=\boldsymbol{\Phi}_{k/k-1}\boldsymbol{x}_{k-1}+\boldsymbol{\Gamma}_k\boldsymbol{W}_{k-1} \\ \boldsymbol{y}_k=\boldsymbol{H}_k\boldsymbol{x}_{k-1}+\boldsymbol{V}_k \end{cases} \tag{4-58}
$$

假设 T 为采样周期,则有

$$
\begin{cases}
\boldsymbol{\Phi}_{k/k-1}=\boldsymbol{I}_{6\times6}+\boldsymbol{F}(t_{k-1})T=\boldsymbol{I}_{6\times6}+\begin{bmatrix} -\boldsymbol{w}^{\times}T & -\dfrac{T}{2}\boldsymbol{I}_{3\times3} \\ \boldsymbol{0}_{3\times3} & \boldsymbol{0}_{3\times3} \end{bmatrix} \\
\boldsymbol{\Gamma}_k=T\boldsymbol{G}(t_{k-1})=\begin{bmatrix} -\dfrac{T}{2}\boldsymbol{I}_{3\times3} & \boldsymbol{0}_{3\times3} \\ \boldsymbol{0}_{3\times3} & T\boldsymbol{I}_{3\times3} \end{bmatrix} \\
\boldsymbol{H}_k=2\begin{bmatrix} \boldsymbol{m}_1^{\times} & \boldsymbol{0}_{3\times3} \\ \boldsymbol{m}_2^{\times} & \boldsymbol{0}_{3\times3} \end{bmatrix}
\end{cases} \tag{4-59}
$$

综上所述,应用 EKF 对卫星姿态进行估计的步骤如下:

在采样间隔内,t_{k-1} 时刻根据姿态运动学方程,运用 ode45 方法得到 t_k 时刻卫星姿态四元数先验估计值 $\hat{\bar{\boldsymbol{q}}}_k^-$。根据陀螺模型得到 t_k 时刻的陀螺漂移的先验估计值,即

$$
\hat{\boldsymbol{b}}_k^-=\hat{\boldsymbol{b}}_{k-1} \tag{4-60}
$$

状态协方差矩阵为

$$\hat{\boldsymbol{P}}_k^- = \boldsymbol{\Phi}_{k/k-1}\hat{\boldsymbol{P}}_{k-1}\boldsymbol{\Phi}_{k/k-1}{}^{\mathrm{T}} + \boldsymbol{\Gamma}_k\boldsymbol{Q}_{k-1}\boldsymbol{\Gamma}_k^{\mathrm{T}} \tag{4-61}$$

更新计算：

$$\begin{cases} \boldsymbol{K}_k = \boldsymbol{P}_k^-\boldsymbol{H}_k^{\mathrm{T}}(\boldsymbol{H}_k\boldsymbol{P}_k^-\boldsymbol{H}_k^{\mathrm{T}} + \boldsymbol{R}_k)^{-1} \\ \hat{\boldsymbol{x}}_k = \boldsymbol{K}_k((\hat{\boldsymbol{q}}_k^-)^{-1} \otimes \boldsymbol{q}_k) \\ \hat{\boldsymbol{P}}_k = (\mathbf{I} - \boldsymbol{K}_k\boldsymbol{H}_k)\hat{\boldsymbol{P}}_k^-(\mathbf{I} - \boldsymbol{K}_k\boldsymbol{H}_k)^{\mathrm{T}} + \boldsymbol{K}_k\boldsymbol{R}_k\boldsymbol{K}_k^{\mathrm{T}} \end{cases} \tag{4-62}$$

式中：$\hat{\boldsymbol{x}}_k = [\Delta\hat{\boldsymbol{q}}_k;\Delta\hat{\boldsymbol{b}}_k]$。

校正卫星姿态输出和陀螺漂移：

$$\begin{cases} \hat{\boldsymbol{q}}_k = \hat{\boldsymbol{q}}_k \otimes \hat{\Delta}\boldsymbol{q}_k \\ \hat{\boldsymbol{b}}_k = \hat{\boldsymbol{b}}_k^- + \Delta\hat{\boldsymbol{b}}_k \\ \hat{\boldsymbol{w}}_k = \boldsymbol{w}_g - \hat{\boldsymbol{b}}_k \end{cases} \tag{4-63}$$

式中：$\boldsymbol{w}_g$为陀螺的实际输出值。

对姿态四元数和陀螺漂移校正完成后，令 $\Delta\hat{\boldsymbol{q}}_k$ 为零，进行下一次的滤波计算。

参考文献

[1] Markley F L.Attitude Determination and Parameter Estimation Using Vector Observations: Application[J]. Journal of Astronautical Sciences. 1991, 39(3): 125-138.

[2] Mortari D. Energy Approach Algorithm for Attitude Determination from Vector Observations [J]. Journal of Astronautical Sciences. 1997, 45(1): 773-784.

[3] 曹璐.基于非线性滤波的小卫星姿态确定及控制研究[D].长沙:国防科学技术大学,2010.

[4] 刘星.EKF 和 UKF 在卫星姿态确定中的应用研究[D].北京:中国科学院光电研究院,2007.

[5] 边志强,程卫强,薛孝补,等.基于陀螺和星敏感器的卫星姿态确定算法[J].航天器工程,2011,20(2):29-34.

第5章　卫星姿态控制技术

5.1 引　言

在精确获得卫星当前姿态信息基础上,为实现卫星对期望姿态的高精度跟踪,必须对卫星姿态进行闭环控制,进而抵消由于建模误差或空间干扰等带来的姿态影响。在现有研究中,许多先进的姿态控制方法被提出,部分理论研究成果也已在轨验证。

5.2 PD+前馈补偿的控制方法

PD+前馈补偿的控制方法是一种经典的控制方案,以反作用飞轮为执行机构为例,其控制原理图如图5-1所示。将卫星姿态误差及角速度输入到控制器,进而形成控制指令,可实现高精度、高稳定度的控制。

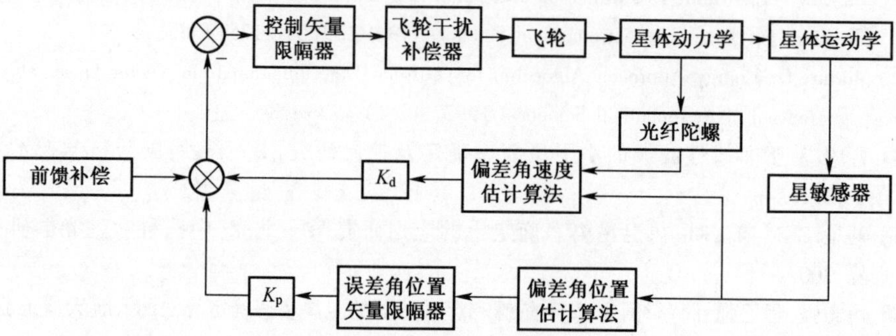

图5-1　PD+前馈补偿控制原理

5.3 基于递阶饱和的瞬时欧拉轴快速机动算法

部分文献提出的绕瞬时欧拉轴机动控制算法采用先规划后跟踪的策略[1,2],获得了飞行器姿态大角度机动的快速控制,这种策略有一定的局限:

(1) 必须事先知道机动的初末姿态；
(2) 机动初始时刻角速度应较小；
(3) 开环控制,对系统参数的鲁棒性较差；
(4) 机动结束有较大的误差；
(5) 在机动过程中,末值姿态不可改变；
(6) 控制算法相对复杂。

因此,其应用范围受到限制,如飞行器入轨初期的姿态捕获是无法事先获得其初始姿态信息的。针对初段状态任意的情况,可采用逐步逼近的思想,即针对星体的运动学模型,考虑飞轮转速受限的约束,限制飞行器姿态的最大机动速度,对姿态误差逐次剔除。根据这一思想设计的快速机动控制器,无需事先进行最优机动轨迹的规划,并且是闭环控制,可用于探测器任意时刻的姿态捕获与机动控制。其主要缺点是需要姿态的定时测量和确定。逐次逼近的姿态机动控制框图如图 5-2 所示。

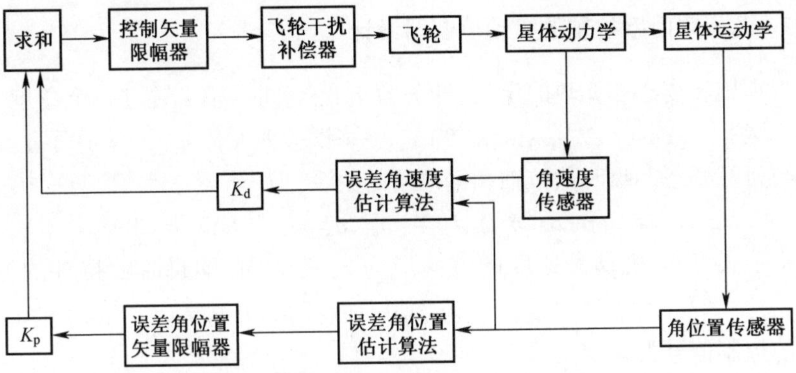

图 5-2　逐次逼近的姿态机动控制框图

5.3.1　星体转动的误差角估计算法

为避免计算中出现大角度奇异问题,采用四元数表示飞行器在姿态参考坐标系中的姿态,星体运动学方程为

$$\begin{cases}\dot{q}_0 = 0.5(-q_1\omega_{ax} - q_2\omega_{ay} - q_3\omega_{az}) \\ \dot{q}_1 = 0.5(q_0\omega_{ax} + q_2\omega_{az} - q_3\omega_{ay}) \\ \dot{q}_2 = 0.5(q_0\omega_{ay} - q_1\omega_{az} + q_3\omega_{ax}) \\ \dot{q}_3 = 0.5(-q_0\omega_{az} + q_1\omega_{ay} - q_2\omega_{ax})\end{cases} \tag{5-1}$$

针对该运动学系统寻求星体的最优修正角速度 $\boldsymbol{\omega}^*(t)$，使星体由 t 时刻姿态 $\boldsymbol{q}(t)$ 机动到末姿态 $\boldsymbol{q}_\mathrm{f}$ 时，且满足约束条件 $\|\boldsymbol{\omega}^*\| \leqslant \boldsymbol{\omega}_\mathrm{M}$，式中 $\boldsymbol{\omega}_\mathrm{M}$ 为星体最大允许机动角速度，$\boldsymbol{\omega}_\mathrm{M} = \|\boldsymbol{I}^{-1}h_\mathrm{wmax}\|$，其中 h_wmax 为每个反作用轮可为姿态机动提供的最大角动量变化值。

设姿态偏差四元数为 $\boldsymbol{q}_e(t)$，根据乘法关系，可得

$$\boldsymbol{q}_e(t) = \boldsymbol{q}_f^* \otimes \boldsymbol{q}(t) = \begin{bmatrix} q_{f0}q_0 + q_{f1}q_1 + q_{f2}q_2 + q_{f3}q_3 \\ q_{f0}q_1 - q_{f1}q_0 - q_{f2}q_3 + q_{f3}q_2 \\ q_{f0}q_2 + q_{f1}q_3 - q_{f2}q_0 - q_{f3}q_1 \\ q_{f0}q_3 + q_{f2}q_1 - q_{f1}q_2 - q_{f3}q_0 \end{bmatrix} \tag{5-2}$$

设姿态偏差角速度 $\boldsymbol{\omega}_e(t)$，根据运动学方程，可得

$$\boldsymbol{\omega}_e(t) = \boldsymbol{\omega}(t) - \boldsymbol{P}_{br}(\boldsymbol{q}_e)\boldsymbol{\omega}_r \tag{5-3}$$

式中：$\boldsymbol{\omega}_r$ 为参考坐标系角速度；$\boldsymbol{P}_{br}(\boldsymbol{q}_e)$ 为姿态变换矩阵。

应用偏差四元数和偏差角速度信息，设计控制力矩。

5.3.2 基于瞬时欧拉轴的机动控制器设计

根据旋转姿态四元数的定义，即矢量 $\boldsymbol{n}$ 绕空间一轴 r 转过一个角度 σ，定义四元数 $\boldsymbol{q} = [\cos(\sigma/2), \boldsymbol{r}\sin(\sigma/2)]$，姿态误差四元数 $\boldsymbol{q}_e(t)$ 表达了卫星当前姿态与目标姿态的瞬时欧拉轴和偏差角的关系，即

$$\sigma_e = 2\arccos(q_{e0}), \boldsymbol{r}_e = [q_{e1}, q_{e2}, e_{e3}]^\mathrm{T}/\sin(\sigma_e/2) \tag{5-4}$$

由上式可知，机动角速度的方向应为 $\boldsymbol{r}_e$ 的方向，即瞬时欧拉轴的方向为 $[q_{e1}, q_{e2}, q_{e3}]^\mathrm{T}$ 的方向需要将速度沿着瞬时欧拉轴，方向是使 σ_e 减小的方向，即设计的控制信号为

$$\boldsymbol{u} = -k_p\bar{\boldsymbol{q}}_\mathrm{esgn}(\boldsymbol{q}_{e0}) - k_d\boldsymbol{\omega}_\mathrm{e} - \boldsymbol{u}_\mathrm{c} = -\boldsymbol{K}_\mathrm{L}(k_1\bar{\boldsymbol{q}}_\mathrm{e}\mathrm{sgn}(\boldsymbol{q}_{e0}) + k_2\boldsymbol{\omega}_\mathrm{e}) - \boldsymbol{u}_\mathrm{c} \tag{5-5}$$

式中：$\boldsymbol{K}_\mathrm{L}$ 为回路增益矩阵；k_1 为控制比例系数；k_2 为控制阻尼系数；$\boldsymbol{u}_\mathrm{c}$ 为回路补偿器环节；$\bar{\boldsymbol{q}}_e$ 为误差四元数矢部修正环节；sgn( ) 为符号函数，$\boldsymbol{K}_\mathrm{L}$ 可以取为星体转动惯量 $\boldsymbol{I}$，基于星体动力学模型，利用反馈线性化原理和线性系统极点配置理论，分别设计上述参数。

当 $\bar{\boldsymbol{q}}_e$ 较大时，系统与 $\bar{\boldsymbol{q}}_e$ 相反加速旋转，导致 $\boldsymbol{\omega}_e(t)$ 反向增大，根据系统角动量守恒原理，飞轮转速将增大。为了保证系统的相应速度，系统的阻尼项 k_2 不宜过大，比例项 k_1 不宜过小。因此，在考虑线性系统时，星体角速度穿越零的条件为

$$k_1\bar{\boldsymbol{q}}_e\mathrm{sgn}(q_{e0}) + k_2\boldsymbol{\omega}_e = 0 \tag{5-6}$$

在星体加速度穿越零之前，飞轮转速持续增加。为避免飞轮饱和，在不降低系统性能的前提下（k_1、k_2 按系统性能指标设计），强迫星体加速度提前穿越

零点。为此,合理使用系统的误差四元素,即

$$\bar{\boldsymbol{q}}_{\mathrm{emax}} = (k_2/k_1)\boldsymbol{\omega}_{\mathrm{emax}} = (k_2/k_1)\boldsymbol{I}^{-1}h_{\mathrm{wmax}} \tag{5-7}$$

式中:$\boldsymbol{\omega}_{\mathrm{emax}}$ 为星体可以机动的最大角速度;$\bar{\boldsymbol{q}}_{\mathrm{emax}}$ 为 $\bar{\boldsymbol{q}}_e$ 的最大值。

显然,$\bar{q}_e$ 可取为

$$\bar{\boldsymbol{q}}_e = \begin{cases} [q_{e1} \quad q_{e2} \quad q_{e3}], \max(\mathrm{abs}[q_{e1} \quad q_{e2} \quad q_{e3}]) \leqslant \boldsymbol{q}_{\mathrm{emax}}) \\ k_q[q_{e1} \quad q_{e2} \quad q_{e3}], \max(\mathrm{abs}[q_{e1} \quad q_{e2} \quad q_{e3}]) > \boldsymbol{q}_{\mathrm{emax}}) \end{cases} \tag{5-8}$$

式中:k_q 为限幅调整系数,且有

$$k_q = \boldsymbol{q}_{\mathrm{emax}}/\max(\mathrm{abs}([q_{e1} \quad q_{e2} \quad q_{e3}]))$$

上式实际上是对偏差四元素进行了一个矢量限幅,当偏差比较大时,并不引入全部偏差参与控制,而是截取其中一部分参与控制,沿瞬时欧拉轴逐步逼近目标值。另外,系统控制输出不应超出实际上可用的飞轮最大输出力矩,为了保证瞬时欧拉轴的旋转特性,对控制输出进行了矢量限幅,即控制输出

$$\boldsymbol{U} = \begin{cases} \boldsymbol{u}, \max(\mathrm{abs}(\boldsymbol{u})) \leqslant \boldsymbol{u}_{\max} \\ k_u\boldsymbol{u}, \max(\mathrm{abs}(\boldsymbol{u})) > \boldsymbol{u}_{\max} \end{cases} \tag{5-9}$$

式中:k_u 为力矩调整限幅系数,$k_u = \boldsymbol{u}_{\max}/\max(\mathrm{abs}(\boldsymbol{u}))$;$\boldsymbol{u}_{\max}$ 为可供利用的飞轮输出力矩。

由上可知,基于绕瞬时欧拉轴逐次逼近技术的飞轮大角度机动控制设计过程如下:

(1) 根据机动目标值确定偏差四元数和偏差角速度;

(2) 根据星体动力学参数(转动惯量)和要求的控制系统相应特性(响应速度、超调量、过渡时间等),设计 $\boldsymbol{K}_{\mathrm{L}}$、$k_1$ 和 k_2;

(3) 根据飞轮可以提供的用于机动的角动量和(2)的参数,计算偏差四元数限幅系数 k_q;

(4) 根据飞轮输出力矩计算力矩限幅系数 k_u;

(5) 估计补偿力矩并加以前馈补偿。

5.4 基于准滑模的快速机动控制

5.4.1 SMC 定义

考虑一般的情况,在系统

$$\dot{\boldsymbol{x}} = f(\boldsymbol{x}, \boldsymbol{u}, t)(\boldsymbol{x} \in R^m, \boldsymbol{u} \in R^n, t \in R) \tag{5-10}$$

的状态空间中,有一个切换面 $s(x) = s(x_1, x_2, \cdots, x_m) = 0$,它将状态空间分成 $s > 0$ 和 $s < 0$ 两个部分。在切换面上的运动有三种情况(图 5-3):

(1) 通常点,是运动点运动到切换面附近时将从此点穿过,如点 A;

(2) 起始点,是运动点运动到切换面附近时从该点两边离开,如点 B;

(3) 终止点,是运动点运动到切换面附近时,最终趋向于该点,如点 C。

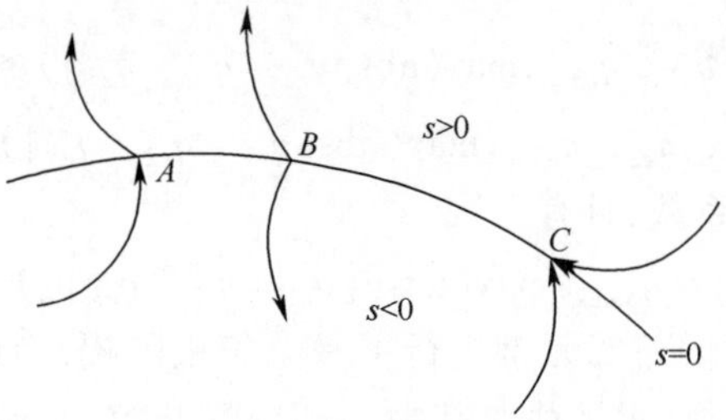

图 5-3　运动点状态

在滑模变结构中,只有终止点才具有特殊的意义,如果运动到切换面某一区域的所有点都是终止点,那么一旦这些点趋近于该区域,就自动会被吸引到切换面上。如果切换面上所有的点都是终止点,那么该切换面定义为“滑动模态”或者称为“滑模”区。

当运动点运动到滑模区附近时,必须满足

$$\begin{cases}\lim\limits_{s\to 0^+}\dot{s} \leqslant 0 \\ \lim\limits_{s\to 0^-}\dot{s} \geqslant 0\end{cases} \tag{5-11}$$

上式也可写成

$$\lim_{s\to 0} s\,\dot{s} \leqslant 0 \tag{5-12}$$

上述不等式给出了形如

$$V(x_1,x_2,\cdots,x_m) = [s(x_1,x_2,\cdots,x_m)]^2 \tag{5-13}$$

的李雅普诺夫函数的必要条件。在切换面的邻域内式(5-13)是正定的, s^2 是负半定的,因此如果满足式(5-12),则式(5-13)是系统的一个李雅普诺夫函数。

对于控制系统式(5-10),选择切换函数 $s(\boldsymbol{x})$,选择变结构控制量

$$u_i(\boldsymbol{x}) = \begin{cases}u_i^+(\boldsymbol{x}), s_i(\boldsymbol{x}) \geqslant 0 \\ u_i^-(\boldsymbol{x}), s_i(\boldsymbol{x}) < 0\end{cases} \tag{5-14}$$

实现在切换面 $s_i(\boldsymbol{x}) = 0$ 以外的相轨迹能在有限的时间内进入切换面。

5.4.2　基于准滑模的快速机动控制设计[3]

基于误差四元数的刚体小型卫星数学模型为

$$
\begin{cases}
\boldsymbol{J}\dot{\vec{\boldsymbol{w}}}_{\mathrm{bo}}=-(\vec{\boldsymbol{w}}_{\mathrm{bo}}+\boldsymbol{C}_q\boldsymbol{n}_0)\times[\boldsymbol{J}(\vec{\boldsymbol{w}}_{\mathrm{bo}}+\boldsymbol{C}_q\boldsymbol{w}_0)+\boldsymbol{h}]+\boldsymbol{T}_{\mathrm{cmg}}+\boldsymbol{T}_d-\boldsymbol{J}\boldsymbol{C}_q\boldsymbol{w}_0 \\
\dot{\tilde{\tilde{\boldsymbol{q}}}}=\dfrac{1}{2}\boldsymbol{T}(\tilde{\tilde{\boldsymbol{q}}})\tilde{\boldsymbol{w}}
\end{cases}
\tag{5-15}
$$

针对上述描述的姿态控制系统采用 SMC 控制律来实现卫星姿态机动。设计分为两个步骤。

选择切换函数为

$$
\boldsymbol{s}=\tilde{\boldsymbol{w}}+\lambda\tilde{\tilde{\boldsymbol{q}}}
$$

式中：$\tilde{\tilde{\boldsymbol{q}}}=[\tilde{q}_1 \quad \tilde{q}_2 \quad \tilde{q}_3]^{\mathrm{T}}$；$\tilde{\boldsymbol{w}}$为误差，且有

$$
\tilde{\boldsymbol{w}}=\vec{\boldsymbol{w}}_{\mathrm{bo}}-\vec{\boldsymbol{w}}_d \tag{5-16}
$$

其中：$\vec{\boldsymbol{w}}_d$为期望的角速度；$\vec{\boldsymbol{w}}_{\mathrm{bo}}$为星体角速度。

对切换函数求导且两边乘以转动惯量 $\boldsymbol{J}$，可得

$$
\begin{aligned}
\boldsymbol{J}\dot{\boldsymbol{s}}&=\boldsymbol{J}\dot{\tilde{\boldsymbol{w}}}+\lambda\boldsymbol{J}\dot{\tilde{\tilde{\boldsymbol{q}}}}=\boldsymbol{J}\dot{\vec{\boldsymbol{w}}}_{\mathrm{bo}}+\lambda\boldsymbol{J}\dot{\tilde{\tilde{\boldsymbol{q}}}}-\boldsymbol{J}\dot{\vec{\boldsymbol{w}}}_d \\
&=-(\vec{\boldsymbol{w}}_{\mathrm{bo}}+\boldsymbol{C}_q\boldsymbol{w}_0)\times[\boldsymbol{J}(\vec{\boldsymbol{w}}_{\mathrm{bo}}+\boldsymbol{C}_q\boldsymbol{w}_0)+\boldsymbol{h}] \\
&\quad+\boldsymbol{T}_{\mathrm{cmg}}+\boldsymbol{T}_d-\boldsymbol{J}\dot{\boldsymbol{C}}_q\boldsymbol{w}_0+\lambda\boldsymbol{J}\dot{\tilde{\tilde{\boldsymbol{q}}}}-\boldsymbol{J}\dot{\vec{\boldsymbol{w}}}_d
\end{aligned}
\tag{5-17}
$$

令上式为零，得到等效控制律为

$$
\begin{aligned}
\boldsymbol{T}_{\mathrm{eq}}&=\boldsymbol{T}_{\mathrm{cmg}} \\
&=(\vec{\boldsymbol{w}}_{\mathrm{bo}}+\boldsymbol{C}_q\boldsymbol{w}_0)\times[\hat{\boldsymbol{J}}(\vec{\boldsymbol{w}}_{\mathrm{bo}}+\boldsymbol{C}_q\boldsymbol{w}_0)+\boldsymbol{h}]-\hat{\boldsymbol{T}}_d+\hat{\boldsymbol{J}}\dot{\boldsymbol{C}}_q\boldsymbol{w}_0-\lambda\hat{\boldsymbol{J}}\dot{\tilde{\tilde{\boldsymbol{q}}}}+\hat{\boldsymbol{J}}\dot{\hat{\boldsymbol{w}}}_d
\end{aligned}
\tag{5-18}
$$

由于不可能得到卫星转动惯量和外部扰动的实际值，所以上式中 $\hat{\boldsymbol{J}}$ 为转动惯量的估计值；$\hat{\boldsymbol{T}}_d$ 为外部扰动力矩的估计值；$\boldsymbol{C}_q$ 的定义参考前面章节。

最后给出 SMC 控制律为

$$
\begin{aligned}
\boldsymbol{T}_{\mathrm{cmg}}&=\boldsymbol{T}_{\mathrm{eq}}-\boldsymbol{K}\cdot\mathrm{sgn}(\boldsymbol{s}) \\
&=(\vec{\boldsymbol{w}}_{\mathrm{bo}}+\boldsymbol{C}_q\boldsymbol{w}_0)\times[\hat{\boldsymbol{J}}(\vec{\boldsymbol{w}}_{\mathrm{bo}}+\boldsymbol{C}_q\boldsymbol{w}_0)+\boldsymbol{h}]-\hat{\boldsymbol{T}}_d \\
&\quad+\hat{\boldsymbol{J}}\boldsymbol{C}_q\boldsymbol{w}_0-\lambda\hat{\boldsymbol{J}}\dot{\tilde{\tilde{\boldsymbol{q}}}}+\hat{\boldsymbol{J}}\dot{\boldsymbol{w}}_d-\boldsymbol{K}\cdot\mathrm{sgn}(\boldsymbol{s})
\end{aligned}
\tag{5-19}
$$

5.4.3 SMC 控制系统的稳定性分析

证明①：系统沿着滑模矢量运动时，误差角速度和误差四元数能收敛到期望值。

选取如下李雅普诺夫函数：

$$V_e = \frac{1}{2}\tilde{\boldsymbol{q}}^{\mathrm{T}}\lambda\tilde{\boldsymbol{q}} \tag{5-20}$$

式中：λ 为对角正定矩阵；V_e 为正定函数，并且只有 $\tilde{\boldsymbol{q}}=0$ 时，$V_e=0$。

误差四元数约束条件 $\tilde{\boldsymbol{q}}^{\mathrm{T}}\tilde{\boldsymbol{q}}+\tilde{q}_4^2=1$，对式(5-20)求导可得

$$\begin{aligned}\dot{V}_e &= \tilde{\boldsymbol{q}}^{\mathrm{T}}\lambda\dot{\tilde{\boldsymbol{q}}} \\ &=-\left(\frac{1}{2}\tilde{q}_4\right)\tilde{\boldsymbol{q}}^{\mathrm{T}}\lambda^2\tilde{\boldsymbol{q}} \\ &=-\left(\frac{1}{2}\tilde{q}_4\right)|\lambda\tilde{\boldsymbol{q}}|^2 \leqslant 0\end{aligned} \tag{5-21}$$

根据李雅普诺夫稳定判据可知，在滑模面上 $\tilde{\boldsymbol{q}}$ 和 $\tilde{\boldsymbol{w}}$均收敛到 0。

证明②：SMC 控制系统的稳定性。

选择如下李雅普诺夫函数：

$$\boldsymbol{V} = \frac{1}{2}\boldsymbol{s}^{\mathrm{T}}\boldsymbol{J}\boldsymbol{s} \tag{5-22}$$

很明显，该函数为正定函数。对式(5-22)求导，并将式(5-7)代入，可得

$$\begin{aligned}\dot{\boldsymbol{V}} &= \boldsymbol{s}^{\mathrm{T}}\boldsymbol{J}\boldsymbol{s} \\ &= \boldsymbol{s}^{\mathrm{T}}\{-(\vec{\boldsymbol{w}}_{\mathrm{bo}}+\boldsymbol{C}_q\boldsymbol{w}_0)\times[\boldsymbol{J}(\vec{\boldsymbol{w}}_{\mathrm{bo}}+\boldsymbol{C}_q\boldsymbol{w}_0)+\boldsymbol{h}] \\ &\quad +\boldsymbol{T}_{\mathrm{cmg}}+\boldsymbol{T}_d-\boldsymbol{J}\dot{\boldsymbol{C}}_q\boldsymbol{w}_0+\boldsymbol{\lambda}\boldsymbol{J}\dot{\tilde{\boldsymbol{q}}}-\boldsymbol{J}\vec{\boldsymbol{w}}_d\}\end{aligned} \tag{5-23}$$

将 SMC 控制律代入式(5-23)，可得

$$\begin{aligned}\dot{\boldsymbol{V}} &= \boldsymbol{s}^{\mathrm{T}}\boldsymbol{J}\boldsymbol{s} \\ &= \boldsymbol{s}^{\mathrm{T}}\{-(\vec{\boldsymbol{w}}_{\mathrm{bo}}+\boldsymbol{C}_q\boldsymbol{w}_0)\times\Delta\boldsymbol{J}(\vec{\boldsymbol{w}}_{\mathrm{bo}}+\boldsymbol{C}_q\boldsymbol{w}_0) \\ &\quad +\Delta\boldsymbol{T}_d-\Delta\boldsymbol{J}\dot{\boldsymbol{C}}_q\boldsymbol{w}_0+\lambda\Delta\boldsymbol{J}\dot{\tilde{\boldsymbol{q}}}+\Delta\boldsymbol{J}\dot{\vec{\boldsymbol{w}}}_d-\boldsymbol{K}\cdot\mathrm{sgn}(\boldsymbol{s})]\end{aligned} \tag{5-24}$$

令

$$\boldsymbol{f}=-(\vec{\boldsymbol{w}}_{bo}+\boldsymbol{C}_q\boldsymbol{w}_0)\times\Delta\boldsymbol{J}(\vec{\boldsymbol{w}}_{\mathrm{bo}}+\boldsymbol{C}_q\boldsymbol{w}_0)+\Delta\boldsymbol{T}_d-\Delta\boldsymbol{J}\dot{\boldsymbol{C}}_q\boldsymbol{w}_0+\lambda\Delta\boldsymbol{J}\dot{\tilde{\boldsymbol{q}}}+\Delta\boldsymbol{J}\vec{\boldsymbol{w}}_d$$

其中包括模型误差和实际的扰动。则式(5-24)变为

$$\begin{aligned}\dot{\boldsymbol{V}} &= \boldsymbol{s}^{\mathrm{T}}\boldsymbol{J}\boldsymbol{s} \\ &= \boldsymbol{s}^{\mathrm{T}}[\boldsymbol{f}-\boldsymbol{K}\cdot\mathrm{sgn}(\boldsymbol{s})]\end{aligned} \tag{5-25}$$

进一步整理成

$$
\begin{aligned}
\dot{\boldsymbol{V}} &= \boldsymbol{s}^{\mathrm{T}}(\boldsymbol{f} - \boldsymbol{K}\mathrm{sgn}(\boldsymbol{s})) \\
&= \sum_{i=1}^{3} s_i[f_i - k_i\mathrm{sgn}(s_i)] \\
&= \sum_{i=1}^{3} k_i | s_i | \left[\frac{f_i}{k_i}\mathrm{sgn}(s_i) - 1\right]
\end{aligned}
\tag{5-26}
$$

由于姿态控制系统的实际扰动是有界的,即 $|f_i| \leqslant M_i$,因此对于一个稳定的系统, $\dot{\boldsymbol{V}}$ 必须是负定函数。除了增益 $\boldsymbol{K}$,其他变量都是已知的。选择

$$
k_i = M_i + \varepsilon_i \tag{5-27}
$$

式中: ε_i 为任意正数即可保证式(5-26)小于零。此时 $\dot{\boldsymbol{V}}$ 为负定函数,保证了该控制系统的稳定性。

式(5-19)中 $\boldsymbol{K}$ 关系到控制器的稳定性,该开关量可以控制系统迅速到达滑模面。但是因为实际系统带宽的受限,在控制能力上该符号函数易引起额外的颤动。本节采用饱和函数代替符号函数,构成准滑模控制。准滑模控制是在滑模控制器设计中引入“准滑动模态”和“边界层”的概念,在边界层外采用正常的滑模控制,在边界层内采用连续状态的反馈控制,从而有效地避免或者削弱了抖振。饱和函数定义为

$$
\mathrm{sat}(x) = \begin{cases} x, & |x| < 1 \\ \mathrm{sgn}(x), & |x| \geqslant 1 \end{cases} \tag{5-28}
$$

系统式(5-15)的准滑模控制律为

$$
\begin{aligned}
\boldsymbol{T}_{\mathrm{cmg}} = &(\vec{\boldsymbol{w}}_{\mathrm{bo}} + \boldsymbol{C}_q\boldsymbol{w}_0) \times [\hat{\boldsymbol{J}}(\vec{\boldsymbol{w}}_{\mathrm{bo}} + \boldsymbol{C}_q\boldsymbol{w}_0) + \boldsymbol{h}] - \hat{\boldsymbol{T}}_d \\
&+ \hat{\boldsymbol{J}}\dot{\boldsymbol{C}}_q\boldsymbol{w}_0 - \lambda\hat{\boldsymbol{J}}\dot{\tilde{\tilde{\boldsymbol{q}}}} + \hat{\boldsymbol{J}}\dot{\boldsymbol{w}}_d - \boldsymbol{K}\mathrm{sat}\left(\frac{s}{\sigma}\right)
\end{aligned}
\tag{5-29}
$$

式中: σ 为可调节的标量。

基于控制量式(5-29)的控制系统式(5-15)的稳定性证明,通过将式(5-26)中的符号函数 $\mathrm{sgn}(\boldsymbol{s})$ 换成饱和函数 $\mathrm{sat}\left(\frac{s}{\sigma}\right)$,同理可证明按照式(5-27)选择参数 K 系统是稳定的。

5.5 基于 LESO 的准滑模快速机动控制

虽然准滑模控制能够有效地削弱常规滑模控制中的抖振,但是影响了系统

的稳态精度。为进一步提高控制系统的稳态性能,下面采用线性扩张状态观测器 LESO 观测和补偿不确定干扰(包括动力学的耦合干扰、外部扰动等),通过仿真验证了基于 LESO 的准滑模控制律的有效性[3]。

5.5.1 算法设计

小型卫星数学模型由式(5-15)给出:

$$\begin{cases} \boldsymbol{J}\dot{\vec{\boldsymbol{w}}}_{\mathrm{bo}} = -(\vec{\boldsymbol{w}}_{\mathrm{bo}} + \boldsymbol{C}_q\boldsymbol{w}_0) \times [\boldsymbol{J}(\vec{\boldsymbol{w}}_{\mathrm{bo}} + \boldsymbol{C}_q\boldsymbol{w}_0) + \boldsymbol{h}] + \boldsymbol{T}_{\mathrm{cmg}} + \boldsymbol{T}_d - \boldsymbol{J}\boldsymbol{C}_q\boldsymbol{w}_0 \\ \dot{\tilde{\boldsymbol{q}}} = \dfrac{1}{2}\boldsymbol{T}(\tilde{\boldsymbol{q}})\tilde{\boldsymbol{w}} \end{cases}$$

等价于如下形式:

$$\begin{cases} \dot{\vec{\boldsymbol{w}}}_{\mathrm{bo}} = \boldsymbol{f}(\cdot) + \boldsymbol{J}^{-1}\boldsymbol{T}_{\mathrm{cmg}} \\ \dot{\tilde{\boldsymbol{q}}} = \dfrac{1}{2}\boldsymbol{T}(\tilde{\boldsymbol{q}})(\vec{\boldsymbol{w}}_{\mathrm{bo}} - \vec{\boldsymbol{w}}_d) \end{cases} \tag{5-30}$$

具体算法步骤如下:

(1) LESO 设计及反馈线性化。针对式(5-15)的第一式,即卫星动力学方程进行扰动观测,所设计的二阶 LESO 为

$$\begin{cases} \boldsymbol{e} = \boldsymbol{z}_1 - \boldsymbol{y} \\ \dot{z}_1 = z_2 - \boldsymbol{\beta}_1\boldsymbol{e} + \boldsymbol{b}\boldsymbol{T}_{\mathrm{cmg}} \\ \dot{z}_2 = -\boldsymbol{\beta}_2\boldsymbol{e} \end{cases} \tag{5-31}$$

式中:$\boldsymbol{e}=[e_1 \quad e_2]^{\mathrm{T}}$,$e_1=z_1-x_1$,$e_2=z_2-x_2$。

假设观测器带宽为 w_0,选择

$$\beta_1 = 2w_0, \beta_2 = w_0^2$$

按照上式选择观测器参数,可以保证观测器具有较好的稳定性及较好的过渡过程和观测效果。

选择

$$\begin{aligned} \boldsymbol{T}_{\mathrm{cmg}} &= \boldsymbol{T}_0 - \frac{1}{\boldsymbol{b}}z_2 \\ &= \boldsymbol{T}_0 - \boldsymbol{J}z_2 \end{aligned} \tag{5-32}$$

将式(5-32)代入具有 ADRC 标准化形式的动力学方程中,即式(5-30)中的第一式,可得

$$\begin{aligned} \dot{\vec{\boldsymbol{w}}}_{\mathrm{bo}} &= \boldsymbol{f}(\cdot) + \boldsymbol{J}^{-1}\boldsymbol{T}_{\mathrm{cmg}} \\ &\approx z_2 + \boldsymbol{J}^{-1}(\boldsymbol{T}_0 - \boldsymbol{J}z_2) \\ &\approx \boldsymbol{J}^{-1}\boldsymbol{T}_0 \end{aligned} \tag{5-33}$$

最终式(5-30)所描述的小型卫星数学模型变为

$$\begin{cases} \boldsymbol{J}\dot{\vec{\boldsymbol{w}}}_{\mathrm{bo}} = \boldsymbol{T}_0 \\ \dot{\tilde{\vec{\boldsymbol{q}}}} = \dfrac{1}{2}\boldsymbol{T}(\tilde{\vec{\boldsymbol{q}}})\tilde{\boldsymbol{w}} \end{cases} \tag{5-34}$$

(2) 设计准滑模控制器。对式(5-34)所描述的系统设计准滑模控制器,选择切换函数为

$$\boldsymbol{s} = \tilde{\boldsymbol{w}} + \boldsymbol{\lambda}\tilde{\vec{\boldsymbol{q}}} \tag{5-35}$$

式中:$\tilde{\boldsymbol{w}} = \vec{\boldsymbol{w}}_{\mathrm{bo}} - \vec{\boldsymbol{w}}_d$;$\tilde{\vec{\boldsymbol{q}}} = [\tilde{q}_1 \quad \tilde{q}_2 \quad \tilde{q}_3]^{\mathrm{T}}$。

对式(5-35)求导且两边乘以转动惯量 $\boldsymbol{J}$,并将式(5-34)中的第一式代入,可得

$$\begin{aligned} \boldsymbol{J}\dot{\boldsymbol{s}} &= \boldsymbol{J}\dot{\tilde{\boldsymbol{w}}} + \lambda \boldsymbol{J}\dot{\tilde{\vec{\boldsymbol{q}}}} \\ &= \boldsymbol{J}\dot{\vec{\boldsymbol{w}}}_{\mathrm{bo}} + \lambda \boldsymbol{J}\,\dot{\tilde{\vec{\boldsymbol{q}}}} - \boldsymbol{J}\dot{\vec{\boldsymbol{w}}}_d \\ &= \boldsymbol{T}_0 + \lambda \boldsymbol{J}\dot{\tilde{\vec{\boldsymbol{q}}}} - \boldsymbol{J}\dot{\vec{\boldsymbol{w}}}_d \end{aligned} \tag{5-36}$$

令上式为零,得到等效控制律为

$$\boldsymbol{T}_{\mathrm{eq}} = \boldsymbol{T}_0 = -\lambda \hat{\boldsymbol{J}}\dot{\tilde{\vec{\boldsymbol{q}}}} + \hat{\boldsymbol{J}}\dot{\boldsymbol{w}}_d \tag{5-37}$$

(3) 式(5-34)所描述的系统的准滑模控制律为

$$\boldsymbol{T}_0 = -\lambda \hat{\boldsymbol{J}}\dot{\tilde{\vec{\boldsymbol{q}}}} + \hat{\boldsymbol{J}}\boldsymbol{w}_d - \boldsymbol{K} \cdot \mathrm{sat}\left(\frac{\boldsymbol{s}}{\sigma}\right) \tag{5-38}$$

由式(5-32)和式(5-38)可得

$$\begin{aligned} \boldsymbol{T}_{\mathrm{emg}} &= \boldsymbol{T}_0 - \hat{\boldsymbol{J}}\boldsymbol{z}_2 \\ &= -\lambda \hat{\boldsymbol{J}}\dot{\tilde{\vec{\boldsymbol{q}}}} + \hat{\boldsymbol{J}}\dot{\boldsymbol{w}}_d - \boldsymbol{K} \cdot \mathrm{sat}\left(\frac{\boldsymbol{s}}{\sigma}\right) - \hat{\boldsymbol{J}}\boldsymbol{z}_2 \end{aligned} \tag{5-39}$$

为实现小型卫星的快速机动和机动之后具有较高的稳定精度,可针对式(5-15)所描述的系统设计如下基于 LESO 的准滑模控制律,具体表达式为

$$\begin{cases} \boldsymbol{T}_{\text{cmg}} = -\boldsymbol{\lambda}\hat{\boldsymbol{J}}\dot{\tilde{\boldsymbol{q}}} + \hat{\boldsymbol{J}}\dot{\boldsymbol{w}}_d - \boldsymbol{K}\cdot\text{sat}\left(\dfrac{\boldsymbol{s}}{\sigma}\right) - \hat{\boldsymbol{J}}\boldsymbol{z}_2, \ |e_{ssi}| < \alpha_i \\ \boldsymbol{T}_{\text{cmg}} = (\vec{\boldsymbol{w}}_{\text{bo}} + \boldsymbol{C}_q\boldsymbol{w}_0) \times [\hat{\boldsymbol{J}}(\vec{\boldsymbol{w}}_{\text{bo}} + \boldsymbol{C}_q\boldsymbol{w}_0) + \boldsymbol{h}] - \hat{\boldsymbol{T}}_d \\ \qquad + \hat{\boldsymbol{J}}\dot{\boldsymbol{C}}_q\boldsymbol{w}_0 - \boldsymbol{\lambda}\hat{\boldsymbol{J}}\dot{\tilde{\boldsymbol{q}}} + \hat{\boldsymbol{J}}\dot{\boldsymbol{w}}_d - \boldsymbol{K}\text{sat}\left(\dfrac{\boldsymbol{s}}{\sigma}\right), \ |e_{ssi}| \geqslant \alpha_i \end{cases} \tag{5-40}$$

式中：$\boldsymbol{T}_{\text{cmg}}$为三个轴的控制力矩，$\boldsymbol{T}_{\text{cmg}} = [\boldsymbol{T}_{\text{cmg}x} \quad \boldsymbol{T}_{\text{cmg}y} \quad \boldsymbol{T}_{\text{cmg}z}]^{\text{T}}$；$|e_{ssi}|$ $(i = x, y, z)$ 为三个姿态角的误差绝对值；$\alpha_i (i = x, y, z)$ 为控制器切换点，可根据具体情况进行选择。

对于式(5-40)，在姿态角误差绝对值大于切换点时，选择准滑模控制，以提高系统的响应速度；在姿态角误差小于切换点时采用加了扩张状态观测器的准滑模控制，以提高系统的稳态精度。

5.5.2 稳定性分析

控制器为式(5-40)，当$|e_{ssi}| \geqslant \alpha_i$时，采用准滑模控制，其稳定性前面小节已证明，下面证明当$|e_{ssi}| < \alpha_i$时，系统(式(5-15))的稳定性。选择如下李雅普诺夫函数为

$$\boldsymbol{V} = \frac{1}{2}\boldsymbol{s}^{\text{T}}\boldsymbol{J}\boldsymbol{s} \tag{5-41}$$

很明显，该函数为正定函数。对该式求导，将式(5-35)代式(5-41)，可得

$$\begin{aligned} \dot{\boldsymbol{V}} &= \boldsymbol{s}^{\text{T}}\boldsymbol{J}\dot{\boldsymbol{s}} \\ &= \boldsymbol{s}^{\text{T}}(\boldsymbol{J}\dot{\tilde{\boldsymbol{w}}} + \boldsymbol{\lambda}\boldsymbol{J}\dot{\tilde{\boldsymbol{q}}}) \\ &= \boldsymbol{s}^{\text{T}}(\boldsymbol{J}\dot{\vec{\boldsymbol{w}}}_{\text{bo}} + \boldsymbol{\lambda}\boldsymbol{J}\dot{\tilde{\boldsymbol{q}}} - \boldsymbol{J}\dot{\boldsymbol{w}}_d \end{aligned} \tag{5-42}$$

将式(5-30)中的第一式代入式(5-42)，可得

$$\begin{aligned} \dot{\boldsymbol{V}} &= \boldsymbol{s}^{\text{T}}(\boldsymbol{J}\dot{\vec{\boldsymbol{w}}}_{\text{bo}} + \lambda\boldsymbol{J}\dot{\tilde{\boldsymbol{q}}} - \boldsymbol{J}\dot{\boldsymbol{w}}_d) \\ &= \boldsymbol{s}^{\text{T}}(\boldsymbol{J} * \boldsymbol{f}(\cdot) + \boldsymbol{T}_{\text{cmg}} + \lambda\boldsymbol{J}\dot{\tilde{\boldsymbol{q}}} - \boldsymbol{J}\dot{\boldsymbol{w}}_d) \end{aligned} \tag{5-43}$$

如果式(5-31)所描述的观测器方程稳定，则$\boldsymbol{z}_2 \approx \boldsymbol{f}(\cdot)$。将式(5-39)代入式(5-43)，可得

$$
\begin{aligned}
\dot{\boldsymbol{V}} &= \boldsymbol{s}^{\mathrm{T}}(\boldsymbol{J} * \boldsymbol{f}(\cdot) + \boldsymbol{T}_{\mathrm{cmg}} + \lambda \boldsymbol{J}\dot{\tilde{\tilde{\boldsymbol{q}}}} - \boldsymbol{J}\dot{\boldsymbol{w}}_d) \\
&= \boldsymbol{s}^{\mathrm{T}}\left(\boldsymbol{J} * z_2 - \lambda \hat{\boldsymbol{J}}\dot{\tilde{\tilde{\boldsymbol{q}}}} + \hat{\boldsymbol{J}}\dot{\boldsymbol{w}}_d - \boldsymbol{K} \cdot \mathrm{sat}\left(\frac{\boldsymbol{s}}{\sigma}\right) - \hat{\boldsymbol{J}} z_2 + \lambda \boldsymbol{J}\dot{\tilde{\tilde{\boldsymbol{q}}}} - \boldsymbol{J}\dot{\boldsymbol{w}}_d\right) \\
&= \boldsymbol{s}^{\mathrm{T}}\left(\Delta \boldsymbol{J} z_2 + \lambda \Delta \boldsymbol{J}\dot{\tilde{\tilde{\boldsymbol{q}}}} + \Delta \boldsymbol{J}\dot{\boldsymbol{w}}_d - \boldsymbol{K} \cdot \mathrm{sat}\left(\frac{\boldsymbol{s}}{\sigma}\right)\right)
\end{aligned} \tag{5-44}
$$

令$\boldsymbol{f} = \Delta \boldsymbol{J} z_2 + \lambda \Delta \boldsymbol{J}\dot{\tilde{\tilde{\boldsymbol{q}}}} + \Delta \boldsymbol{J}\dot{\boldsymbol{w}}_d$，则式(5-44)变为

$$
\begin{aligned}
\dot{\boldsymbol{V}} &= \boldsymbol{s}^{\mathrm{T}}\left(\Delta \boldsymbol{J} z_2 + \lambda \Delta \boldsymbol{J}\dot{\tilde{\tilde{\boldsymbol{q}}}} + \Delta \boldsymbol{J}\dot{\boldsymbol{w}}_d - \boldsymbol{K} \cdot \mathrm{sat}\left(\frac{\boldsymbol{s}}{\sigma}\right)\right) \\
&= \boldsymbol{s}^{\mathrm{T}}\left(\boldsymbol{f} - \boldsymbol{K} \cdot \mathrm{sat}\left(\frac{\boldsymbol{s}}{\sigma}\right)\right)
\end{aligned} \tag{5-45}
$$

整理上式可得

$$
\begin{aligned}
\dot{\boldsymbol{V}} &= \boldsymbol{s}^{\mathrm{T}}\left(\boldsymbol{f} - \boldsymbol{K}\mathrm{sat}\left(\frac{\boldsymbol{s}}{\sigma}\right)\right) \\
&= \sum_{i=1}^{3} s_i\left[f_i - k_i \mathrm{sat}\left(\frac{s_i}{\sigma}\right)\right]
\end{aligned} \tag{5-46}
$$

对于姿态控制系统实际扰动是有界的，即$|f_i| \leqslant M_i$，选择

$$
k_i = M_i + \varepsilon_i \tag{5-47}
$$

式中：ε_i为任意正数即可保证$\dot{\boldsymbol{V}}$为负定函数，也就证明了系统的稳定性。

5.5.3 仿真与分析

选择准滑模控制和基于LESO的准滑模控制作为姿态控制器，针对$\boldsymbol{\theta}=[45° \quad 45° \quad 45°]$和$\boldsymbol{\theta}=[90° \quad 0° \quad 0°]$进行大角度机动仿真，仿真的相关参数及主要扰动模型等同前面章节。

1. 准滑模控制

Matlab/Simulink仿真框图如图5-4所示。

准滑模控制参数取

$\boldsymbol{\lambda}=\mathrm{diag}\{[0.95 \quad 0.95 \quad 0.95]\}$，$\boldsymbol{K}=\mathrm{diag}\{[3.91 \quad 3.4 \quad 3.91]\}$，$\sigma=0.05$

2. 基于LESO的准滑模控制

Matlab/Simulink仿真框图如图5-5所示。

控制器参数取

$\boldsymbol{\lambda}=\mathrm{diag}\{[0.95 \quad 0.95 \quad 0.95]$，$\boldsymbol{K}=\mathrm{diag}\{[3.91 \quad 3.4 \quad 3.91]\}$，$\sigma=0.05$

$\boldsymbol{\beta}_1=\mathrm{diag}\{[2 \quad 2 \quad 2]\}$，$\boldsymbol{\beta}_2=\mathrm{diag}\{[1 \quad 1 \quad 1]\}$

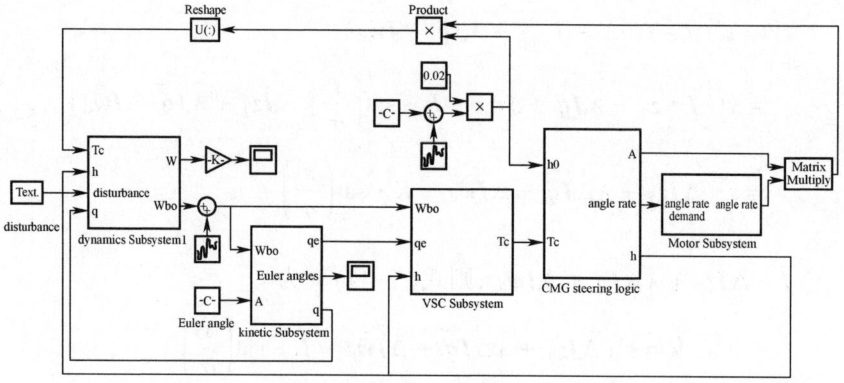

图 5-4　准滑模控制 Matlab/Simulink 仿真框图

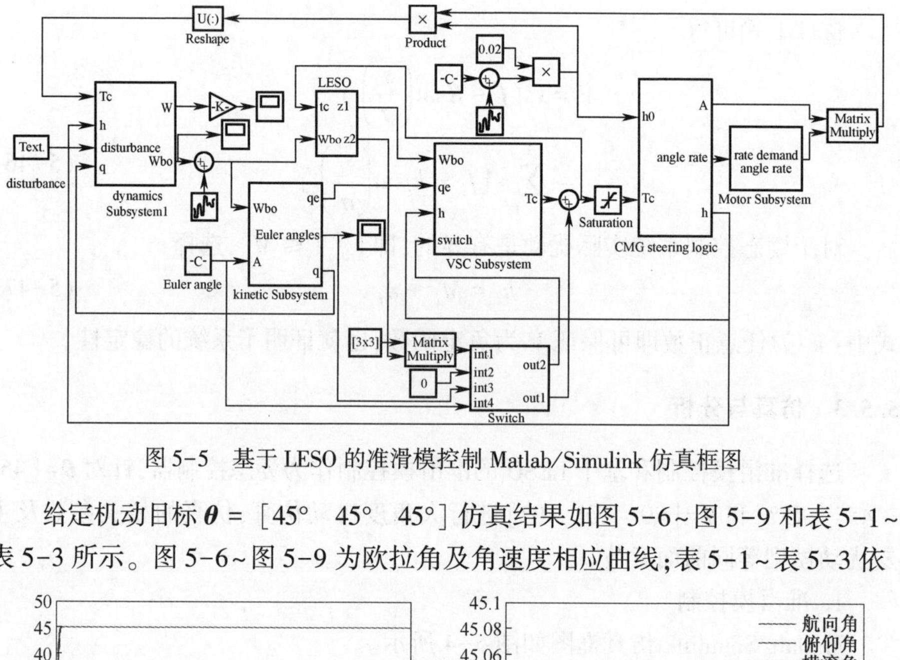

图 5-5　基于 LESO 的准滑模控制 Matlab/Simulink 仿真框图

给定机动目标 $\boldsymbol{\theta}$ = [45°　45°　45°] 仿真结果如图 5-6~图 5-9 和表 5-1~表 5-3 所示。图 5-6~图 5-9 为欧拉角及角速度相应曲线；表 5-1~表 5-3 依

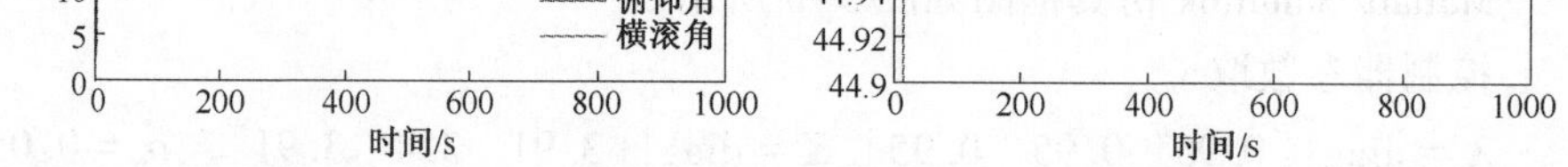

(a)　　　　　　　　　　　　　　(b)

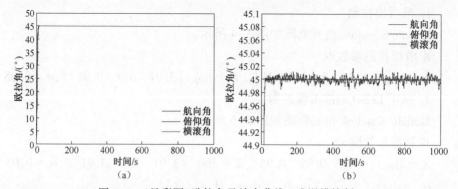

图 5-6　(见彩图)欧拉角及放大曲线(准滑模控制)

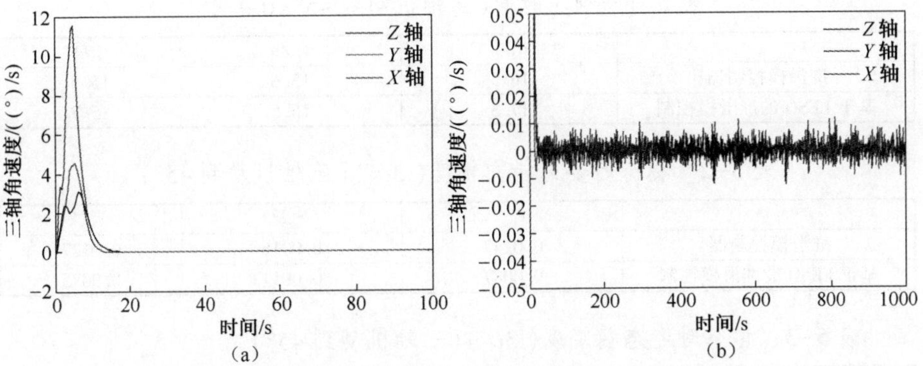

图 5-7 （见彩图）三轴角速度及放大曲线（准滑模控制）

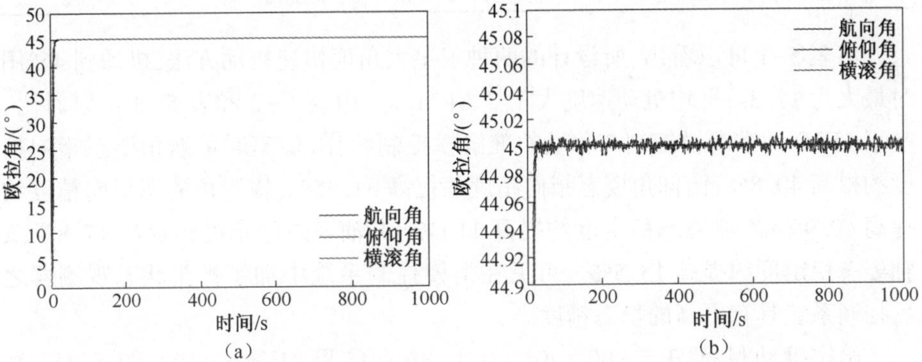

图 5-8 （见彩图）欧拉角及放大曲线（基于 LESO 的准滑模控制）

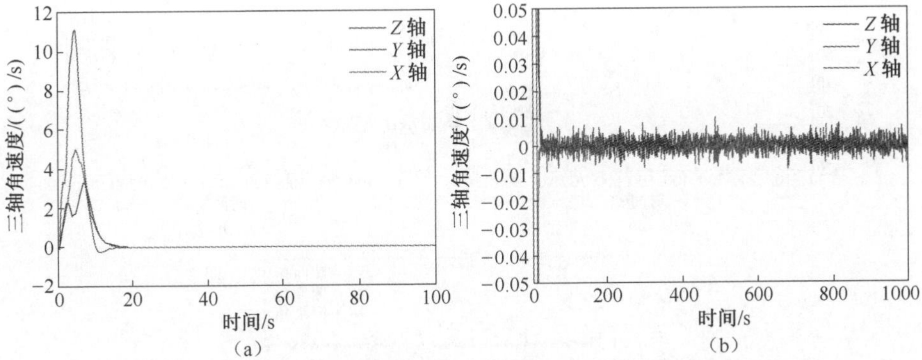

图 5-9 （见彩图）三轴角速度及放大曲线（基于 LESO 的准滑模控制）

次为机动之后进入到稳态所用的时间、进入到稳态之后的姿态指向 3σ 误差以及姿态稳定度 3σ 误差。

表 5-1　响应时间(三轴机动到 45°±0.1°)

	t_{sz}/s	t_{sy}/s	t_{sx}/s
准滑模控制器	16.5	15.6	15.5
基于 LESO 的准滑模控制	17.3	15.5	15.7

表 5-2　稳态时姿态指向精度(3σ)(三轴机动到 45°)

	e_{ssz}	e_{ssy}	e_{ssx}
准滑模控制器	0.0147	0.0016	0.0127
基于 LESO 的准滑模控制	0.0087	0.0011	0.0075

表 5-3　稳态时姿态稳定度(3σ)(三轴机动到 45°)

	e_{ssvz}	e_{ssvy}	e_{ssvx}
准滑模控制器	0.0044	0.0095	0.0045
基于 LESO 的准滑模控制	0.0039	0.0078	0.0038

由表 5-1 可以看出,所设计的两种卫星大角度快速机动方法,机动到 45°用时最大为 17.3s,平均机动速度大于 2.6(°)/s。由表 5-2 和表 5-3 可以看出,基于 LESO 的准滑模控制与普通的准滑模控制相比,稳态时偏航角姿态指向精度约提高 40.8%;俯仰角姿态指向精度约提高 31.25%;横滚角姿态指向精度约提高 40.9%;Z 轴姿态稳定度约提高 11.3%;Y 轴姿态稳定度约提高 17.8%;X 轴姿态稳定度约提高 15.5%。可见在滑模控制系统中加了扩张状态观测器之后控制系统具有更高的稳态精度。

给定机动目标 $\theta = [90° \quad 0° \quad 0°]$,仿真结果如图 5-10~图 5-13 和表 5-4、表 5-5 所示。

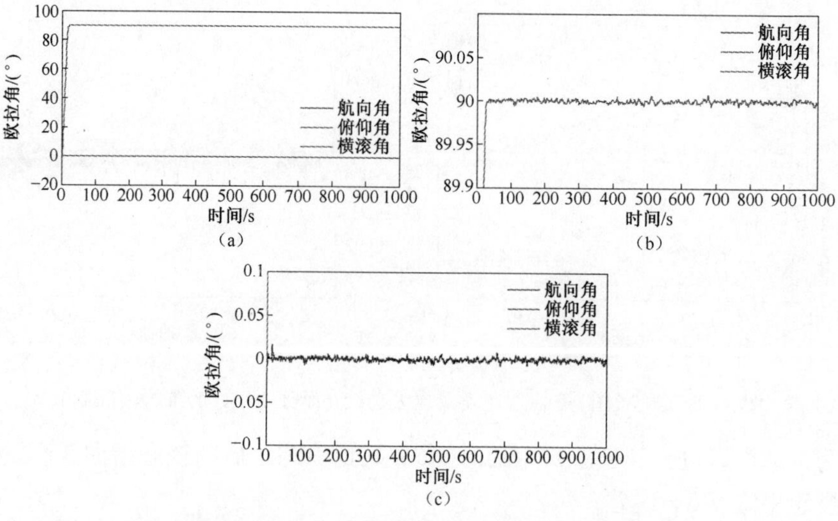

图 5-10　(见彩图)欧拉角及放大曲线 (准滑模控制)

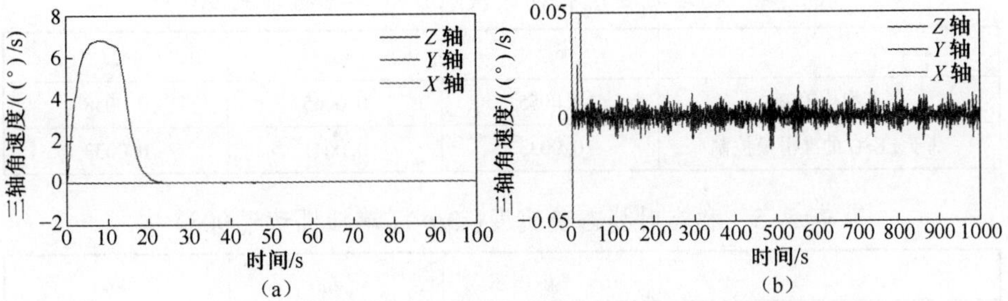

图 5-11 （见彩图）三轴角速度及放大曲线（准滑模控制）

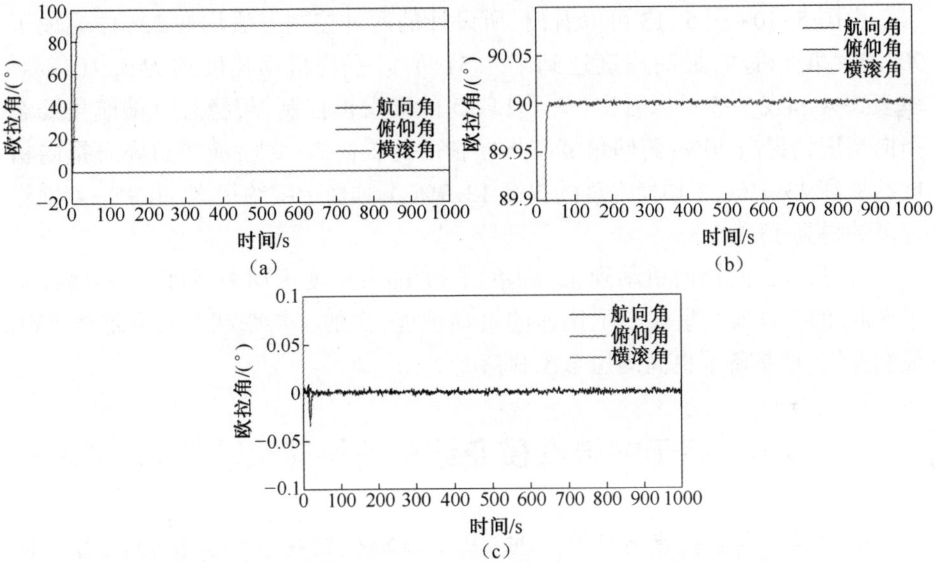

图 5-12 （见彩图）欧拉角及放大曲线(基于 LESO 的准滑模控制)

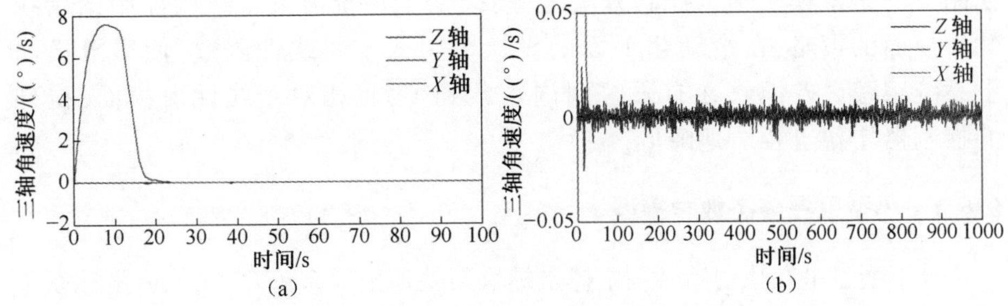

图 5-13 （见彩图）三轴角速度及放大曲线（基于 LESO 的准滑模控制）

表 5-4　稳态时姿态指向精度(3σ)(单轴机动到 90°)

	e_{ssz}	e_{ssy}	e_{ssx}
准滑模控制	0.0055	0.0065	0.0058
基于 LESO 的准滑模控制	0.0033	0.0041	0.0033

表 5-5　稳态时姿态稳定度(3σ)(单轴机动到 90°)

	e_{ssvz}	e_{ssvy}	e_{ssvx}
准滑模控制	0.0043	0.0101	0.0043
基于 LESO 的准滑模控制	0.0037	0.0089	0.0037

由图 5-10~图 5-13 可以看出,所设计的两种控制方法均在 23s 内完成了 90°的大角度机动,最高速度达到了 7.5(°)/s,平均机动速度约为 3.9(°)/s。由表 5-4 和表 5-5 可以看出,基于 LESO 的准滑模控制器,稳态时偏航角姿态指向精度约提高 40%;俯仰角姿态指向精度约提高 36.9%;横滚角姿态指向精度约提高 43.1%; Z 轴稳定度约提高 13.9%;Y 轴稳定度约提高 11.9%;X 轴稳定度约提高 13.9%。

可见,在三轴同时机动到 45°和单轴 90°的大角度机动中,所设计的两种基于 SMC 的控制器均呈现出了快速的机动性能;而加了扩张状态观测器的 SMC 控制系统,还具备了更高的稳态控制精度。

5.6　基于终端滑模变结构的快速机动控制

小型卫星姿态控制方法有多种,其中滑模变结构控制方法以其鲁棒性和对不确定性的不敏感性被广泛研究,但此方法在运动至滑模面后由于到达速度的存在,出现严重的抖振现象,稳态误差只能渐进收敛。终端滑模控制[4-6]是滑模变结构控制方法之一,改变了传统滑模变结构控制选用线性滑模面的策略,在滑动超平面的设计中引入了非线性函数,使得滑模面上系统跟踪误差能够在有限时间内收敛到零,且相对于线性滑模面,得到的控制器增益也相对地降低。

5.6.1　小型卫星姿态数学模型

设小型卫星在轨初始时刻本体坐标系与轨道坐标系重合,在轨道坐标系上建立小型卫星数学模型。假设小型卫星为刚体结构,考虑到终端滑模控制方法中需要姿态偏差量,以修正罗德里格斯参数描述卫星姿态:

$$\boldsymbol{\rho} \equiv \hat{\boldsymbol{e}}\tan(\theta/4) \tag{5-48}$$

$$\boldsymbol{\rho} = \begin{bmatrix} q_1/(1+q_0) \\ q_2/(1+q_0) \\ q_3/(1+q_0) \end{bmatrix} \tag{5-49}$$

式中：$\boldsymbol{\rho} = [\rho_1, \rho_2, \rho_3]^{\mathrm{T}}$ 为修正罗德里格斯参数；$\hat{\boldsymbol{e}}$ 为欧拉轴方向；θ 为绕欧拉轴转角；$\boldsymbol{q} = [q_0 \quad q_1 \quad q_2 \quad q_3]^{\mathrm{T}}$ 为卫星姿态四元数。

以修正罗德里格斯参数描述的卫星姿态运动学方程为

$$\dot{\boldsymbol{\rho}} = \frac{1}{4}[(1-\boldsymbol{\rho}^{\mathrm{T}}\boldsymbol{\rho})\boldsymbol{I}_{3\times 3} + 2\widetilde{\boldsymbol{\rho}} + 2\boldsymbol{\rho}\boldsymbol{\rho}^{\mathrm{T}}]\boldsymbol{\omega} = \boldsymbol{F}(\boldsymbol{\rho})\boldsymbol{\omega} \tag{5-50}$$

式中：$\boldsymbol{\omega}$ 为本体坐标系下卫星姿态角速度，$\boldsymbol{\omega}=[\omega_x \quad \omega_y \quad \omega_z]$；$\widetilde{\boldsymbol{\rho}}$ 为

$$\widetilde{\boldsymbol{\rho}} = \begin{pmatrix} 0 & -\rho_3 & \rho_2 \\ \rho_3 & 0 & -\rho_1 \\ -\rho_2 & \rho_1 & 0 \end{pmatrix} \tag{5-51}$$

假设误差修正罗德里格斯参数为 $\boldsymbol{\rho}_{\mathrm{e}}=\boldsymbol{\rho}-\boldsymbol{\rho}_{\mathrm{d}}$，$\boldsymbol{\rho}$ 为当前姿态，$\boldsymbol{\rho}_{\mathrm{d}}$ 为目标姿态，机动并稳定结束时刻应有 $\boldsymbol{\rho}_{\mathrm{e}} = 0$。

当以反作用飞轮为卫星执行机构时，考虑空间干扰力矩的影响，卫星姿态动力学方程为

$$(\boldsymbol{J}\dot{\boldsymbol{\omega}} + \dot{\boldsymbol{h}}) + \boldsymbol{\omega} \times (\boldsymbol{J}\boldsymbol{\omega} + \boldsymbol{h}) = \boldsymbol{T}_{\mathrm{ext}} \tag{5-52}$$

$$\dot{\boldsymbol{h}} + \boldsymbol{\omega} \times \boldsymbol{h} = -\boldsymbol{u}$$

式中：$\boldsymbol{J}$ 为包含反作用飞轮的整星转动惯量；$\boldsymbol{T}_{\mathrm{ext}}$ 为空间外干扰力矩；$\boldsymbol{h}$ 为反作用飞轮的总角动量；$\boldsymbol{u}$ 为反作用飞轮三轴输出控制力矩，$\boldsymbol{u} = (u_1, u_2, u_3)$。

5.6.2 终端滑模控制方案设计

根据上述分析，系统动力学和运动学模型方程可写为

$$\dot{\boldsymbol{\rho}} = \frac{1}{4}[(1-\boldsymbol{\rho}^{\mathrm{T}}\boldsymbol{\rho})\boldsymbol{I}_{3\times 3} + 2\widetilde{\boldsymbol{\rho}} + 2\boldsymbol{\rho}\boldsymbol{\rho}^{\mathrm{T}}]\boldsymbol{\omega} = \boldsymbol{F}(\boldsymbol{\rho})\boldsymbol{\omega} = \boldsymbol{f}_1(\boldsymbol{\rho}, \boldsymbol{\omega}) \tag{5-53}$$

$$\dot{\boldsymbol{\omega}} = -\boldsymbol{J}^{-1}\boldsymbol{\omega} \times (\boldsymbol{J}\boldsymbol{\omega}) + \boldsymbol{J}^{-1}\boldsymbol{u} + \boldsymbol{J}^{-1}\boldsymbol{T}_{\mathrm{ext}} = \boldsymbol{f}_2(\boldsymbol{\rho}, \boldsymbol{\omega}) + \boldsymbol{B}\boldsymbol{u} + \boldsymbol{J}^{-1}\boldsymbol{T}_{\mathrm{ext}} \tag{5-54}$$

从卫星姿态动力学和运动学方程可看出，卫星系统是非线性系统，且包含了外部扰动。为利用卫星姿态角和姿态角速度误差量进行终端滑模控制方法设计，统一变量表示形式，首先对卫星运动方程进行处理，引入新状态变量 $\boldsymbol{x}_1$、$\dot{\boldsymbol{x}}_1$ 进行非线性变换：

$$
\begin{cases}
\boldsymbol{x}_1 = \boldsymbol{\rho} \\
\dot{\boldsymbol{x}}_1 = \dot{\boldsymbol{\rho}} = \boldsymbol{f}_1(\boldsymbol{\rho}, \boldsymbol{\omega}) = \boldsymbol{x}_2 \\
\dot{\boldsymbol{x}}_2 = \ddot{\boldsymbol{\rho}} = \dfrac{\partial \boldsymbol{f}_1(\boldsymbol{\rho}, \boldsymbol{\omega})}{\partial \boldsymbol{\rho}} \boldsymbol{f}_1(\boldsymbol{\rho}, \boldsymbol{\omega}) + \dfrac{\partial \boldsymbol{f}_1(\boldsymbol{\rho}, \boldsymbol{\omega})}{\partial \boldsymbol{\omega}} [\boldsymbol{f}_2(\boldsymbol{\rho}, \boldsymbol{\omega}) + \boldsymbol{B}\boldsymbol{u} + \boldsymbol{J}^{-1}\boldsymbol{T}_{\text{ext}}] \\
\quad = \boldsymbol{f} + \boldsymbol{b}\boldsymbol{u} + \dfrac{\partial \boldsymbol{f}_1(\boldsymbol{\rho}, \boldsymbol{\omega})}{\partial \boldsymbol{\omega}} \boldsymbol{J}^{-1}\boldsymbol{T}_{\text{ext}}
\end{cases}
\tag{5-55}
$$

式中

$$
\boldsymbol{f} = \frac{\partial \boldsymbol{f}_1(\boldsymbol{\rho}, \boldsymbol{\omega})}{\partial \boldsymbol{\rho}} \boldsymbol{f}_1(\boldsymbol{\rho}, \boldsymbol{\omega}) + \frac{\partial \boldsymbol{f}_2(\boldsymbol{\rho}, \boldsymbol{\omega})}{\partial \boldsymbol{\omega}} f_2(\boldsymbol{\rho}, \boldsymbol{\omega}) \tag{5-56}
$$

$$
\boldsymbol{b} = \frac{\partial \boldsymbol{f}_1(\boldsymbol{\rho}, \boldsymbol{\omega})}{\partial \boldsymbol{\omega}} B \tag{5-57}
$$

选取系统切换面如下：

$$
\boldsymbol{\sigma} = \boldsymbol{C}\boldsymbol{E} - \boldsymbol{W}(t) \tag{5-58}
$$

根据上述模型中状态变量的定义，做如下形式变量选取：

误差矢量为 $\boldsymbol{E} = \begin{pmatrix} \boldsymbol{\rho}_e \\ \dot{\boldsymbol{\rho}}_e \end{pmatrix} = (\rho_{1e}, \rho_{2e}, \rho_{3e}, \dot{\rho}_{1e}, \dot{\rho}_{2e}, \dot{\rho}_{3e})^{\mathrm{T}}$，$\boldsymbol{W}(t) = \boldsymbol{C}\boldsymbol{P}(t)$，$\boldsymbol{P}(t) = \begin{pmatrix} \boldsymbol{p} \\ \dot{\boldsymbol{p}} \end{pmatrix}$，$\boldsymbol{p} = (p_1, p_2, p_3)^{\mathrm{T}}$，$\boldsymbol{C} = (\boldsymbol{C}_1, \boldsymbol{C}_2)$ 为矩阵，$\boldsymbol{C}_i = \mathrm{diag}(c_{i1}, c_{i2}, c_{i3})$，$c_{ij}(i=1,2;j=1,2,3)$ 为正常数。

$p_i(t)$ 的选取满足以下假设条件：$p_i(t): R_+ \to R, p_i(t) \in C^n[0,\infty), \dot{p}_i, \cdots, p_i^{(n)} \in \boldsymbol{L}^\infty$，对于某个常数 $\boldsymbol{T}>0$，$p_i(t)$ 是在时间段 $[0,T]$ 上有界的，并且 $p_i(0) = \rho_{ei}(0), \dot{p}_i(0) = \dot{\rho}_{ei}(0), \cdots, p_i^{(n)}(0) = \rho_{ei}^{(n)}(0)(i=1,2,\cdots,m)$，而 $C^n[0,\infty)$ 表示定义在 $[0,\infty)$ 的所有 n 阶可微的连续函数。

$$
p_i(t) = \begin{cases}
\displaystyle\sum_{k=0}^{n} \frac{1}{k!} \rho_{ei}(0)^{(k)} t^k + \sum_{j=0}^{n} \left(\sum_{l=0}^{n} \frac{a_{jl}}{T^{j-l+n+1}} \rho_{ei}(0)^{(l)} \right) t^{j+n+1}, & 0 \leqslant t \leqslant T \\
0, & t > T
\end{cases}
\tag{5-59}
$$

式中：T 为收敛时间；$p_i(t)$ 为在 $t=T$ 时刻一阶可微的连续函数，有 $\boldsymbol{p}(T) = 0$，$\dot{\boldsymbol{p}}(T) = 0$，$\ddot{\boldsymbol{p}}(T) = 0$。经计算可得到

$$
\boldsymbol{p}(t)=\begin{cases}\boldsymbol{\rho}_e(0)+\dot{\boldsymbol{\rho}}_e(0)t+\dfrac{1}{2}\ddot{\boldsymbol{\rho}}_e(0)t^2+\left[\dfrac{-10}{T^3}\boldsymbol{\rho}_e(0)+\dfrac{-6}{T^2}\dot{\boldsymbol{\rho}}_e(0)+\dfrac{-3}{2T}\ddot{\boldsymbol{\rho}}_e(0)\right]t^3\\ +\left[\dfrac{15}{T^4}\boldsymbol{\rho}_e(0)+\dfrac{8}{T^3}\dot{\boldsymbol{\rho}}_e(0)+\dfrac{3}{2T^2}\ddot{\boldsymbol{\rho}}_e(0)\right]t^4+\left[\dfrac{-6}{T^5}\boldsymbol{\rho}_e(0)+\dfrac{-3}{T^4}\dot{\boldsymbol{\rho}}_e(0)+\dfrac{-1}{2T^3}\ddot{\boldsymbol{\rho}}_e(0)\right]t^5,0\leqslant t\leqslant T\\ 0,\qquad t>T\end{cases}
$$

理论上,从 $t=T$ 时刻开始,切换面上 $\boldsymbol{\sigma}=0$。为验证所设计的切换面为滑模面,取切换面上李雅普诺夫函数为

$$
V_e=\frac{1}{2}\boldsymbol{\rho}_e^{\mathrm{T}}\boldsymbol{\rho}_e\geqslant 0 \tag{5-60}
$$

当系统运动至切换面上时,有 $\boldsymbol{\sigma}=\boldsymbol{C}(\boldsymbol{E}-\boldsymbol{P})=\boldsymbol{0}$,即 $\boldsymbol{E}=\boldsymbol{P}$,进而有 $\boldsymbol{\rho}_e=\boldsymbol{p}$。

$$
\dot{V}_e=\boldsymbol{\rho}_e^{\mathrm{T}}\dot{\boldsymbol{\rho}}_e=\boldsymbol{p}^{\mathrm{T}}\dot{\boldsymbol{p}}\leqslant 0 \tag{5-61}
$$

由李雅普诺夫稳定性定理说明所选取的切换面能够使系统具有全局渐近稳定性,因此,所选取切换面为滑模面,且在滑模面上系统具有全局渐近稳定性。

与经典变结构控制方法类似,终端滑模控制也包含了两个阶段,即趋近段和滑模段,系统能够稳定运行的条件是控制规律的选取使得系统能够由任意初态运动至滑模态,且系统具有全局渐近稳定性。因此,滑模面选定后,需设计合适的滑模控制规律,使系统能够到达滑模面并保持在滑模面上运动。

取趋近段李雅普诺夫函数为

$$
V_{\boldsymbol{\sigma}}=\frac{1}{2}\boldsymbol{\sigma}^{\mathrm{T}}\boldsymbol{\sigma}\geqslant 0 \tag{5-62}
$$

将其微分后得到:

$$
\dot{V}_{\boldsymbol{\sigma}}=\boldsymbol{\sigma}^{\mathrm{T}}\dot{\boldsymbol{\sigma}}=\boldsymbol{\sigma}^{\mathrm{T}}\left[\boldsymbol{C}_2\left(\boldsymbol{f}+\boldsymbol{bu}+\frac{\partial \boldsymbol{f}_1(\boldsymbol{\rho},\boldsymbol{\omega})}{\partial \boldsymbol{\omega}}\boldsymbol{J}^{-1}\boldsymbol{T}_{\mathrm{ext}}-\ddot{\boldsymbol{\rho}}_d-\ddot{\boldsymbol{p}}\right)+\boldsymbol{C}_1(\dot{\boldsymbol{\rho}}_e-\dot{\boldsymbol{p}})\right] \tag{5-63}
$$

为使控制系统稳定,必须使得 $V_{\boldsymbol{\sigma}}\geqslant 0,\dot{V}_{\boldsymbol{\sigma}}\leqslant 0$。控制输入应该能够迫使系统的所有状态轨迹都收敛到 $\boldsymbol{\sigma}=\boldsymbol{0}$ 的滑动面上,设外干扰有界,即 $\|\boldsymbol{T}_{\mathrm{ext}}\|\leqslant D$,选择如下控制规律:

$$
\boldsymbol{u}=-\boldsymbol{b}^{-1}[\boldsymbol{f}-\ddot{\boldsymbol{\rho}}_d-\ddot{\boldsymbol{p}}+\boldsymbol{C}_2^{-1}\boldsymbol{C}_1(\dot{\boldsymbol{\rho}}_e-\dot{\boldsymbol{p}})]-\boldsymbol{b}^{-1}\left(K\frac{\boldsymbol{C}_2^{\mathrm{T}}\boldsymbol{\sigma}}{\|\boldsymbol{C}_2^{\mathrm{T}}\boldsymbol{\sigma}\|+\delta_0+\delta_1\|\boldsymbol{\rho}_e\|}+\frac{\partial \boldsymbol{f}_1(\boldsymbol{\rho},\boldsymbol{\omega})}{\partial \boldsymbol{\omega}}\boldsymbol{J}^{-1}D\right) \tag{5-64}
$$

式中：δ_0、δ_1、K 为正常数；$\delta_0+\delta_1\|\boldsymbol{\rho}_e\|$ 的加入是为了减弱 $\dfrac{\boldsymbol{C}_2^{\mathrm{T}}\boldsymbol{\sigma}}{\|\boldsymbol{C}_2^{\mathrm{T}}\boldsymbol{\sigma}\|}$ 的抖振作用。

将控制规律代入 $\dot{V}_{\boldsymbol{\sigma}}$ 后，可得

$$\dot{V}_{\boldsymbol{\sigma}}=-K\frac{\|\boldsymbol{C}_2^{\mathrm{T}}\boldsymbol{\sigma}\|^2}{\|\boldsymbol{C}_2^{\mathrm{T}}\boldsymbol{\sigma}\|+\delta_0+\delta_1\|\boldsymbol{\rho}_e\|}\leqslant 0 \tag{5-65}$$

由李雅普诺夫稳定性定理说明趋近段存在，所选取的控制律能够使系统趋近滑模面运动，且具有全局渐近稳定性。

由于卫星执行机构力矩输出有限，在实际应用中需考虑执行机构输出控制力矩的有界性，因此力矩为

$$u=\begin{cases}u_{\max}(u>u_{\max})\\-u_{\max}(u<-u_{\max})\\u(-u_{\max}<u<u_{\max})\end{cases} \tag{5-66}$$

由理论公式可以看出，滑模面函数 $\boldsymbol{\sigma}(\boldsymbol{X},0)=0$，初始时刻 $V\equiv 0$，即系统在初始时刻已经处于滑模态，所设计的控制律只需保证系统能够在滑模面上稳定运动即可，不需考虑系统到达问题，消除了滑模控制的到达阶段，进而确保了闭环系统的全局鲁棒性和稳定性。

5.6.3 仿真研究

根据上述模型与控制规律进行仿真分析，选取某型三轴卫星的大角度机动以验证终端滑模控制方法的有效性。某型卫星姿态机动的目标欧拉角为[0°,0°,20°]，系统初始欧拉角为[0°,0°,0°]，初始角速度和末态角速度均为[0,0,0] rad/s，反作用飞轮作为主要执行机构，假设期望时间 $T=20$s。空间扰动采用典型形式：

$$\begin{aligned}M_{\mathrm{d}x}&=10^{-5}(3\cos\omega_0 t+1)\\M_{\mathrm{d}y}&=10^{-5}(1.5\sin\omega_0 t+3\cos\omega_0 t)\\M_{\mathrm{d}z}&=10^{-5}(3\sin\omega_0 t+1)\end{aligned} \tag{5-67}$$

终端滑模控制方法可调节的参数为 K、C_1、C_2、deta0、deta1 以及一个隐形参数控制周期，为讨论参数变化对控制效果的影响，采样周期分别取为 1ms 和 0.5s，得到仿真曲线如图 5-14~图 5-18 所示。

仿真曲线说明将终端滑模控制方法应用在卫星姿态控制上是可行的，卫星能够在有限时间内机动到姿态目标值。但仿真曲线末端并不能完全达到 0，其原因如下：

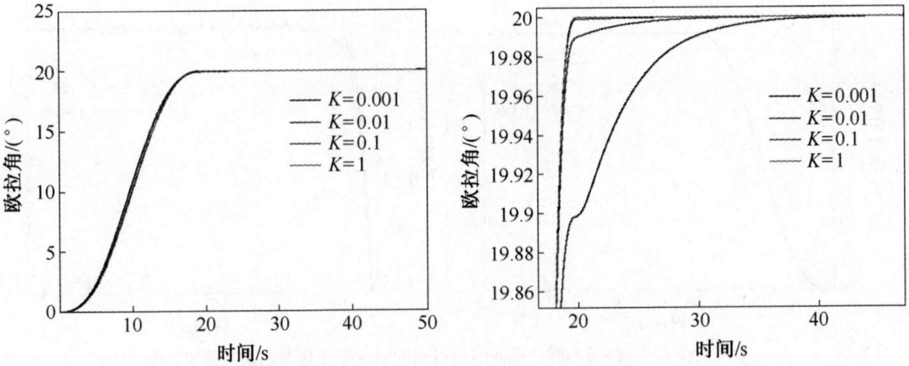

（a）仿真周期1ms时，不同K值得到的欧拉角变化曲线及局部放大图

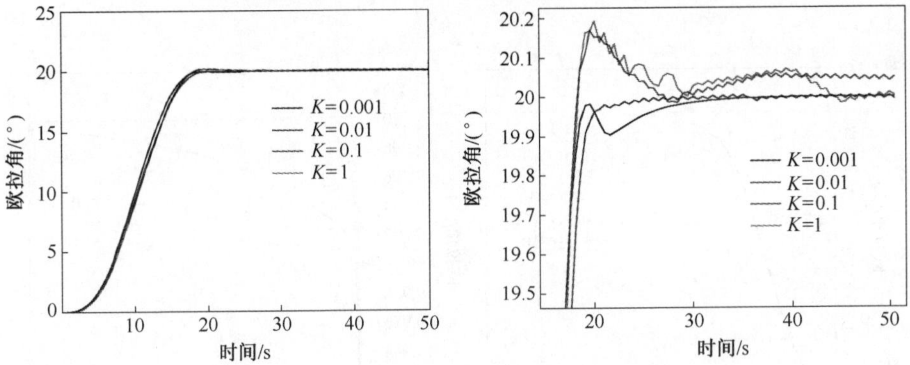

（b）仿真周期0.5s时，不同K值得到的欧拉角变化曲线及局部放大图

图 5-14 (见彩图)不同 K 值对机动结果的影响

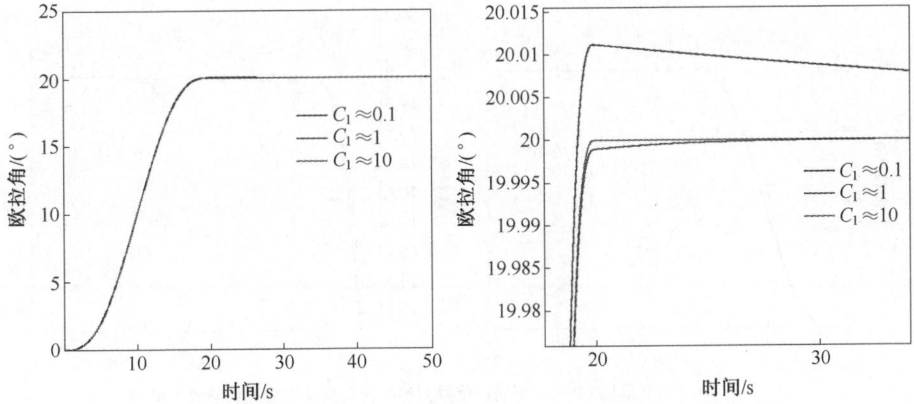

（a）仿真周期1ms时，不同C_1值得到的欧拉角变化曲线及局部放大图

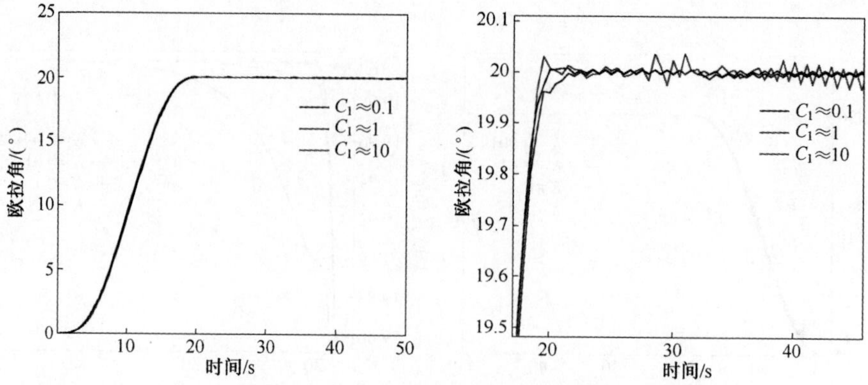

（b）仿真周期0.5s时，不同C_1值得到的欧拉角变化曲线及局部放大图

图 5-15 （见彩图）不同 C_1 值对机动结果的影响

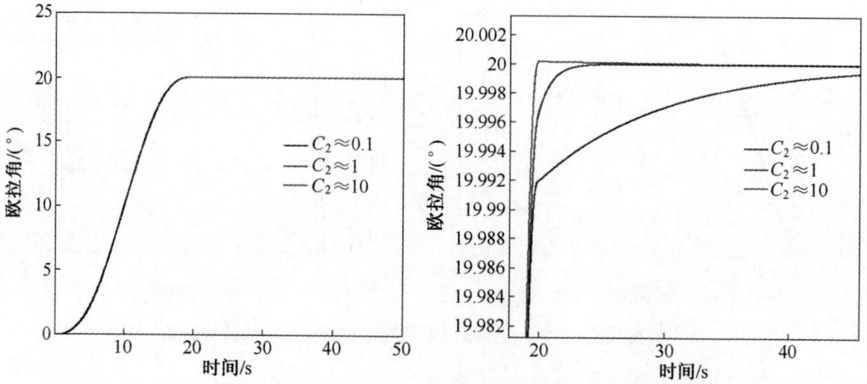

（a）仿真周期1ms时，不同C_2值得到的欧拉角变化曲线及局部放大图

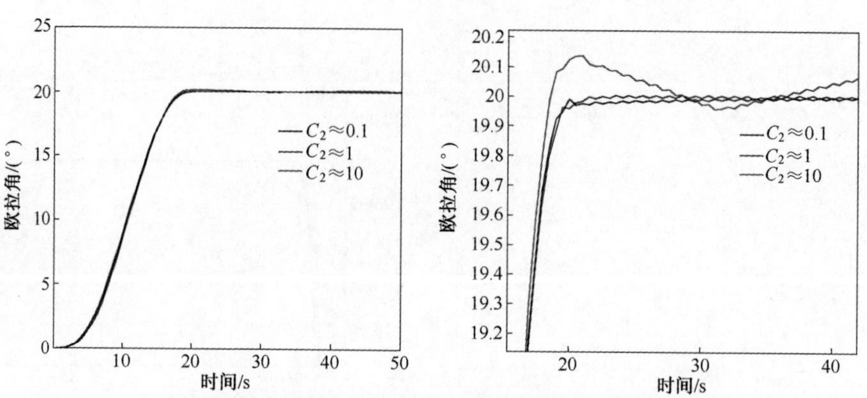

（b）仿真周期0.5s时，不同C_2值得到的欧拉角变化曲线及局部放大图

图 5-16 （见彩图）不同 C_2 值对机动结果的影响

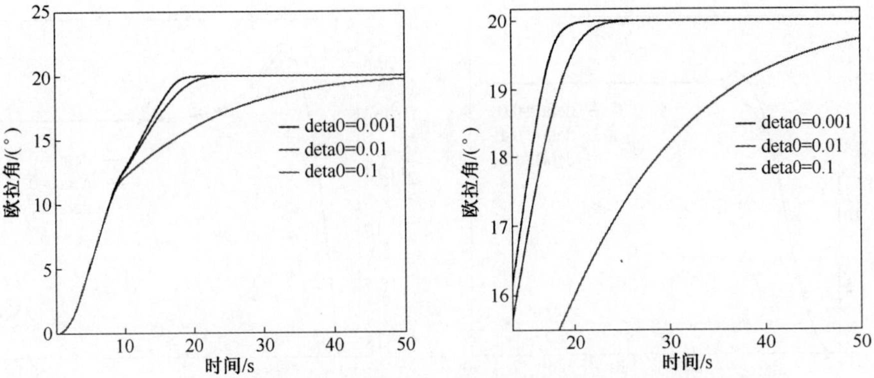

（a）仿真周期1ms时，不同deta0值得到的欧拉角变化曲线及局部放大图

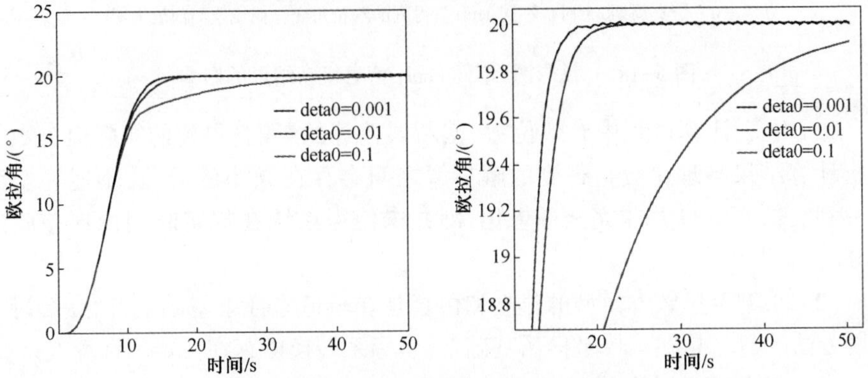

（b）仿真周期0.5s时，不同deta0值得到的欧拉角变化曲线及局部放大图

图 5-17 （见彩图）不同 deta0 值对机动结果的影响

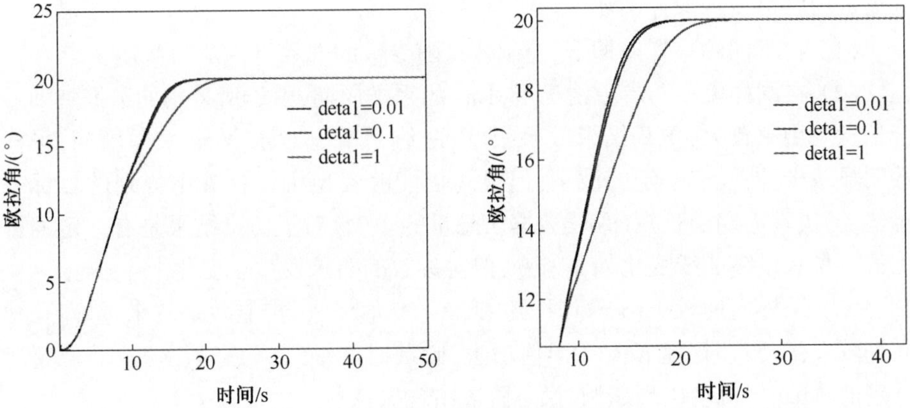

（a）仿真周期1ms时，不同deta1值得到的欧拉角变化曲线及局部放大图

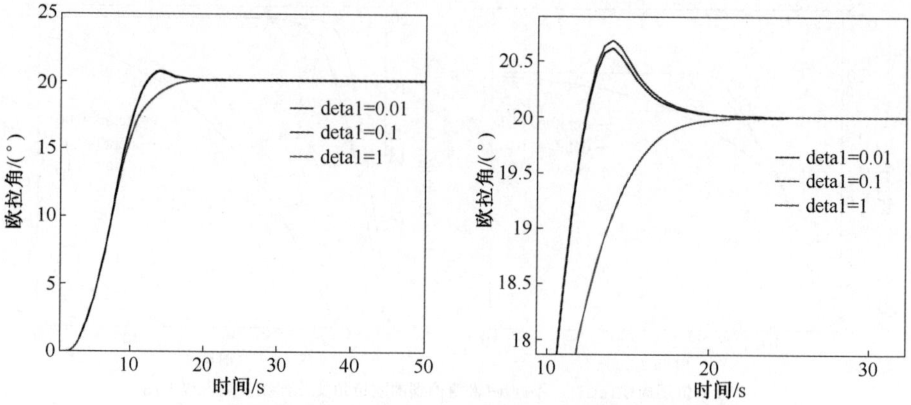

(b) 仿真周期0.5s时，不同deta1值得到的欧拉角变化曲线及局部放大图

图 5-18 (见彩图)不同 deta1 值对机动结果的影响

(1) 由于计算过程中有效位数、截断误差等的影响,得到的实际值为数值分析计算结果与理论分析得到的解析解之间会存在微小的误差,不能完全为0。因此,仿真结果并非完全理想化,即并未使得系统在规定时间内误差收敛为0。

(2) 小型卫星数学模型的建立和仿真是在轨道坐标系基础上,而终端滑模控制方法的建立是在本体坐标系基础上,坐标系转换中存在一定的计算误差。

(3) 姿态测量部件对姿态信息的获取存在误差,参与计算时会保留一定的误差。

上述仿真曲线均是仅以参考量为变量情况下获得的,由以上仿真结果可得到参数影响以及选取原则如下:

(1) 在不同的采样周期下,控制效果随参数的选取有一定的差别。

(2) 在同样模型与参数情况下,1ms 的采样周期,由于所采用的数据量即系统信息利用率较大,仿真结果效果很好,曲线平滑。对于 0.5s 采样周期,采样数明显减少,曲线有一定的波动,但最终仍能够实现机动任务中规划的目标姿态值,即仿真周期的长短(采样数据信息量的多少)对于仿真结果是有一定的影响的。虽然最终曲线变化趋势未变,但对参数的要求发生了变化。

(3) 采样周期较小(1ms)时,随 K、C_1、C_2 值增大,控制效果越来越好;采样周期较大(0.5s)时,随 K、C_1、C_2 值增大,收敛时间缩短,稳态误差减小,当超过一定的范围时,机动出现超调,稳态阶段出现振荡。

(4) 其他参数不变的情况下,随 deta0、deta1 值减小,控制效果越来越好;随 deta0、deta1 值增大,达到目标值所需时间越来越长。

5.7 基于模型预测控制的卫星姿态控制[7-10]

5.7.1 面向状态预估的控制模型建立

为了指导卫星姿态轨迹规划与跟踪控制器的设计，需要建立以金字塔构型 CMG 群为执行机构的挠性卫星的面向控制应用的数学模型。在惯性坐标系下，挠性卫星姿态动力学特性可描述为

$$\boldsymbol{J}_s\dot{\boldsymbol{w}}+\boldsymbol{\sigma}^{\mathrm{T}}\ddot{\boldsymbol{\eta}}+[\boldsymbol{w}\times]\boldsymbol{J}_s\boldsymbol{w}+[\boldsymbol{w}\times]\boldsymbol{\sigma}^{\mathrm{T}}\dot{\boldsymbol{\eta}}=-\dot{\boldsymbol{H}}_{\mathrm{CMG}}-[\boldsymbol{w}\times]\boldsymbol{H}_{\mathrm{CMG}}+\boldsymbol{T}_{\mathrm{d}} \tag{5-68}$$

式中：$\boldsymbol{J}_s$ 为整星转动惯量矩阵；$\boldsymbol{w}$ 为星体三轴姿态角速度；$\boldsymbol{\sigma}$ 为挠性附件与星体之间的刚柔耦合矩阵；$\boldsymbol{\eta}$ 为模态坐标系下的挠性附件振动的位移；$\boldsymbol{H}_{\mathrm{CMG}}$ 为金字塔构型 CMG 群的三轴角动量；$\boldsymbol{T}_{\mathrm{d}}$ 为空间干扰力矩，符号 $[\boldsymbol{w}\times]$ 定义为：

$$[\boldsymbol{w}\times]=\begin{bmatrix}0 & -w_z & w_y\\ w_z & 0 & -w_x\\ -w_y & w_x & 0\end{bmatrix} \tag{5-69}$$

定义金字塔构型 CMG 群的控制力矩为

$$\boldsymbol{T}_{\mathrm{CMG}}=-\dot{\boldsymbol{H}}_{\mathrm{CMG}}-[\boldsymbol{w}\times]\boldsymbol{H}_{\mathrm{CMG}} \tag{5-70}$$

由挠性卫星姿态动力学可知，在控制力矩的作用下，将引起卫星姿态角速度的变化，进而引起卫星姿态的变化。为描述卫星姿态，采用工程上意义明确的欧拉角。定义 φ,θ,ψ 分别表示 xyz 转序下的横滚角、俯仰角和偏航角。进而，由欧拉角描述的卫星姿态运动学方程定义为

$$\begin{bmatrix}\dot{\varphi}\\ \dot{\theta}\\ \dot{\psi}\end{bmatrix}=\frac{1}{\cos\theta}\begin{bmatrix}\cos\psi & -\sin\psi & 0\\ \cos\theta\sin\psi & \cos\theta\cos\psi & 0\\ -\cos\psi\sin\theta & \sin\psi\sin\theta & \cos\theta\end{bmatrix}\begin{bmatrix}w_x\\ w_y\\ w_z\end{bmatrix} \tag{5-71}$$

上式简记为

$$\dot{\boldsymbol{\phi}}=\boldsymbol{M}(\boldsymbol{\phi})\boldsymbol{\omega} \tag{5-72}$$

式中：$\boldsymbol{\phi}=[\varphi\quad\theta\quad\psi]^{\mathrm{T}}$，$\boldsymbol{w}=(w_x\quad w_y\quad w_z)^{\mathrm{T}}$

$\boldsymbol{M}(\boldsymbol{\phi})$ 定义为

$$\boldsymbol{M}(\boldsymbol{\phi})=\frac{1}{\cos\theta}\begin{pmatrix}\cos\psi & -\sin\psi & 0\\ \cos\theta\sin\psi & \cos\theta\cos\psi & 0\\ -\cos\psi\sin\theta & \sin\psi\sin\theta & \cos\theta\end{pmatrix} \tag{5-73}$$

挠性附件的振动主要由卫星姿态机动过程中的角加速度变化引起，在模态坐标系下，假设挠性附件模态的阻尼比矩阵为 $\boldsymbol{\zeta}_{\mathrm{f}}$，振动频率矩阵为 $\boldsymbol{w}_{\mathrm{f}}$，则挠性附件的振动特性可以描述为

$$\ddot{\eta} + 2\boldsymbol{\zeta}_{\mathrm{f}} \boldsymbol{w}_{\mathrm{f}} \dot{\eta} + \boldsymbol{w}_{\mathrm{f}}^2 \eta + \boldsymbol{\sigma} \dot{\boldsymbol{w}} = 0 \tag{5-74}$$

结合挠性卫星姿态动力学、运动学及挠性附件振动动力学，以挠性卫星姿态欧拉角、挠性附件振动位移、姿态角速度、挠性附件振动角速度为系统状态，即定义 $\boldsymbol{x} = [\boldsymbol{\phi} \quad \boldsymbol{\eta} \quad \boldsymbol{w} \quad \boldsymbol{w}_\eta]^{\mathrm{T}}$，在不考虑空间干扰力矩情况下，得到的状态空间方程为

$$\begin{bmatrix} \dot{\boldsymbol{\phi}} \\ \dot{\boldsymbol{\eta}} \\ \dot{\boldsymbol{w}} \\ \dot{\boldsymbol{w}}_\eta \end{bmatrix} = - \begin{bmatrix} \boldsymbol{I} & 0 & 0 & 0 \\ 0 & \boldsymbol{I} & 0 & 0 \\ 0 & 0 & \boldsymbol{J}_{\mathrm{s}} & \boldsymbol{\sigma}^{\mathrm{T}} \\ 0 & 0 & \boldsymbol{\sigma} & \boldsymbol{I} \end{bmatrix}^{-1} \begin{bmatrix} 0 & 0 & -\boldsymbol{M}(\boldsymbol{\phi}) & 0 \\ 0 & 0 & 0 & -\boldsymbol{I} \\ 0 & 0 & [\boldsymbol{w}\times]\boldsymbol{J}_{\mathrm{s}} & [\boldsymbol{w}\times]\boldsymbol{\sigma}^{\mathrm{T}} \\ 0 & \boldsymbol{w}_{\mathrm{f}}^2 & 0 & 2\boldsymbol{\zeta}_{\mathrm{f}}\boldsymbol{w}_{\mathrm{f}} \end{bmatrix} \begin{bmatrix} \boldsymbol{\theta} \\ \boldsymbol{\eta} \\ \boldsymbol{w} \\ \boldsymbol{w}_\eta \end{bmatrix} + \begin{bmatrix} \boldsymbol{I} & 0 & 0 & 0 \\ 0 & \boldsymbol{I} & 0 & 0 \\ 0 & 0 & \boldsymbol{J}_{\mathrm{s}} & \boldsymbol{\sigma}^{\mathrm{T}} \\ 0 & 0 & \boldsymbol{\sigma} & \boldsymbol{I} \end{bmatrix}^{-1} \begin{bmatrix} 0 \\ 0 \\ \boldsymbol{I} \\ 0 \end{bmatrix} \boldsymbol{T}_{\mathrm{CMG}} \tag{5-75}$$

式(5-75)描述了挠性卫星姿态欧拉角、挠性附件振动位移、姿态角速度、挠性附件振动角速度以及 CMG 群控制力矩输入间的强耦合关系。

综上，在假设系统状态均可测量情况下，以 CMG 群为执行机构挠性卫星的非线性模型描述为

$$\begin{cases} \dot{\boldsymbol{x}} = \boldsymbol{f}(\boldsymbol{x}) + \boldsymbol{B}\boldsymbol{T}_{\mathrm{CMG}} \\ \boldsymbol{y}_c = \boldsymbol{x} \end{cases} \tag{5-76}$$

式中，

$$\boldsymbol{f}(\boldsymbol{x}) = - \begin{bmatrix} \boldsymbol{I} & 0 & 0 & 0 \\ 0 & \boldsymbol{I} & 0 & 0 \\ 0 & 0 & \boldsymbol{J}_{\mathrm{s}} & \boldsymbol{\sigma}^{\mathrm{T}} \\ 0 & 0 & \boldsymbol{\sigma} & \boldsymbol{I} \end{bmatrix}^{-1} \begin{bmatrix} 0 & 0 & -\boldsymbol{M}(\boldsymbol{\phi}) & 0 \\ 0 & 0 & 0 & -\boldsymbol{I} \\ 0 & 0 & [\boldsymbol{w}\times]\boldsymbol{J}_{\mathrm{s}} & [\boldsymbol{w}\times]\boldsymbol{\sigma}^{\mathrm{T}} \\ 0 & \boldsymbol{w}_{\mathrm{f}}^2 & 0 & 2\boldsymbol{\zeta}_{\mathrm{f}}\boldsymbol{w}_{\mathrm{f}} \end{bmatrix} \begin{bmatrix} \boldsymbol{\phi} \\ \boldsymbol{\eta} \\ \boldsymbol{\omega} \\ \boldsymbol{\omega}_\eta \end{bmatrix}$$

$$\boldsymbol{B} = \begin{bmatrix} \boldsymbol{I} & 0 & 0 & 0 \\ 0 & \boldsymbol{I} & 0 & 0 \\ 0 & 0 & \boldsymbol{J}_{\mathrm{s}} & \boldsymbol{\sigma}^{\mathrm{T}} \\ 0 & 0 & \boldsymbol{\sigma} & \boldsymbol{I} \end{bmatrix}^{-1} \begin{bmatrix} 0 \\ 0 \\ \boldsymbol{I} \\ 0 \end{bmatrix} \tag{5-77}$$

5.7.2 金字塔构型 CMG 群系统模型

考虑的控制力矩陀螺群为单框架金字塔构型,四个单框架 CMG 沿着卫星本体坐标系对称安装,如图 5-19 所示。$(\boldsymbol{i},\boldsymbol{j},\boldsymbol{k})$ 为沿卫星本体坐标系三轴的基矢量,$\boldsymbol{g}_i$ 为第 i 个 CMG 单元的框架轴,$\boldsymbol{h}_i$ 为第 i 个 CMG 单元的角动量,δ_i 为第 i 个 CMG 单元的框架角,β 为安装倾角。

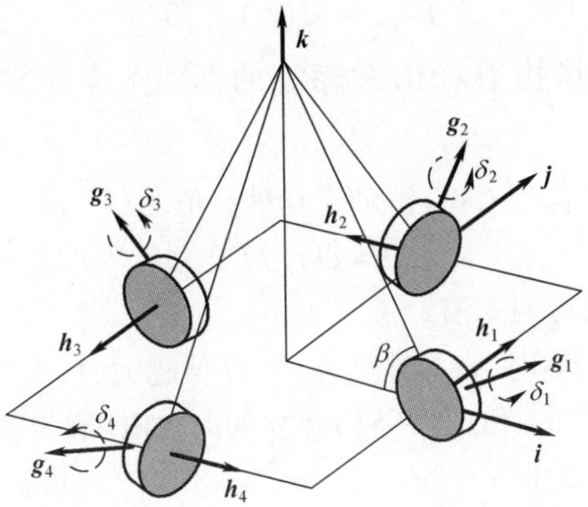

图 5-19　金字塔构型 CMG 群系统示意图

金字塔构型 CMG 群系统的角动量 $\boldsymbol{H}$ 由每个 CMG 单元的角动量在卫星本体系下投影组成,即有

$$
\begin{aligned}
\boldsymbol{H} &= \boldsymbol{h}_1(\delta_1) + \boldsymbol{h}_2(\delta_2) + \boldsymbol{h}_3(\delta_3) + \boldsymbol{h}_4(\delta_4) \\
&= \begin{bmatrix} -\cos\beta\sin\delta_1 \\ \cos\delta_1 \\ \sin\beta\sin\delta_1 \end{bmatrix} + \begin{bmatrix} -\cos\delta_2 \\ -\cos\beta\sin\delta_2 \\ \sin\beta\sin\delta_2 \end{bmatrix} \\
&\quad + \begin{bmatrix} \cos\beta\sin\delta_3 \\ -\cos\delta_3 \\ \sin\beta\sin\delta_3 \end{bmatrix} + \begin{bmatrix} \cos\delta_4 \\ \cos\beta\sin\delta_4 \\ \sin\beta\sin\delta_4 \end{bmatrix}
\end{aligned} \tag{5-78}
$$

不失一般性,在上式中假设 4 个 CMG 的角动量均相同,设置其值均为 1。

当每个 CMG 单元框架转动时,有金字塔构型 CMG 群系统的角动量变化率为

$$
\mathrm{d}\boldsymbol{H} = \boldsymbol{J}_1\mathrm{d}\delta_1 + \boldsymbol{J}_2\mathrm{d}\delta_2 + \boldsymbol{J}_3\mathrm{d}\delta_3 + \boldsymbol{J}_4\mathrm{d}\delta_4 = \boldsymbol{J}\mathrm{d}\delta \tag{5-79}
$$

式中:$\boldsymbol{J}$ 为雅可比矩阵,且有

$$\boldsymbol{J}=[\boldsymbol{J}_1\quad \boldsymbol{J}_2\quad \boldsymbol{J}_3\quad \boldsymbol{J}_4]$$
$$=\begin{bmatrix} -\cos\beta\cos\delta_1 & \sin\delta_2 & \cos\beta\cos\delta_3 & -\sin\delta_4 \\ -\sin\delta_1 & -\cos\beta\cos\delta_2 & \sin\delta_3 & \cos\beta\cos\delta_4 \\ \sin\beta\cos\delta_1 & \sin\beta\cos\delta_2 & \sin\beta\cos\delta_3 & \sin\beta\cos\delta_4 \end{bmatrix} \tag{5-80}$$

式中:$\boldsymbol{J}_i$ 为第 i 个 CMG 单元输出的力矩矢量。

进而,金字塔构型 CMG 群的输出力矩可描述为

$$\boldsymbol{T}_{\text{CMG}}=\dot{\boldsymbol{H}}(\boldsymbol{\delta})=\boldsymbol{J}\dot{\boldsymbol{\delta}} \tag{5-81}$$

式中:$\dot{\boldsymbol{\delta}}$ 为金字塔构型 CMG 群系统的框架角速度,$\dot{\boldsymbol{\delta}}=[\dot{\delta}_1\quad \dot{\delta}_2\quad \dot{\delta}_3\quad \dot{\delta}_4]^{\text{T}}$。

定义衡量金字塔构型 CMG 群的奇异度量值为

$$D=\det(\boldsymbol{J}\boldsymbol{J}^{\text{T}}) \tag{5-82}$$

式中: det(·) 表示取行列式值。

当 D 值越趋近于 0 时,奇异性越大;当 D 值越大时,离奇异性越远。

综上,结合式(5-76)和式(5-81)建立的以 CMG 群为执行机构的挠性卫星面向控制的模型可视为以 $\boldsymbol{x}=[\boldsymbol{\phi}\quad \boldsymbol{\eta}\quad \boldsymbol{w}\quad \boldsymbol{w}_\eta\quad \boldsymbol{\delta}]^{\text{T}}$ 为状态变量,以框架角速度 $\boldsymbol{u}=\dot{\boldsymbol{\delta}}$ 为控制输入量的非线性系统。为符号描述方便,简记该系统方程为

$$\begin{cases}\dot{\boldsymbol{x}}=f(\boldsymbol{x})+\boldsymbol{B}\dot{\boldsymbol{\delta}} \\ \boldsymbol{y}_{\text{c}}=\boldsymbol{x}\end{cases} \tag{5-83}$$

通过对以上连续时间方程进行离散化,可获得离散时间方程为

$$\begin{cases}x(k+1)=f_{\text{d}}(x(k))+B_{\text{d}}\dot{\boldsymbol{\delta}}(k) \\ y_{\text{c}}(k)=x(k)\end{cases} \tag{5-84}$$

可以看出,以金字塔构型 CMG 群为执行机构的挠性敏捷卫星,可以通过调节 CMG 群框架轴角速度的方向和大小来进行姿态的机动控制,这一过程具有复杂的非线性。此外,以式(5-84)为基础,依据初始时刻状态信息,可以实现未来一段时间内对卫星姿态及挠性附件振动特性的预估。

5.7.3 卫星姿态机动路径的三段式规划

卫星姿态大角度快速机动控制需求是在不引起挠性附件剧烈振动情况下,较短时间内从初始姿态机动至目标姿态,且保持较高的姿态指向及稳定度,并在机动过程中满足各种约束。由挠性附件振动的动力学方程式(5-74)可知,挠性附件的振动由卫星姿态角加速度的快速变化引起,因此抑制挠性附件振动需对姿态角加速度进行合理设计。此外,卫星姿态控制是一个典型的非线性控制

问题，且受到各种时域约束，如 CMG 群力矩输出能力约束、为保证敏感器正常工作的姿态机动角速度约束或安全性约束等。这些问题的存在导致挠性卫星姿态快速机动控制存在一定困难。一种行之有效的方案是对姿态机动路径进行合理的规划，在尽量避免挠性附件振动，且满足各种约束情况下完成姿态机动任务。本节将提出针对卫星姿态机动角加速度曲线的三段式路径规划方法，并结合谱分析及优化算法设计一种最优的姿态机动曲线。

1. 正弦型角加速度机动曲线设计

姿态角加速度的路径规划形式有多种，考虑正弦函数具有形式简单，且频率易于刻画等优点，本节以正弦函数为原型设计姿态角加速度曲线。将卫星姿态机动过程中的角加速度曲线分解为三段，分别为加速段、匀速段和减速段。角加速度曲线的加速段设计为开口向下的半正弦型函数形式（周期为 $2T$，其中 T 为规划的正弦型角加速度函数的半周期），角加速度曲线的匀速段设计为常值零，减速段设计为开口向上的半正弦型函数形式，幅值和频率的大小与加速段的参数相同。在规划的角加速度曲线基础上，通过积分即可获得角速度及角位置曲线。以姿态正向机动任务为例，规划的姿态角加速度、角速度及角位置曲线如图 5-20 所示。

具体地，设计的角加速度机动路径规划曲线各阶段方程为

$$a(t)=\begin{cases} a\sin\left(\dfrac{\pi}{T}t\right) & \text{，加速段} \\ 0 & \text{，匀速段} \\ -a\sin\left(\dfrac{\pi}{T}(t-T-T_2)\right) & \text{，减速段} \end{cases} \tag{5-85}$$

设计的角速度机动路径规划曲线各阶段方程为

$$v(t)=\begin{cases} \dfrac{aT}{\pi}\left(1-\cos\left(\dfrac{\pi}{T}t\right)\right) & \text{，加速段} \\ v & \text{，匀速段} \\ \dfrac{aT}{\pi}\left(1+\cos\left(\dfrac{\pi}{T}(t-T-T_2)\right)\right) & \text{，减速段} \end{cases} \tag{5-86}$$

设计的角位置机动路径规划曲线各阶段方程为

$$\varphi(t)=\begin{cases} \dfrac{aT}{\pi}\left(t-\dfrac{T}{\pi}\sin\left(\dfrac{\pi}{T}t\right)\right), & \text{加速段} \\ v(t-T)+aT^2/\pi & \text{，匀速段} \\ \dfrac{aT}{\pi}\left(t+T_2+\dfrac{T}{\pi}\sin\left(\dfrac{\pi}{T}(t-T-T_2)\right)\right) & \text{，减速段} \end{cases} \tag{5-87}$$

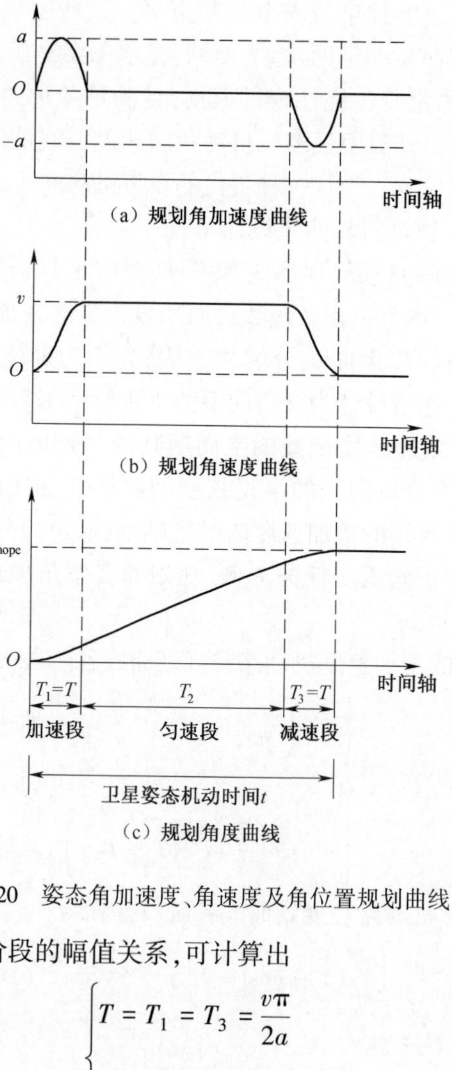

图 5-20 姿态角加速度、角速度及角位置规划曲线

根据规划曲线各阶段的幅值关系，可计算出

$$\begin{cases} T = T_1 = T_3 = \dfrac{v\pi}{2a} \\ T_2 = \dfrac{\varphi_{\text{hope}}}{v} - \dfrac{v\pi}{2a} \end{cases} \tag{5-88}$$

式中：a 为设计的角加速度最大值；v 为待设计的角速度最大值；φ_{hope} 为期望的机动姿态角位置；T_2 为匀速段时间长度；T_1、T_3 分别为加速段及减速段的时间长度，由于设计的对称性，有 $T_1 = T_3$ 成立。

进而，卫星姿态的机动时间为

$$t = T_1 + T_2 + T_3 = \frac{\varphi_{\text{hope}}}{v} + \frac{v\pi}{2a} \tag{5-89}$$

2. 振动抑制的谱分析

由挠性附件振动的动力学方程式(5-74)可知,为避免激起挠性附件的振动,应对规划的角加速度曲线的频率特性加以约束。由线性系统理论,挠性附件振动的动力学方程可视为以 $\sigma\dot{w}$ 为控制输入、η 为系统输出的典型的二阶振荡环节,其传递函数可记为

$$G(s) = \frac{1}{s^2 + 2\zeta_f w_f s + w_f^2} \tag{5-90}$$

由式(5-90)的对数频率特性可知:当规划的角加速度频率接近挠性附件振动自有频率时,将会激起挠性附件较大的振动;只有当规划的角加速度频率远离挠性附件振动自有频率时,才会避免激起挠性附件的大幅振动。由于设计的规划曲线仅考虑了单一频率的正弦形式,因此在设计角加速度曲线的频率时,即对角加速度曲线的加速段和减速段半周期 T_1 和 T_3 设计时,应选取合适的半周期值以保证角加速度曲线频率远离挠性附件振动频率。同时,半周期值的设计也要综合考虑整个控制系统的跟踪能力进行合理的规划。

3. 基于非线性优化的参数设计

在规划的角加速度、角速度及角位置曲线各个参数中,只有角加速度最大值 a、角速度最大值 v 及卫星姿态的机动时间 t 这三个参数为待设计量。同时,由式(5-89)可见,卫星姿态的机动时间 t 也可描述为待设计角加速度最大值 a、角速度最大值 v 的函数,因此只有参数 a 和 v 待设计。

通常,在卫星姿态的快速机动过程中,一方面需避免引起挠性附件的振动,另一方面需姿态机动的时间较短。基于此,在规划曲线的参数设计中,以避免挠性附件振动为约束,以卫星姿态机动时间为待优化目标,建立的以角加速度最大值 a、角速度最大值 v 为待优化参数的非线性优化问题如下:

$$\min_{v,a}(t) = \min_{v,a}\left(\frac{\varphi_{\text{hope}}}{v} + \frac{v\pi}{2a}\right)$$

$$\text{s.t.}\begin{cases} \dfrac{v\pi}{2a} > 0 \\ \dfrac{\varphi_{\text{hope}}}{v} - \dfrac{v\pi}{2a} \geqslant 0 \\ 0 \leqslant v \leqslant v_{\max} \\ 0 \leqslant a \leqslant a_{\max} \\ f_1 \leqslant \dfrac{1}{2T} \leqslant f_2 \end{cases} \tag{5-91}$$

式中:$v_{\max}$ 和 $a_{\max}$ 分别为允许的最大机动角速度和角加速度,其由姿控系统敏

感部件能力、执行机构能力以及安全性因素约束而来。f_1 和 f_2 分别为避开挠性附件振动而选取的规划正弦型曲线频率所允许的下界和上界。

建立的优化问题(式(5-91))是一个受约束的非线性多变量优化问题,可采用 Matlab 或 SNOPT 优化工具箱中的序列二次规划算法进行求解。在现有研究中,基于伪谱法的姿态机动规划方法也受到广泛研究。该方法通过在离散时间节点上对连续时间优化问题进行离散化近似求解来获得最优轨迹。这种规划方法可兼顾多种优化指标、系统状态和控制量约束等,理论上可以获得更好的控制性能。但这种规划方法的精度依赖于建立的姿态控制模型的准确性、离散节点个数以及优化求解算法的效率等。同时,在工程应用时存在计算量大、存储困难、最优解的获取速度慢等问题。相比来讲,以上介绍的三段式规划方法以解析形式给出了姿态规划曲线,且待优化参数较少,易于工程实现。但该规划方法在挠性附件振动抑制方面未考虑"最优性",仅是将规划曲线频率设计在远离挠性附件振动频率处,控制性能上稍有不足。在现有硬件及优化算法计算能力下,牺牲了部分性能以换取计算效率。

5.7.4 基于滚动时域优化的 CMG 群框架角速度跟踪律设计

为使真实卫星姿态按照规划曲线运动,需要设计 CMG 群框架角速度的跟踪控制律,以克服各种不确定性及空间干扰等的影响。现有方法多是先设计姿态跟踪力矩控制律,再设计 CMG 群的操纵律以获得框架角速度指令,这种方法受限于操纵律效能的限制。在下面介绍中,将以建立的挠性卫星姿态动力学及运动学非线性方程式(5-84)为基础,直接设计基于滚动时域优化的 CMG 群框架角速度的跟踪控制律。

1. 跟踪控制优化指标的建立

对于规划获得的卫星姿态曲线,通常采用跟踪误差来评价跟踪控制性能的好坏。此外,从应用角度出发,跟踪过程中的能量也是一个重要限制因素。因此,建立的优化指标为

$$\bar{J} = \sum_{n=1}^{N_{\mathrm{p}}-1} (e(k+n))^{\mathrm{T}}\boldsymbol{Q}e(k+n) + \sum_{m=0}^{N_{\mathrm{u}}-1} (u(k+m))^{\mathrm{T}}\boldsymbol{R}u(k+m) + (e(N_{\mathrm{p}}))^{\mathrm{T}}\boldsymbol{P}e(N_{\mathrm{p}}) \tag{5-92}$$

式中:$e(k+n)$ 为对规划姿态角位置和角速度曲线等的跟踪误差;$u(k+m)$ 为跟踪规划姿态的待求解 CMG 群框架角速度,$u(k+m)=\dot{\delta}(k+m)$。$\boldsymbol{Q}$、$\boldsymbol{R}$、$\boldsymbol{P}$ 为相应的姿态跟踪误差、框架角速度以及预测终端的加权矩阵;N_{p} 为预测时域;N_{u} 为控制时域。

2. 基于非线性模型的姿态预估

在对规划姿态曲线的跟踪误差优化指标中,为与规划姿态信息形成 N_p 步的姿态偏差,需要计算以当前时刻为起点,预测时域 N_p 步内的未来时刻挠性卫星姿态信息。该信息的获得可以以当前时刻定姿系统输出的姿态信息为初值,利用非线性方程式(5-84)及待设计的 CMG 群框架角速度,通过迭代的方式来计算。具体计算如下:

$$\begin{cases} \bar{y}(k+1) = f_d(x(k)) + B_d \dot{\boldsymbol{\delta}}(k) \\ \bar{y}(k+2) = f_d(\bar{x}(k+1)) + B_d \dot{\boldsymbol{\delta}}(k+1) \\ \vdots \\ \bar{y}(k+N_p) = f_d(\bar{x}(k+N_p-1)) + B_d \dot{\boldsymbol{\delta}}(k+N_p-1) \end{cases} \tag{5-93}$$

式中: $\bar{y}(k+i), (i = 1,\cdots,N_p)$ 为从当前时刻开始预测的 N_p 步内的卫星姿态输出。

从以上迭代过程可以看出,优化指标式(5-92)中仅有从当前时刻开始的预测时域 N_p 步内的 CMG 群框架角速度 $\{\dot{\boldsymbol{\delta}}(k), \dot{\boldsymbol{\delta}}(k+1), \cdots, \dot{\boldsymbol{\delta}}(k+N_p-1)\}$ 为未知量,其也是优化问题待计算的自由变量。考虑到预测时域 N_p 与控制时域 N_u 的长短关系,在预测时域 N_p 大于控制时域 N_u 时,这里假设在超出控制时域部分的待设计 CMG 群框架角速度有

$$\dot{\boldsymbol{\delta}}(k+N_u-1) = \dot{\boldsymbol{\delta}}(k+N_u) = \cdots = \dot{\boldsymbol{\delta}}(k+N_p-1) \tag{5-94}$$

此时,预测时域 N_p 步内的卫星姿态预测迭代方程为

$$\begin{cases} \bar{y}(k+1) = f_d(x(k)) + B_d \dot{\boldsymbol{\delta}}(k) \\ \vdots \\ \bar{y}(k+N_u) = f_d(\bar{x}(k+N_u-1)) + B_d \dot{\boldsymbol{\delta}}(k+N_u-1) \\ \vdots \\ \bar{y}(k+N_p) = f_d(\bar{x}(k+N_p-1)) + B_d \dot{\boldsymbol{\delta}}(k+N_p-1) \end{cases} \tag{5-95}$$

3. 框架轴角速度跟踪律的优化求解

在当前控制时刻,将预测的未来 N_p 步内的姿态信息带入到优化指标中,此时待优化目标函数 $\bar{J}(x(k), \dot{\boldsymbol{\delta}}_k)$ 可整理为

$$\bar{J}(x(k), \dot{\boldsymbol{\delta}}_k) = \sum_{n=1}^{N_p-1} \| \bar{y}(k+n) - r(k+n) \|_{\boldsymbol{Q}}^2 + \sum_{m=0}^{N_u-1} \| \dot{\boldsymbol{\delta}}(k+m) \|_{\boldsymbol{R}}^2 + \| \bar{y}(k+N_p) - r(k+N_p) \|_{\boldsymbol{P}}^2 \tag{5-96}$$

式中: $\bar{y}(k+n)$ 为预测的未来 N_p 步内卫星姿态输出; $r(k+n)$ 为姿态规划算法规划的卫星姿态信息。

结合待优化控制力矩陀螺群框架角速度 $\{\dot{\boldsymbol{\delta}}(k), \dot{\boldsymbol{\delta}}(k+1), \cdots, \dot{\boldsymbol{\delta}}(k+N_p-1)\}$

等变量的各种约束,可建立框架角速度跟踪律求解的优化问题。从控制力矩陀螺实际应用角度出发,受其控制能力及动态特性限制,考虑框架角速度的幅值及其增量的约束。具体地,框架角速度跟踪律的优化求解问题总结如下:

$$\min_{U_k}\bar{J}(x(k),\dot{\boldsymbol{\delta}}_k) \tag{5-97}$$

且满足控制力矩陀螺群的框架角速度能力及奇异性带来的各种约束,即

$$\begin{cases}\dot{\boldsymbol{\delta}}_{\min} \leqslant \dot{\boldsymbol{\delta}}(k+m) \leqslant \dot{\boldsymbol{\delta}}_{\max}, 0 \leqslant m < N_{\mathrm{u}} \\ \Delta\dot{\boldsymbol{\delta}}_{\min} \leqslant \Delta\dot{\boldsymbol{\delta}}(k+m) \leqslant \Delta\dot{\boldsymbol{\delta}}_{\max} \\ \Delta\dot{\boldsymbol{\delta}}(k+m) = \dot{\boldsymbol{\delta}}(k+m) - \dot{\boldsymbol{\delta}}(k+m-1) \\ D > D_0 \end{cases} \tag{5-98}$$

式中:$\dot{\boldsymbol{\delta}}_{\min}$、$\dot{\boldsymbol{\delta}}_{\max}$ 分别为框架轴角速度的上界和下界;$\Delta\dot{\boldsymbol{\delta}}_{\min}$、$\Delta\dot{\boldsymbol{\delta}}_{\max}$ 分别为框架角速度增量的上界和下界;D_0 为预先设定的奇异值下界。

通过对以上优化问题的求解,可获得当前时刻及未来控制时域内的框架轴角速度的最优解,记为

$$\dot{\boldsymbol{\delta}}(k+m) = \bar{\dot{\boldsymbol{\delta}}}_m^*, m = 0,1,\cdots,N_{\mathrm{u}}-1 \tag{5-99}$$

为保证对建模误差及空间干扰力矩的鲁棒性,根据模型预测控制的滚动优化思想,仅将当前控制时刻的最优框架角速度控制量作为卫星姿态系统的输出指令,即有

$$\dot{\boldsymbol{\delta}}(k) = \bar{\dot{\boldsymbol{\delta}}}_0^* \tag{5-100}$$

在下一控制时刻,重复以上优化求解过程,即可实现对规划姿态曲线的在线滚动跟踪控制。

5.7.5 仿真与分析

下面将给出挠性敏捷型卫星进行单轴和多轴姿态机动以及存在转动惯量偏差情况下的仿真结果,以此说明控制方法的有效性和控制性能。

以某型挠性敏捷型卫星为例,假设其测量的转动惯量矩阵为

$$\boldsymbol{I} = \begin{bmatrix} 103.9 & 0.5 & -0.2 \\ 0.5 & 106.38 & 0.3 \\ -0.2 & 0.3 & 146.82 \end{bmatrix} \mathrm{kg} \cdot \mathrm{m}^2$$

轨道选取为高度 660km 的太阳同步圆轨道,空间干扰力矩取为

$$\begin{cases} M_{dx} = 10^{-5}(3\cos(0.0011t) + 1) \\ M_{dy} = 10^{-5}(1.5\sin(0.0011t) + 3\cos(0.0011t)) \\ M_{dz} = 10^{-5}(3\sin(0.0011t) + 1) \end{cases}$$

金字塔构型 CMG 群的转子角动量设定为 5N · ms,CMG 的框架角速度约束为[-2rad/s,2rad/s]。考虑的金字塔构型 CMG 群的控制力矩约束为[-10N · m,10N · m],其增量约束为[-0.15N · m, 0.15N · m]。挠性附件的一阶振动频率为 0.32Hz,阻尼比为 0.032,刚柔耦合矩阵系数为[0.00041,3.833,0]。预测控制步数设定为 30 步,仿真步长设置为 0.1s。考虑到姿态敏感器等有效工作的动态能力,机动过程中角速度的约束设定为[-3(°)/s, 3(°)/s],角加速度的约束为[-0.8(°)/s^2, 0.8(°)/s^2]。

1. 横滚轴姿态快速机动仿真及分析

以横滚轴进行 45°快速机动为例,考虑的 CMG 群奇异性约束为 $D > 0.45$。为避开挠性附件的振动频率,设定规划角速度曲线的频率约束为 $1/(2T) \leqslant 0.1\text{Hz}$。结合卫星自身特性及控制约束,最优姿态规划算法可获得如下参数:

$$T_1 = T_3 = 5.8905\text{s}, T_2 = 9.1095\text{s}$$

$$v_{\max} = 3(°)/\text{s}, a_{\max} = 0.8(°)/\text{s}^2$$

进而,规划的最优姿态角加速度、角速度及角度曲线如图 5-21 所示;以规划姿态轨迹为跟踪目标,在设计的金字塔构型 CMG 群框架角速度滚动跟踪控制律作用下的控制效果如图 5-22 和图 5-23 所示。

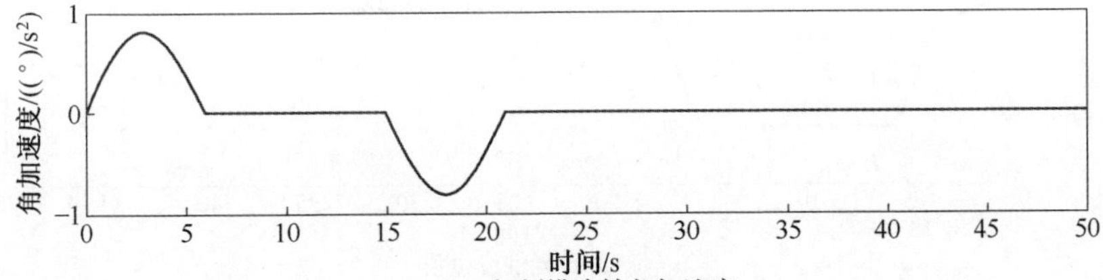

(a) 规划横滚轴角加速度

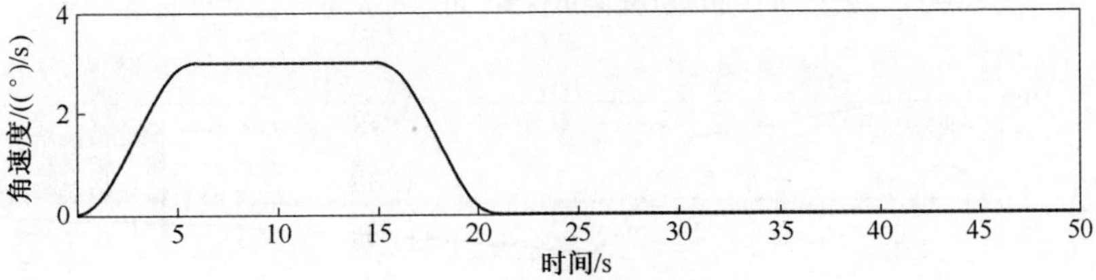

(b) 规划横滚轴角速度

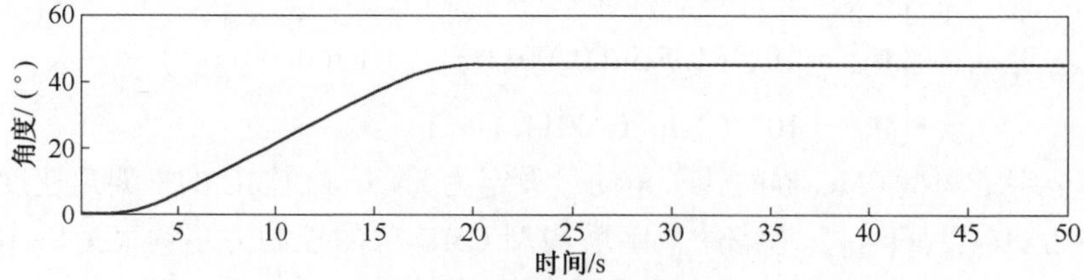

（c）规划横滚轴角度

图 5-21　横滚轴姿态角加速度、角速度及角位置规划曲线

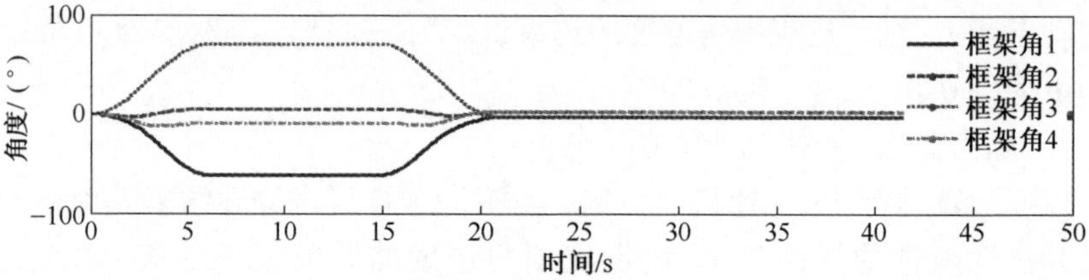

（a）CMG框架角

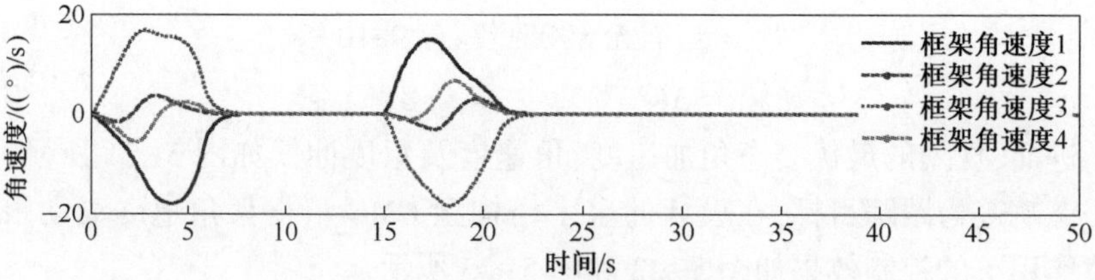

（b）CMG框架角速度

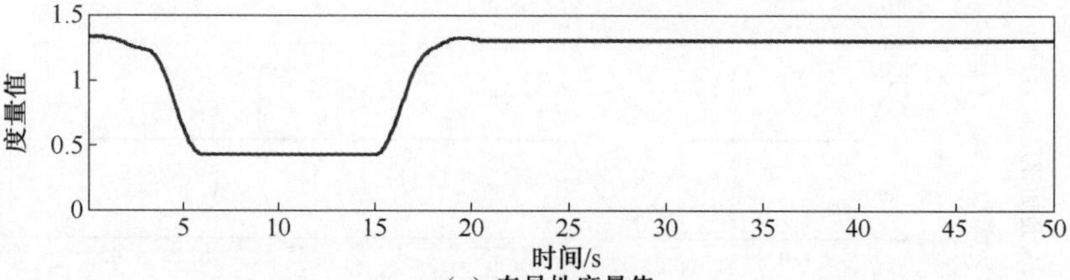

（c）奇异性度量值

图 5-22　（见彩图）CMG 群框架角位置、角速度及奇异性度量变化曲线

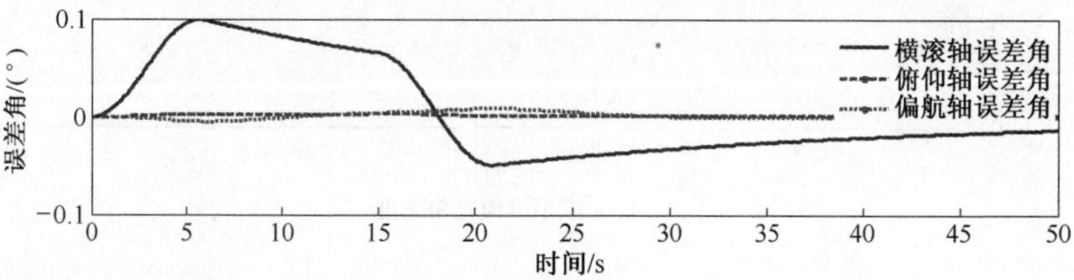

（a）跟踪误差角

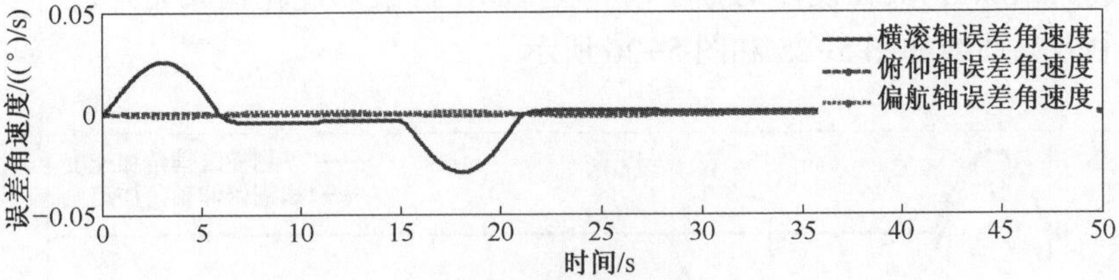

（b）跟踪误差角速度

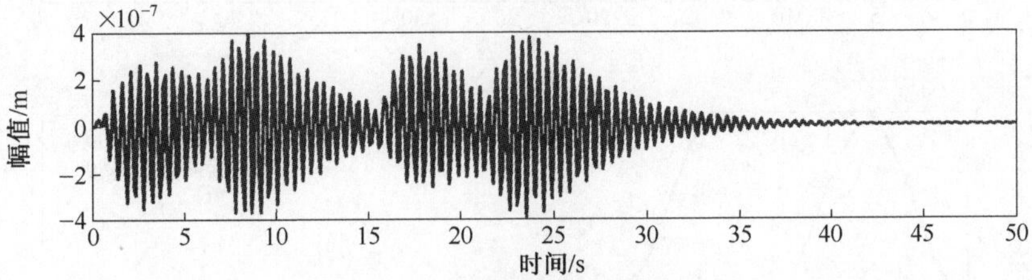

（c）挠性附件振动幅值

图 5-23 （见彩图）跟踪误差及挠性附件振动位移变化曲线

从图 5-21 规划曲线可以看出，敏捷型卫星将在 20.8905s 内完成横滚轴姿态 45°的快速机动，且机动的最大角速度为 3(°)/s，稳态滑行时间为 9.1095s。规划角加速度的频率为 0.0849Hz，远离挠性附件一阶频率，避免了机动时激起挠性附件的振动。从图 5-22 和图 5-23 的仿真曲线可以看出，在设计的框架角速度滚动跟踪控制律作用下，对规划姿态轨迹的跟踪误差角在机动过程中小于 0.1°，误差角速度小于 0.03(°)/s。在仿真时间 20.8905s 时，跟踪误差角小于 0.05°，跟踪误差角速度小于 0.002(°)/s。在整个机动过程中，挠性附件的振动幅值小于 4×10^{-7}m。此外，CMG 群框架角速度、角度及奇异约束等均满足设计的约束要求。

2. 横滚轴与俯仰轴姿态快速机动仿真及分析

以横滚轴姿态快速机动 40°、俯仰轴姿态快速机动 15°为例。考虑的金字塔构型 CMG 群的奇异性约束为 $D > 0.25$。由提出的三段式最优姿态规划算法可获得如下参数：

横滚轴规划参数为

$$T_1 = T_3 = 5.8905\text{s}, T_2 = 7.4428\text{s}$$
$$v_{\max} = 3(°)/\text{s}, a_{\max} = 0.8(°)/\text{s}^2$$

俯仰轴规划参数为

$$T_1 = T_3 = 5.4270\text{s}, T_2 = 0\text{s}$$
$$v_{\max} = 2.7639(°)/\text{s}, a_{\max} = 0.8(°)/\text{s}^2$$

规划的最优姿态角加速度、角速度及角度曲线如图 5-24 所示。以规划姿态轨迹为跟踪目标,在设计的金字塔构型 CMG 群滚动优化框架角速度作用下的控制效果曲线如图 5-25 和图 5-26 所示。

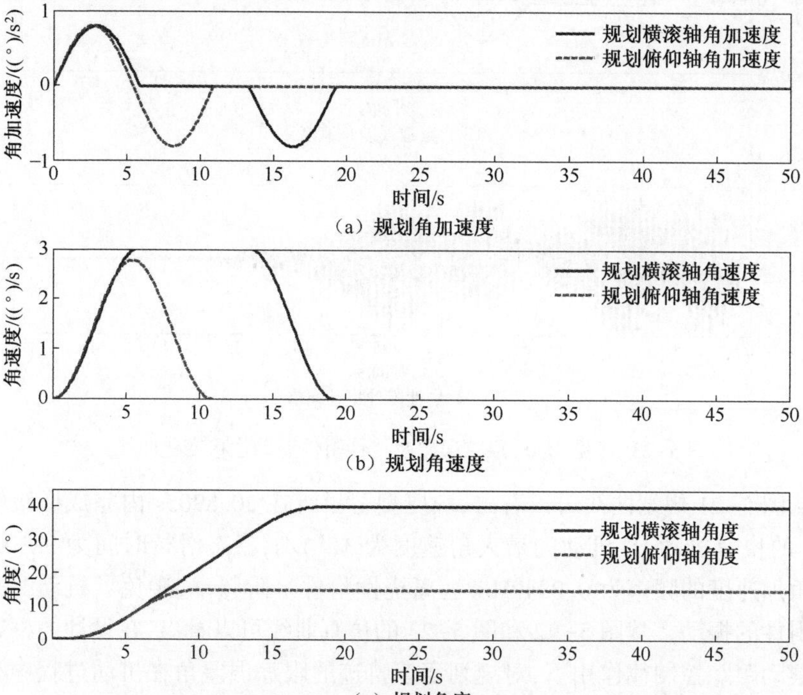

(a) 规划角加速度

(b) 规划角速度

(c) 规划角度

图 5-24　横滚轴和俯仰轴姿态角加速度、角速度及角位置规划曲线

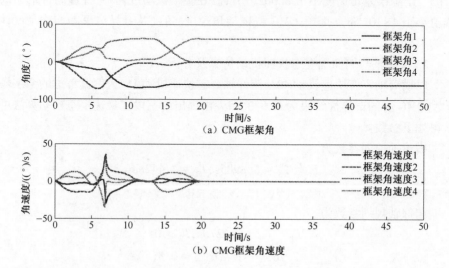

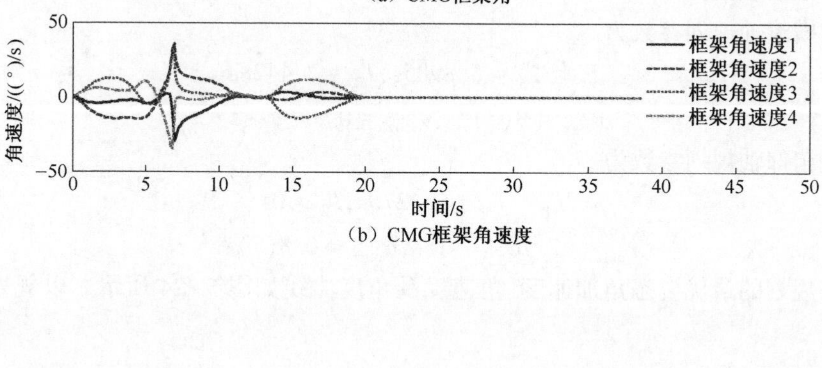

(a) CMG框架角

(b) CMG框架角速度

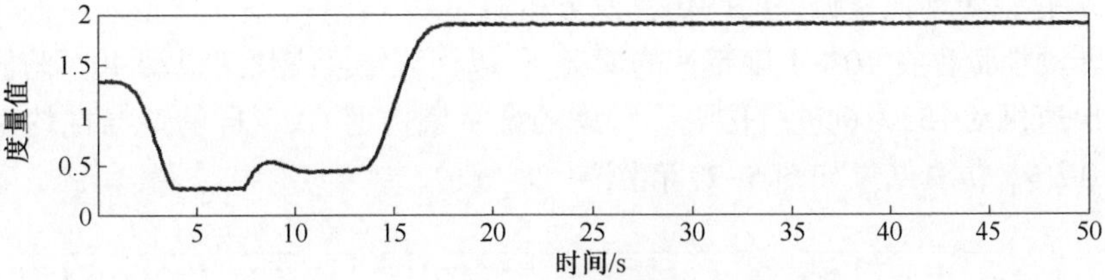

（c）奇异性度量值

图 5-25　（见彩图）CMG 群框架角位置、角速度及奇异性度量变化曲线

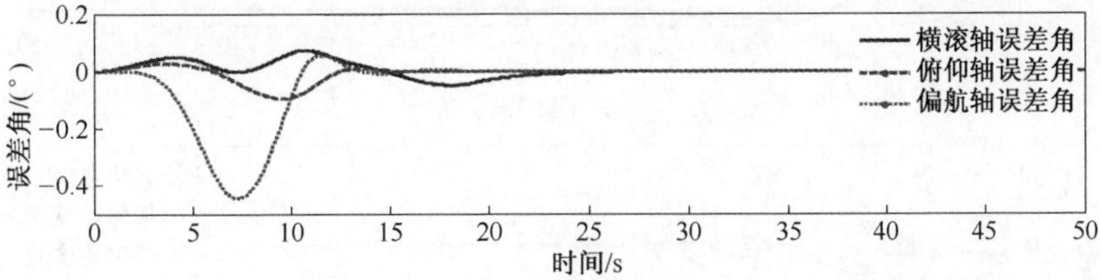

（a）跟踪误差角

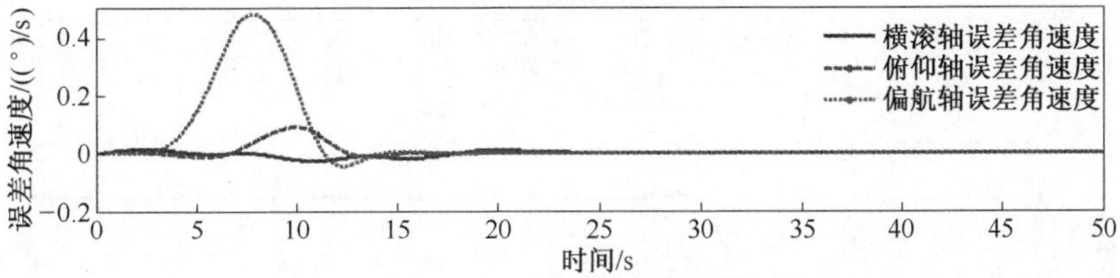

（b）跟踪误差角速度

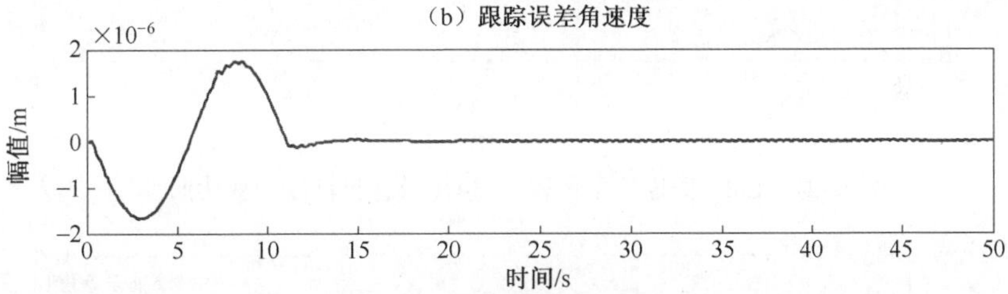

（c）挠性附件振动幅值

图 5-26　（见彩图）跟踪误差及挠性附件振动位移变化曲线

从图 5-24 规划曲线可以看出，敏捷型卫星将在 19.2238s 内完成横滚轴姿态 40°、俯仰轴 15°的快速机动，且横滚轴机动的最大角速度为 3(°)/s，稳态滑行时间为 7.4428s；俯仰轴机动的最大角速度为 2.7639(°)/s，稳态滑行时间为 0s。从图 5-25 和图 5-26 的仿真曲线可以看出，在设计的框架角速度滚动跟踪控制律作用下，横滚及俯仰轴对规划姿态轨迹的跟踪误差角在机动过程中小于 0.1°，误差角速度小于 0.1(°)/s。在仿真时间 19.2238s 时，跟踪误差角小于 0.05°，跟踪误差角速度小于 0.002(°)/s。在整个机动过程中，挠性附件的振动幅值小于 2×10^{-6}m 。

3. 存在转动惯量偏差时的仿真及分析

转动惯量存在 10%不确定性的情况下，以横滚轴姿态快速机动 40°、俯仰轴姿态快速机动 15°为例进行仿真。考虑的金字塔构型 CMG 群的奇异性约束为 $D > 0.25$。仿真结果如图 5-27 和图 5-28 所示。

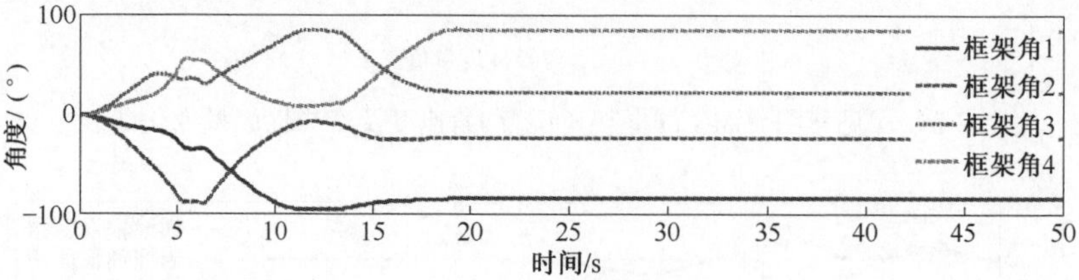

（a）CMG框架角

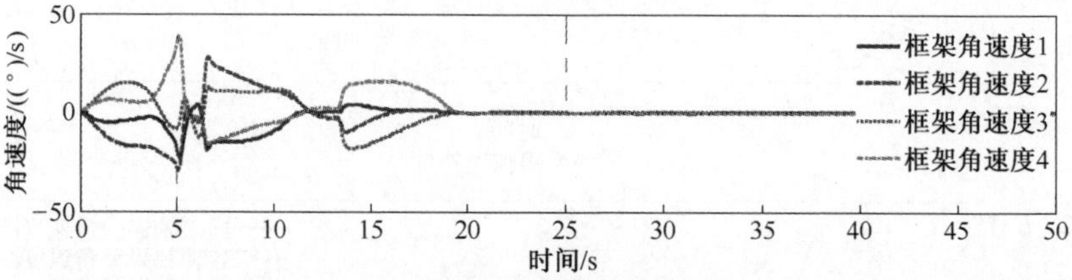

（b）CMG框架角速度

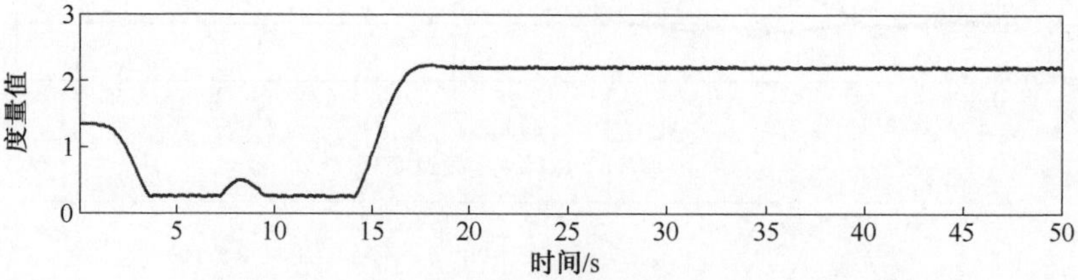

（c）奇异性度量值

图 5-27　CMG 群框架角位置、角速度及奇异性度量变化曲线

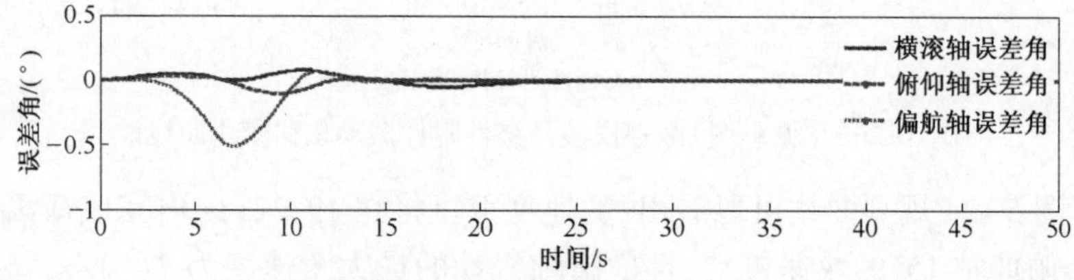

（a）跟踪误差角

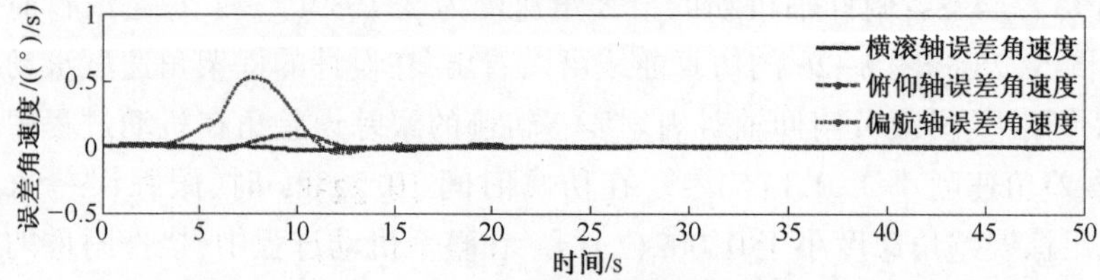

（b）跟踪误差角速度

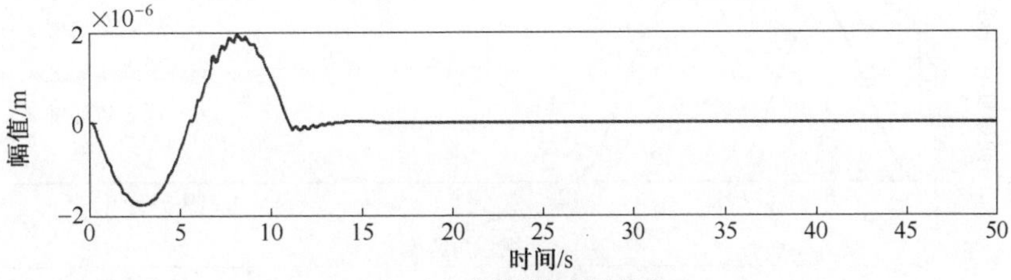

（c）挠性附件振动幅值

图 5-28 （见彩图）跟踪误差及挠性附件振动位移变化曲线

可以看出，在转动惯量不匹配且空间干扰影响下，设计的框架角速度滚动跟踪控制律仍能快速完成姿态机动任务，且在机动过程中，横滚轴及俯仰轴对规划姿态的跟踪误差角小于 0.1°，误差角速度小于 0.1(°)/s。在仿真时间 20s 时，跟踪误差角小于 0.05°，跟踪误差角速度小于 0.002(°)/s。在整个机动过程中，挠性附件的振动幅值小于 2×10^{-6}m。

4. 与滑模控制方法的对比研究

以横滚轴姿态快速机动 40°、俯仰轴姿态快速机动 15°为例，在规划卫星姿态大角度快速机动情况下，将基于滚动时域优化的跟踪控制方法与滑模控制方法进行仿真对比，比较两者的控制性能。仿真结果如图 5-29～图 5-31 所示。

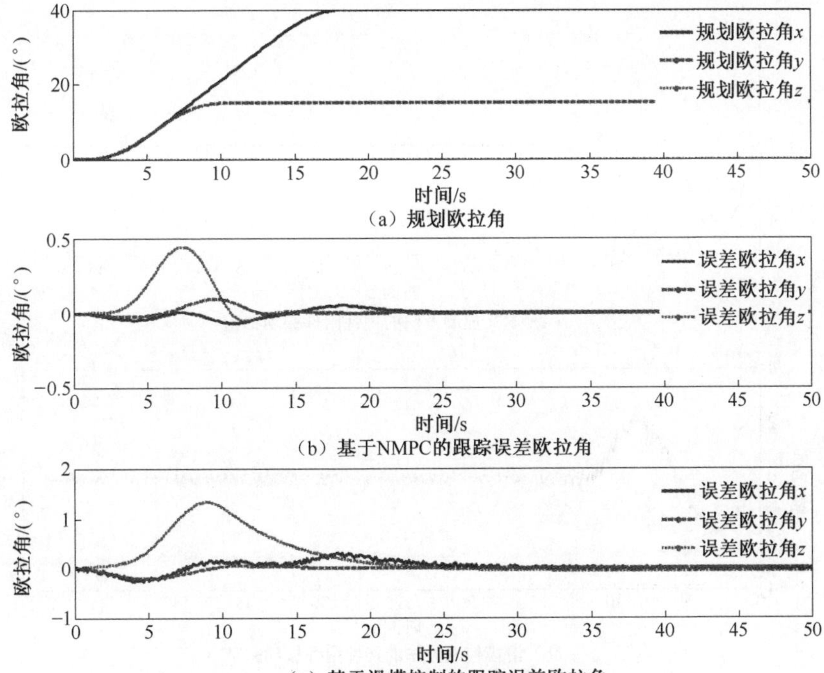

图 5-29 （见彩图）两种方法对规划欧拉角的跟踪结果对比

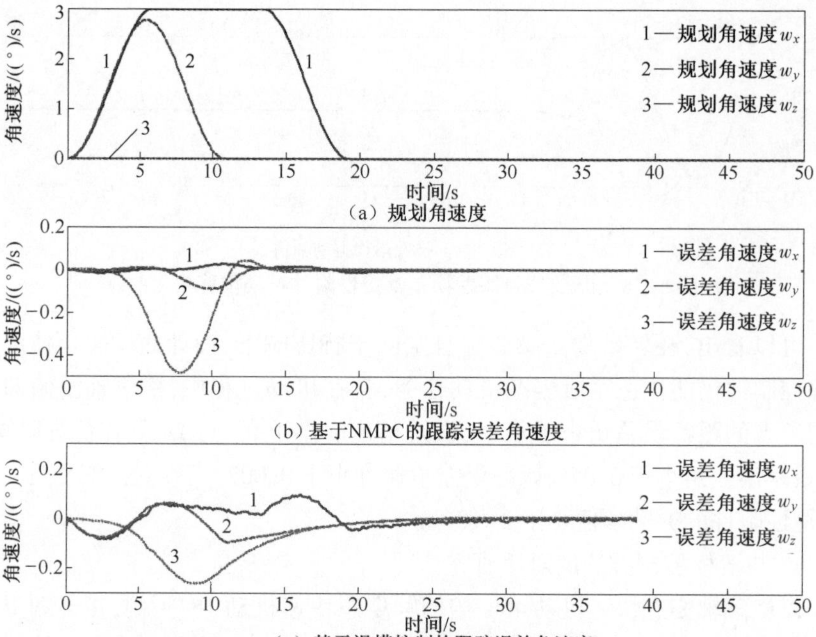

（a）规划角速度

（b）基于NMPC的跟踪误差角速度

（c）基于滑模控制的跟踪误差角速度

图 5-30　两种方法对规划角速度的跟踪结果对比

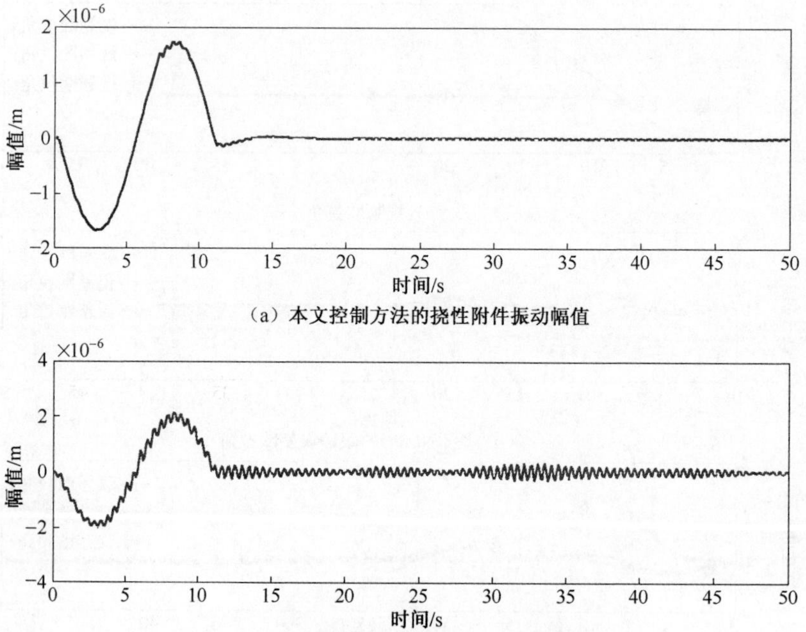

（a）本文控制方法的挠性附件振动幅值

（b）滑模控制方法的挠性附件振动幅值

图 5-31　两种方法挠性附件振动幅值结果对比

结果表明,在仿真时间 19.2238s 时,基于滚动时域优化方法的三轴姿态角跟踪误差小于 0.05°,而基于滑模控制方法满足三轴姿态角跟踪误差 0.05°所需要的仿真时间为 26s。且在跟踪过程中,两种方法的最大姿态角误差分别为 0.45°和 1.32°。从跟踪误差角速度对比曲线也可看出,基于滚动时域优化方法对规划角速度的跟踪响应较快。基于滑模控制方法时存在抖振现象,说明跟踪曲线在滑模面附近振动,跟踪稳定性相对较低。

参考文献

[1] Wie B, Barba P M. Quaternion feedback for spacecraft large angle maneuvers[J]. Guidance, 1985, 8(3): 360-365.

[2] Wie B, Weiss H, Arapostathis A. Quaternion feedback regulator for spacecraft eigenaxis rotations[J]. Guidance, 1989, 12(3): 375-380.

[3] 杜丽敏.基于力矩陀螺的高分敏捷小卫星姿态机动控制研究[D]. 长春:中国科学院长春光学精密机械与物理研究所,2012.

[4] 常琳,金光,范国伟,等. 基于终端滑模控制的小卫星快速机动方法研究[J]. 光学精密工程, 2015,23(2): 485-496.

[5] 李迪,陈向坚,续志军. 增益自适应滑模控制器在微型飞行器飞行姿态控制中的应用[J]. 光学精密工程, 2013,21(5): 1183-1191.

[6] 王鹏,刘鲁华,吴杰.高超声速飞行器 Terminal 滑模控制系统设计[J].航天控制, 2012, 30(5): 9-14.

[7] 范国伟,常琳,杨秀彬,等. 面向新颖成像模式敏捷卫星的联合执行机构控制方法[J]. 自动化学报,2017,43(10):1858-1868.

[8] 范国伟,常琳,戴路,等. 敏捷卫星姿态机动的非线性模型预测控制[J]. 光学精密工程, 2015,23(8):2318-2327.

[9] 范国伟,邢斯瑞. 挠性卫星的姿态机动横滚优化控制[J]. 红外与激光工程,2014,43(12):108-115.

[10] 范国伟,王绍举,常琳,等. 基于三段式规划的挠性敏捷卫星姿态快速机动控制[C]. 大连:中国控制会议,2017.

第 6 章 控制力矩陀螺操纵律设计

6.1 引 言

目前,常用的卫星姿态执行机构主要有反作用飞轮、推力器、SGCMG 和 DGCMG 等。与反作用飞轮一样,SGCMG 也属于一种基于角动量交换的姿态执行机构。反作用飞轮依靠的是控制飞轮转子转速增减的方式来产生控制力矩,而 SGCMG 依靠的是框架带动恒速飞轮转动使得飞轮的角动量方向发生改变来产生进动控制力矩。与反作用飞轮相比,SGCMG 具有力矩放大能力,可以以更小的质量和体积输出更大的控制力矩,实现星体的快速姿态机动。与常用的推力器相比,SGCMG 具有不消耗燃料、不污染光学设备的优点;与 DGCMG 相比,SGCMG 具有机械结构简单、可靠性高的优点。因此,SGCMG 成为目前最具有吸引力的卫星姿态执行机构[1]。

虽然 SGCMG 具有以上诸多优点,但是 SGCMG 系统存在严重的奇异问题。奇异是指在某些框架角构型上无论整个 SGCMG 系统如何运动都无法产生沿某一方向上的力矩,该方向称为奇异方向,此时整个姿态控制系统丧失了三轴控制能力。奇异问题的存在给 SGCMG 操纵律的研究和设计带来了极大困难,也进一步影响了 SGCMG 在航天器上的应用[2-4]。如何对 SGCMG 系统内部的奇异状态进行分类,以及如何在角动量空间给出 SGCMG 奇异曲面的分布情况是研究重点之一。

SGCMG 操纵律的任务是在有效回避奇异状态的同时,根据 SGCMG 系统当前的框架角状态和期望控制力矩矢量,合理分配每个 SGCMG 的框架角速度大小,使得整个系统输出的力矩与期望的控制力矩一致。高性能 SGCMG 操纵律的设计是 SGCMG 成功应用的关键[5]。

6.2 SGCMG 的基本原理

为了实现星体的三轴姿态控制,至少需要三个 SGCMG 单元。金字塔安装构型采用四个 SGCMG 对称安装,具有最小的冗余度,安装构型如图 6-1 所示。

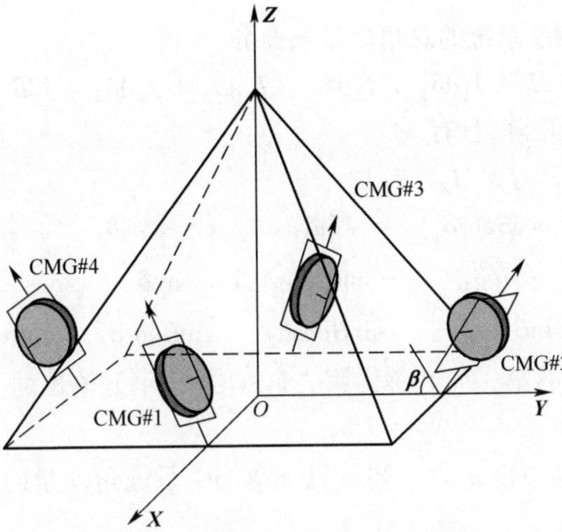

图 6-1　金字塔构型 SGCMG 系统

对于采用四个 SGCMG 且安装倾角为 β 的金字塔构型来说,四个框架轴(第 i 个框架轴用 $\boldsymbol{g}_i$ 表示)在如图 6-1 所示的卫星本体坐标系中表示为

$$\begin{cases}\boldsymbol{g}_1=\boldsymbol{i}\sin\beta+\boldsymbol{k}\cos\beta\\ \boldsymbol{g}_2=\boldsymbol{j}\sin\beta+\boldsymbol{k}\cos\beta\\ \boldsymbol{g}_3=-\boldsymbol{i}\sin\beta+\boldsymbol{k}\cos\beta\\ \boldsymbol{g}_4=-\boldsymbol{j}\sin\beta+\boldsymbol{k}\cos\beta\end{cases}\tag{6-1}$$

式中:$[\boldsymbol{i}\quad\boldsymbol{i}\quad\boldsymbol{k}]$ 为沿卫星本体坐标系三轴的基矢量。

整个金字塔构型 SGCMG 系统的角动量 $\boldsymbol{h}$ 为四个 SGCMG 角动量之和,即

$$\boldsymbol{h}=\sum_{i=1}^{4}\boldsymbol{h}_i=\boldsymbol{h}_1+\boldsymbol{h}_2+\boldsymbol{h}_3+\boldsymbol{h}_4\tag{6-2}$$

式中:$\boldsymbol{h}_i$ 为第 i 个 SGCMG 单元的角动量。

在卫星本体坐标系中,总角动量可以表示为

$$\begin{aligned}\boldsymbol{h}&=h_x\boldsymbol{i}+h_y\boldsymbol{j}+h_z\boldsymbol{k}\\&=\sum_{i=1}^{4}\boldsymbol{h}_i(\delta_i)\\&=h_0\begin{bmatrix}-\cos\beta\sin\delta_1-\cos\delta_2+\cos\beta\sin\delta_3+\cos\delta_4\\ \cos\delta_1-\cos\beta\sin\delta_2-\cos\delta_3+\cos\beta\sin\delta_4\\ \sin\beta\sin\delta_1+\sin\beta\sin\delta_2+\sin\beta\sin\delta_3+\sin\beta\sin\delta_4\end{bmatrix}\end{aligned}\tag{6-3}$$

式中:δ_i 为框架角;β 为金字塔构型 SGCMG 系统的安装倾角;h_x、h_y、h_z 为 SGCMG 角动量在星体三轴方向的分量;h_0 为每个 SGCMG 单元的角动量大小,不失

一般性取 $h_0 = 1$。

对整个 SGCMG 系统的总角动量求微分，可得

$$\mathrm{d}\boldsymbol{h} = \boldsymbol{J}_1\mathrm{d}\delta_1 + \boldsymbol{J}_2\mathrm{d}\delta_2 + \boldsymbol{J}_3\mathrm{d}\delta_3 + \boldsymbol{J}_4\mathrm{d}\delta_4 = \boldsymbol{J}\mathrm{d}\boldsymbol{\delta} \tag{6-4}$$

式中：$\boldsymbol{J}$ 为雅可比矩阵，且有

$$\boldsymbol{J} = [\boldsymbol{J}_1 \quad \boldsymbol{J}_2 \quad \boldsymbol{J}_3 \quad \boldsymbol{J}_4] = \begin{bmatrix} -\cos\beta\cos\delta_1 & \sin\delta_2 & \cos\beta\cos\delta_3 & -\sin\delta_4 \\ -\sin\delta_1 & -\cos\beta\cos\delta_2 & \sin\delta_3 & \cos\beta\cos\delta_4 \\ \sin\beta\cos\delta_1 & \sin\beta\cos\delta_2 & \sin\beta\cos\delta_3 & \sin\beta\cos\delta_4 \end{bmatrix} \tag{6-5}$$

其中：雅可比矩阵的第 i 列 $\boldsymbol{J}_i$ 称为第 i 个 SGCMG 单元输出的力矩矢量，方向与 $\boldsymbol{\tau}_i$ 相反。

当期望的控制力矩 $\boldsymbol{u}$ 为已知量时，SGCMG 系统角动量的期望变化率可以表示为

$$\dot{\boldsymbol{h}} = -\boldsymbol{u} - \boldsymbol{\omega} \times \boldsymbol{h} \tag{6-6}$$

联立式(6-4)和式(6-6)，因 SGCMG 角动量变化而产生的输出力矩可以表示为

$$\boldsymbol{T} = -\dot{\boldsymbol{h}} = -\boldsymbol{J}\dot{\boldsymbol{\delta}} \tag{6-7}$$

式中：$\dot{\boldsymbol{\delta}}$ 为框架角速度矢量。

式(6-7)即为 SGCMG 力矩输出关系式。在期望力矩已知的前提下，通过反解该式即可求得精确输出期望力矩的框架角速度 $\dot{\boldsymbol{\delta}}$。

6.3 SGCMG 的奇异原理

6.3.1 SGCMG 的奇异的定义

当SGCMG 系统达到某些特定的框架角组合时，$\boldsymbol{J}_i(i = 1,2,3,4)$ 共面，也就是说整个 SGCMG 系统产生的力矩就位于一个平面内，在此平面的法线方向 $\boldsymbol{u}$ 上无法输出控制力矩，此时整个 SGCMG 系统丧失了三轴姿态控制能力，陷入了奇异状态。

为了衡量 SGCMG 系统离奇异面的远近，定义奇异量度：

$$D = \det(\boldsymbol{J}\boldsymbol{J}^{\mathrm{T}}) \tag{6-8}$$

D 越趋近于零，系统离奇异面越近；D 越大，系统离奇异面越远。

由奇异的定义可知，在奇异状态 $\boldsymbol{\delta}^s$ 上，SGCMG 系统的雅可比矩阵降秩，即

rank($\boldsymbol{J}$) = 2,此时必有奇异量度 $D = 0$。

6.3.2 SGCMG 的角动量奇异面

SGCMG 的角动量奇异面是指由奇异状态下的所有角动量矢量形成的空间曲面。它可以在角动量空间更加直观地反映出奇异状态的分布情况。

对于金字塔构型 SGCMG 系统来说,由于四个框架轴的非共线安装,雅可比矩阵 $\boldsymbol{J}$ 秩的最大值为 3,最小值为 2。当 rank($\boldsymbol{J}$) = 2 时,雅可比矩阵 $\boldsymbol{J}$ 的 4 个列矢量线性相关,物理含义是 4 个 SGCMG 输出的力矩矢量共面,此时有

$$\boldsymbol{J}_i \cdot \boldsymbol{u} = 0, (i = 1,2,3,4) \tag{6-9}$$

定义 $\boldsymbol{\delta}^s$、$\boldsymbol{J}_i^s$、$\boldsymbol{h}_i^s$ 分别为在奇异状态下的框架角、力矩矢量和角动量。由于 $\boldsymbol{J}_i$ 为一始终与框架轴矢量 $\boldsymbol{g}_i$ 正交的单位矢量,因此可得

$$\boldsymbol{J}_i^s = \varepsilon_i \mid \boldsymbol{g}_i \times \boldsymbol{u} \mid^{-1} (\boldsymbol{g}_i \times \boldsymbol{u}) \tag{6-10}$$

式中:$\varepsilon_i = \pm 1$;$\boldsymbol{u} \neq \boldsymbol{g}_i$。

又由于 $\boldsymbol{h}_i = \boldsymbol{J}_i \times \boldsymbol{g}_i$,则在奇异状态 $\boldsymbol{u}$ 下的角动量可以表示为

$$\boldsymbol{h}_i^s = \varepsilon_i \mid \boldsymbol{g}_i \times \boldsymbol{u} \mid^{-1} (\boldsymbol{g}_i \times \boldsymbol{u}) \times \boldsymbol{g}_i \tag{6-11}$$

当 $\varepsilon_i = +1$($\varepsilon_i = -1$) 时,$\boldsymbol{h}_i^s$ 在奇异方向 $\boldsymbol{u}$ 上具有最大(最小)的投影分量,如图 6-2 所示。

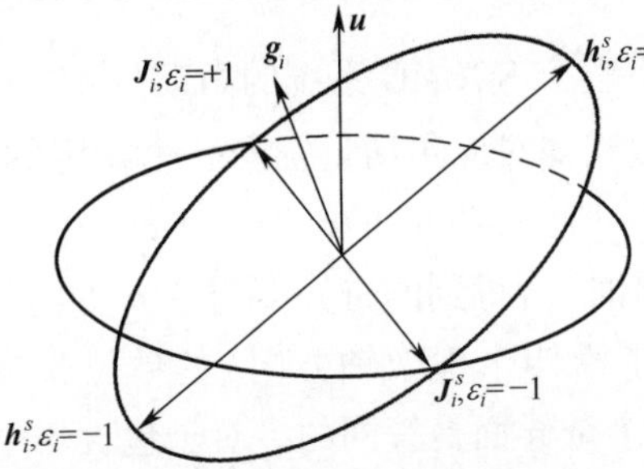

图 6-2　奇异状态下角动量投影

定义第 i 个 SGCMG 的初始位置为 $\{\boldsymbol{h}_i^0 \quad \boldsymbol{J}_i^0 \quad \boldsymbol{g}_i\}$,则当框架角为 δ_i 时,此时的角动量 $\boldsymbol{h}_i$ 和力矩矢量 $\boldsymbol{J}_i$ 可以表示为

$$\begin{bmatrix} \boldsymbol{h}_i \\ \boldsymbol{J}_i \end{bmatrix} = \begin{bmatrix} \cos\delta_i & \sin\delta_i \\ -\sin\delta_i & \cos\delta_i \end{bmatrix} \begin{bmatrix} \boldsymbol{h}_i^0 \\ \boldsymbol{J}_i^0 \end{bmatrix} \tag{6-12}$$

在奇异状态下,根据式(6-9)可得

$$\boldsymbol{J}_i^s \cdot \boldsymbol{u} = (\boldsymbol{J}_i^0 \cdot \boldsymbol{u}) \cos\delta_i^s - (\boldsymbol{h}_i^0 \cdot \boldsymbol{u}) \sin\delta_i^s = 0 \tag{6-13}$$

式(6-13)的解 δ_i^s 即为在奇异状态 $\boldsymbol{u}$ 下第 i 个SGCMG单元的奇异框架角。

通过求解式(6-10)~式(6-12)即可求得在奇异状态 $\boldsymbol{u}$ 下SGCMG的位置 $\{\boldsymbol{J}_i^s \quad \boldsymbol{h}_i^s \quad \delta_i^s\}$。

在奇异状态下,整个 SGCMG 系统的总角动量是奇异方向 $\boldsymbol{u}$ 的函数,则根据式(6-11)可以表示为

$$\boldsymbol{h}^s(\boldsymbol{u}) = \sum_{i=1}^{4} \boldsymbol{h}_i^s = \sum_{i=1}^{4} \varepsilon_i \mid \boldsymbol{g}_i \times \boldsymbol{u} \mid^{-1} (\boldsymbol{g}_i \times \boldsymbol{u}) \times \boldsymbol{g}_i \tag{6-14}$$

式中:$\boldsymbol{u}$ 为取遍三维空间(除了四个框架轴方向)的单位矢量,可以在一个单位球上表述为经度 θ 和纬度 φ 的函数,即 $\boldsymbol{u} = \boldsymbol{u}(\theta,\varphi)$,$\boldsymbol{u} \neq \boldsymbol{g}_i$;参数 ε_i 只能取为+1或者 -1,对于 4 个 SGCMG 组成的金字塔构型来说,ε_i 可以有 2^4 种组合,如表 6-1 所列。

表 6-1 ε_i 的 2^4 种组合

编号	1	2	3	4	5	6	7	8	9	10	11	12	13	14	15	16
CMG1	+	+	+	+	−	+	+	−	−	−	−	−	−	+	−	−
CMG2	+	+	+	−	+	+	−	−	+	+	+	+	−	−	−	−
CMG 3	+	+	−	+	+	−	−	+	−	+	+	−	+	−	−	−
CMG 4	+	−	+	+	+	−	+	+	+	+	−	−	−	−	+	−

因此,在奇异状态下整个 SGCMG 系统的角动量 $\boldsymbol{h}^s(\boldsymbol{u})$ 可以有 2^4 种表达形式。每一组 ε_i 的组合形式都对应角动量空间一个特定的奇异面。改变任何一个 ε_i 的符号都相当于所对应 SGCMG 的框架角转过180°。因此,当表6-1 中某列 ε_i 的取值皆取相反号时,所得到的奇异面与 $-\boldsymbol{u}$ 方向的奇异面相同,而 $\boldsymbol{u}$ 是取遍整个三维空间(除了沿四个框架轴方向)的单位矢量,具有球对称性。因此,在这种情况下,这两个奇异面是等同的。对于包含 4 个 SGCMG 单元的金字塔构型来说,它共有 $2^4/2 = 8$ 种奇异面。而又由于假设四个 SGCMG 单元是等同的,因此共可以得到 3 种类型的奇异面。对于安装倾角为 $\beta = 54.73°$ 的金字塔构型 SGCMG 系统来说,ε_i 取不同符号时的角动量奇异面分别如图 6-3~图 6-5 所示。

6.3.3 SGCMG 的奇异面分类

根据奇异状态在 SGCMG 系统角动量空间中所处的位置,可以把奇异状态分为饱和奇异和内部奇异;而根据零运动的存在性又可以分为椭圆型奇异和双曲线型奇异。

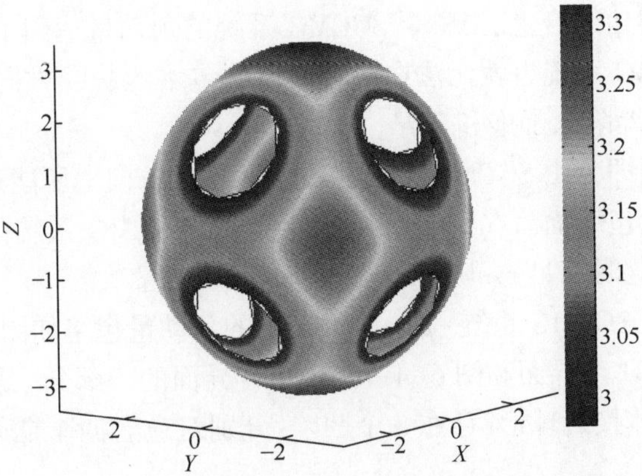

图 6-3　ε_i 取(+,+,+,+)时的 4H 奇异面

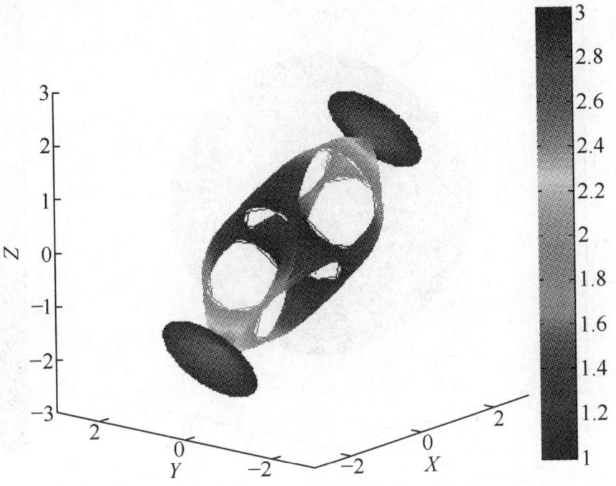

图 6-4　ε_i 取(-,+,+,+)时的 2H 奇异面

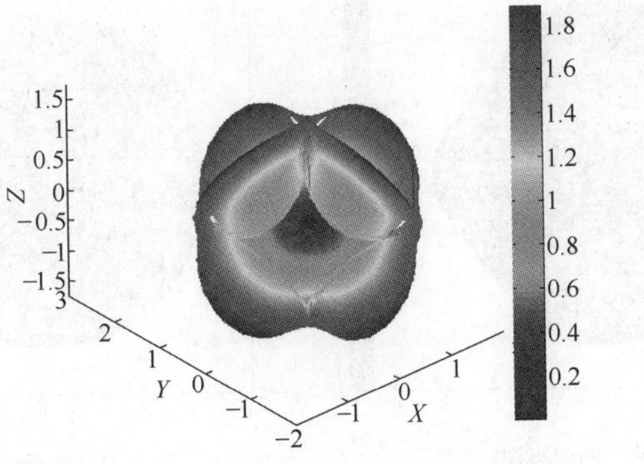

图 6-5　ε_i 取(-,-,+,+)时的 0H 奇异面

在某些框架角组合上，当整个 SGCMG 系统的角动量达到了最大值，无法继续增大时，SGCMG 系统也就无法在沿着角动量包络的法线方向上提供力矩，此时称 SGCMG 系统陷入了饱和奇异。

饱和奇异面即为由 SGCMG 系统在沿空间各个方向上所能达到的最大角动量形成的角动量包络面。在饱和奇异面处，整个 SGCMG 系统的角动量位于其角动量包络上，此时满足 $\mathrm{rank}(\boldsymbol{J}) = 2, \boldsymbol{u} \cdot \boldsymbol{h}_i > 0$ 成立。

金字塔构型 SGCMG 系统（$\beta = 54.73°$）的角动量包络如图 6-6 所示，包含了图 6-3 中的 4H 奇异面和图 6-4 中的 2H 奇异面的一部分。从图 6-6 可以看出，该包络面整体接近球形，存在 8 个凹陷，分别对应着四个框架轴及其反向延长线所处的方向。

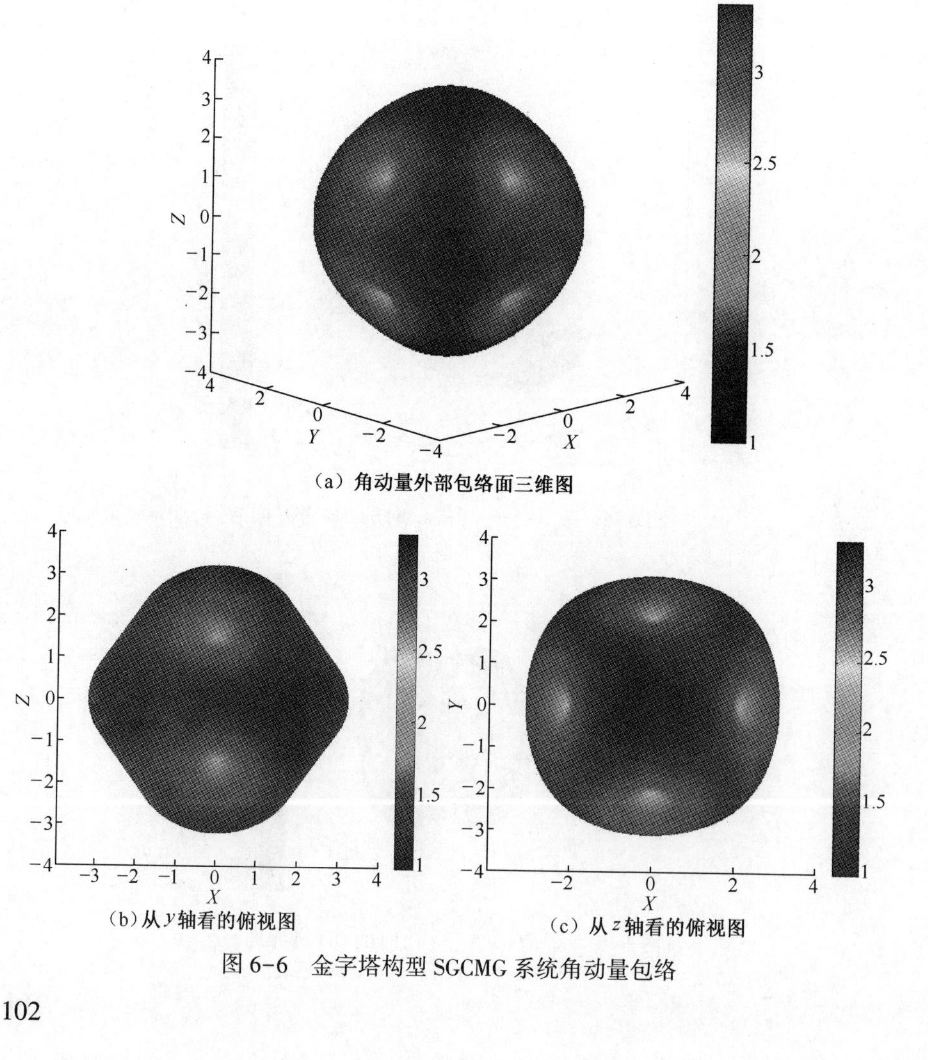

（a）角动量外部包络面三维图

（b）从 y 轴看的俯视图

（c）从 z 轴看的俯视图

图 6-6　金字塔构型 SGCMG 系统角动量包络

当整个 SGCMG 系统处于外部饱和奇异面时,系统的角动量无法继续增加,也就无法继续对外输出控制力矩。此时,需要借助外部力矩(反作用力矩、重力梯度力矩和磁力矩等)对已经达到饱和的角动量进行卸载。在实际应用中,为了避免 SGCMG 系统角动量达到饱和,合理的角动量管理是非常必要的。

在某些奇异状态上,当 SGCMG 系统的角动量位于其角动量包络内部时,则称此奇异状态为内部奇异状态。金字塔构型 SGCMG 系统角动量包络内部存在着复杂的内部奇异面,包括 2H 奇异面和 0H 奇异面两部分,如图 6-7 和图 6-8 所示。虽然在内部奇异面处无需借助外部力矩对整个 SGCMG 进行角动量卸载,但是在奇异面处整个系统将丧失三轴姿态控制能力。因此,为了有效地回避内部奇异,必须设计出能够有效回避奇异的操纵律。

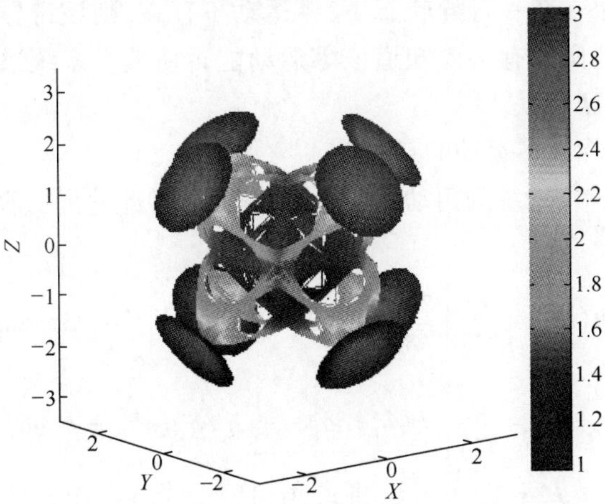

图 6-7　金字塔构型 SGCMG 系统内部 2H 奇异面

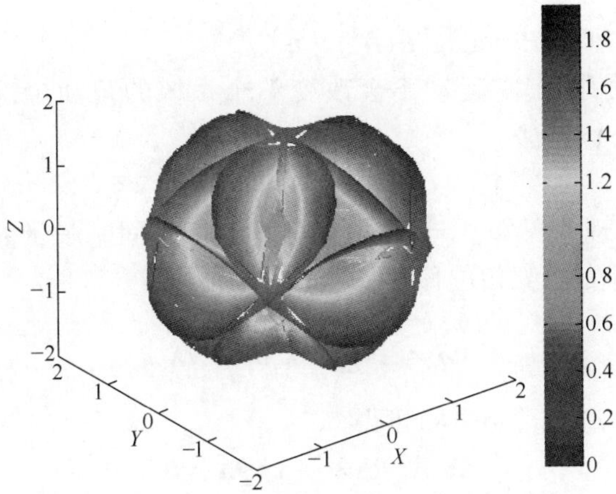

图 6-8　金字塔构型 SGCMG 系统内部 0H 奇异面

根据能否由零运动回避,SGCMG 系统的角动量奇异面又可以分为椭圆型奇异面和双曲线型奇异面两种类型。在双曲线型奇异面处存在零运动,有可能被零运动回避;而在椭圆型奇异面处零运动不存在,无法被零运动回避。椭圆型奇异面的不可回避性使得奇异问题成为了 SGCMG 系统操纵律设计的最大障碍。

能被零运动回避是指在某个奇异状态上,零运动存在,整个系统在零运动的作用下能够由奇异状态重构到非奇异状态,而且在整个重构过程中系统的总角动量不变,不对外输出力矩。实际上,这包含了两层含义:一是在该奇异状态下,零运动存在;二是存在的零运动可以改善雅可比矩阵的秩,即使其秩从奇异状态时的 $\mathrm{rank}(\boldsymbol{J})=2$ 增加到非奇异状态时的 $\mathrm{rank}(\boldsymbol{J})=3$。

很明显,如果在某一奇异状态下,零运动不存在,则该奇异状态无法回避;如果存在零运动,则还有必要知道该零运动能否使整个系统逃离奇异,即能否影响雅可比矩阵 $\boldsymbol{J}$ 的秩。

下面首先来探讨零运动的存在性。

将整个 SGCMG 系统的角动量在奇异状态 $\boldsymbol{\delta}^s$ 附近进行二阶泰勒展开,忽略高阶小项,可得

$$\begin{aligned}\boldsymbol{h}(\boldsymbol{\delta})-\boldsymbol{h}(\boldsymbol{\delta}^s)&=\sum_{i=1}^{4}\left[\left.\frac{\partial \boldsymbol{h}_i}{\partial \delta_i}\right|_{\delta_i=\delta_i^s}\mathrm{d}\delta_i+\frac{1}{2}\left.\frac{\partial^2 \boldsymbol{h}_i}{\partial \delta_i^2}\right|_{\delta_i=\delta_i^s}\mathrm{d}\delta_i^2+o(\mathrm{d}\delta_i^3)\right]\\&=\sum_{i=1}^{4}\left[\boldsymbol{J}_i(\delta_i^s)\mathrm{d}\delta_i-\frac{1}{2}\boldsymbol{h}_i(\delta_i^s)\mathrm{d}\delta_i^2+o(\mathrm{d}\delta_i^3)\right]\end{aligned} \tag{6-15}$$

在奇异状态有 $\boldsymbol{J}(\boldsymbol{\delta}^s)\cdot\boldsymbol{u}=0$,将式(6-15)与奇异方向矢量 $\boldsymbol{u}$ 点乘,可得

$$\boldsymbol{u}\cdot[\boldsymbol{h}(\boldsymbol{\delta})-\boldsymbol{h}(\boldsymbol{\delta}^s)]=-\frac{1}{2}\sum_{i=1}^{4}\boldsymbol{h}(\boldsymbol{\delta}^s)\cdot\boldsymbol{u}\mathrm{d}\boldsymbol{\delta}_i^2=-\frac{1}{2}\mathrm{d}\boldsymbol{\delta}^{\mathrm{T}}\boldsymbol{P}\mathrm{d}\boldsymbol{\delta} \tag{6-16}$$

式中:$\boldsymbol{P}$ 为投影矩阵,$\boldsymbol{P}=\mathrm{diag}[\boldsymbol{h}(\boldsymbol{\delta}^s)\cdot\boldsymbol{u}]$。

假如零运动存在,零运动不会改变整个系统的角动量,因此有 $\boldsymbol{h}(\boldsymbol{\delta})=\boldsymbol{h}(\boldsymbol{\delta}^s)$,式(6-16)可化为

$$\mathrm{d}\boldsymbol{\delta}^{\mathrm{T}}\boldsymbol{P}\mathrm{d}\boldsymbol{\delta}=0 \tag{6-17}$$

由线性代数理论可知,零运动可以表述为零空间基矢量的线性组合。因此,由零运动产生的框架角位移可以表述为

$$\mathrm{d}\boldsymbol{\delta}=\sum_{i=1}^{4-\mathrm{rank}(\boldsymbol{J})}\lambda_i\boldsymbol{n}_i=\boldsymbol{N}\boldsymbol{\lambda} \tag{6-18}$$

联立式(6-17)和式(6-18)可得

$$\boldsymbol{\lambda}^{\mathrm{T}}\boldsymbol{N}^{\mathrm{T}}\boldsymbol{P}\boldsymbol{N}\boldsymbol{\lambda}-\boldsymbol{\lambda}^{\mathrm{T}}\boldsymbol{Q}\boldsymbol{\lambda}=\boldsymbol{0} \tag{6-19}$$

式中:$\boldsymbol{N}$ 为零空间矢量;$\boldsymbol{P}$ 为投影矩阵;$\boldsymbol{Q}=\boldsymbol{N}^{\mathrm{T}}\boldsymbol{P}\boldsymbol{N}$。

当 $\boldsymbol{Q}$ 是正定矩阵时,为了使得式(6-19)成立, $\boldsymbol{\lambda}$ 只有零解。这表明,在该状态下不存在零运动,即无法通过零运动来使整个系统在不改变总角动量的情况下进行框架重构来脱离奇异状态。由于上述二次型具有椭圆切面,因此这种不存在零运动的奇异状态称为椭圆型奇异。

当 $\boldsymbol{Q}$ 是正定矩阵时, $\boldsymbol{P}$ 可能为正定矩阵也可能为非正定矩阵。根据映射矩阵 $\boldsymbol{P}$ 的定义,当 $\boldsymbol{P}$、$\boldsymbol{Q}$ 皆为正定矩阵时,4 个 SGCMG 单元的角动量在奇异方向上的投影皆取最大值,此时整个 SGCMG 系统处于外部饱和奇异;当 $\boldsymbol{Q}$ 为正定矩阵,$\boldsymbol{P}$ 为不定矩阵时,此类奇异状态属于内部椭圆型奇异。

当 $\boldsymbol{Q}$ 是半定或者不定矩阵时,此时式(6-19)中的 $\boldsymbol{\lambda}$ 有非零解。这表明在此类奇异状态下,存在零运动,有可能会使得处于奇异状态的 SGCMG 系统逃离奇异。这类存在零运动的奇异状态称为双曲线型奇异。虽然在此类奇异状态下存在零运动,但是有必要判断存在的零运动能否改善雅可比矩阵的秩。那些不能改善雅可比矩阵秩的零运动,即无法使整个系统逃离奇异状态的零运动,称为退化解。

因此,通过判断矩阵 $\boldsymbol{Q}$ 的正定性可以将 SGCMG 的奇异面分为椭圆型奇异面和双曲线型奇异面两种类型。当矩阵 $\boldsymbol{Q}$ 为正定矩阵时,对应的奇异状态属于椭圆型奇异;当矩阵 $\boldsymbol{Q}$ 为半定矩阵或者不定矩阵时,对应的奇异状态属于双曲线型奇异。

另外,为了判断在双曲线型奇异处存在的零运动能否使系统逃离奇异,即存在的零运动是否为退化解,还需进一步讨论。

对奇异量度 D 在奇异状态 $\boldsymbol{\delta}^s$ 附近进行泰勒展开,可得

$$D(\boldsymbol{\delta}) - D(\boldsymbol{\delta}^s) = \sum_{i=1}^{4} \left.\frac{\partial D}{\partial \delta_i}\right|_{\delta_i=\delta_i^s} \mathrm{d}\delta_i + \frac{1}{2}\sum_{j=1}^{4}\sum_{i=1}^{4} \left.\frac{\partial^2 D}{\partial \delta_i \partial \delta_j}\right|_{\delta_i=\delta_i^s} \mathrm{d}\delta_i \mathrm{d}\delta_j + o(\mathrm{d}\delta_i^3) \tag{6-20}$$

在奇异状态下,有 $D(\boldsymbol{\delta}^s)=0$ 且 $\nabla D(\boldsymbol{\delta}^s)=0$,忽略高阶小项,可得

$$\begin{aligned} D(\boldsymbol{\delta}) &= \frac{1}{2}\sum_{j=1}^{4}\sum_{i=1}^{4} \left.\frac{\partial^2 D}{\partial \delta_i \partial \delta_j}\right|_{\delta_i=\delta_i^s} \mathrm{d}\delta_i \mathrm{d}\delta_j \\ &= \frac{1}{2}\mathrm{d}\boldsymbol{\delta}^{\mathrm{T}}\boldsymbol{H}^s\mathrm{d}\boldsymbol{\delta} \\ &= \boldsymbol{\lambda}^{\mathrm{T}}\boldsymbol{N}^{\mathrm{T}}\boldsymbol{H}^s\boldsymbol{N}\boldsymbol{\lambda} \\ &= \boldsymbol{\lambda}^{\mathrm{T}}\boldsymbol{W}\boldsymbol{\lambda} \end{aligned} \tag{6-21}$$

式中:$\boldsymbol{H}^s$ 为黑塞(Hessian)矩阵;$\boldsymbol{N}$ 为式(6-19)中提到的零空间矢量。

奇异量度又可以表示为

$$D=\det(\boldsymbol{J}\boldsymbol{J}^{\mathrm{T}})=\sum_{k=1}^{4}M_k^2 \tag{6-22}$$

式中：M_k 为雅可比矩阵 $\boldsymbol{J}$ 在删除第 k 列后形成的 3×3 方阵的行列式，$M_k=\det(\boldsymbol{J}_k)$。

因此，$\boldsymbol{H}^s$ 可以通过下式计算：

$$\boldsymbol{H}^s=\left.\frac{\partial^2 D}{\partial\delta_i\partial\delta_j}\right|_{\delta_i=\delta_i^s}=\sum_{k=1}^{4}2\left.\frac{\partial M_k}{\partial\delta_j}\frac{\partial M_k}{\partial\delta_i}\right|_{\delta_i=\delta_i^s} \tag{6-23}$$

由于 $D(\boldsymbol{\delta})\geqslant 0$，所以有 $\boldsymbol{H}^s\geqslant 0$ 且 $\boldsymbol{W}\geqslant 0$。如果 $\boldsymbol{W}>0$，则能够通过零运动逃离奇异；如果矩阵 $\boldsymbol{W}$ 是奇异矩阵，且在该奇异状态下存在零运动使得奇异量度 D 恒为零，则该零运动解为退化解。此时即使存在零运动，也无法逃逸奇异状态。

零运动退化解与椭圆型奇异一样，都无法通过零运动重构的方法来逃离奇异状态，是操纵律设计的最大障碍。

6.4 几种典型的操纵律及分析

操纵律的任务是根据卫星姿态控制器给出的期望力矩和当前 SGCMG 系统的框架角状态，在满足硬件输出能力的条件下合理分配各个 SGCMG 单元的框架角速度，使得整个 SGCMG 系统在精确输出期望力矩的同时有效回避奇异状态。因此，评价一个操纵律的性能主要看以下两个方面：一是力矩输出误差的大小；二是回避和逃离奇异状态的能力。

根据在奇异面附近的处理方式，现有的操纵律可以大致分为奇异回避操纵律、奇异逃离操纵律和混合操纵律三种类型。

奇异回避操纵律在接近奇异面前通过局部优化或者全局寻优的方式来回避奇异面，不会引入力矩误差，具有最好的力矩输出精度。但是，这类操纵律的奇异回避性能往往不高。

奇异回避操纵律始终是考虑如何回避奇异的问题，属于一种事前的奇异回避策略；而奇异逃离操纵律考虑的是当系统处于奇异时，应如何逃离奇异的问题，属于一种事后的奇异逃离策略。奇异逃离操纵律在系统接近或处于奇异面时，会以带来一定的力矩误差、牺牲姿态控制精度为代价，迅速地逃离奇异面。奇异逃离操纵律具有很好的奇异逃离性能，但是会带来一定的力矩误差。

混合操纵律兼具奇异回避操纵律和奇异逃离操纵律的特点，是一种新的操纵律设计思路。混合操纵律在零运动存在的双曲线型奇异面附近通过添加零运动的方式来回避奇异面;而在零运动不存在的椭圆奇异面附近,通过引入力矩误差来逃离椭圆型奇异面。

下面将分别简要介绍上述三大类操纵律中的几种典型的操纵律[6-15]。

6.4.1 奇异回避操纵律

1. 伪逆操纵律

考虑式(6-7)中的力矩输出关系式,最简单的操纵律是基于雅可比矩阵的广义逆矩阵的伪逆操纵律,即

$$\dot{\boldsymbol{\delta}} = \boldsymbol{J}^{\mathrm{T}}(\boldsymbol{J}\boldsymbol{J}^{\mathrm{T}})^{-1}\dot{\boldsymbol{h}} \tag{6-24}$$

伪逆操纵律满足下面的最小二次型问题,即

$$\min_{\dot{\delta}} \frac{1}{2}\dot{\boldsymbol{\delta}}^{\mathrm{T}}\dot{\boldsymbol{\delta}} \tag{6-25}$$

当 $\mathrm{rank}(\boldsymbol{J}) = 2$ 时,矩阵 $\boldsymbol{J}\boldsymbol{J}^{\mathrm{T}}$ 的逆不存在,此时伪逆操纵律输出的框架角速度无穷大,超过了硬件系统的输出能力,整个系统陷入了奇异状态而无法逃离。伪逆操纵律由于满足式(6-25)中的能量最优解,将始终驱使整个 SGCMG 系统朝着奇异状态运动。

虽然伪逆操纵律没有奇异回避能力、应用范围有限,但是许多操纵律都是在伪逆操纵律的基础上发展而来。

2. 带零运动操纵律

根据线性代数理论,式(6-24)描述的伪逆操纵律可以看作是式(6-7)的一个特解。式(6-7)的齐次解 $\boldsymbol{n}$ 满足 $\boldsymbol{J}\boldsymbol{n} = 0$。齐次解 $\boldsymbol{n}$ 在这里又称为零运动。在零运动 $\boldsymbol{n}$ 的作用下,整个 SGCMG 系统将不对外输出力矩。因此,采用零运动可以对整个 SGCMG 系统进行框架角重构以远离奇异状态。根据线性代数理论,式(6-7)的一般解可以表示为特解和齐次解的线性组合,即

$$\dot{\boldsymbol{\delta}} = \boldsymbol{J}^{\mathrm{T}}(\boldsymbol{J}\boldsymbol{J}^{\mathrm{T}})^{-1}\dot{\boldsymbol{h}} + \rho\boldsymbol{n} \tag{6-26}$$

式中:ρ 为待定的零运动幅值大小,可取为

$$\rho = \begin{cases} D^3, D \geqslant 1 \\ D^{-3}, D < 1 \end{cases} \tag{6-27}$$

零运动 $\boldsymbol{n}$ 的构建方法有楔积法、映射矩阵法等。在楔积法中,零运动 $\boldsymbol{n}$ 可构建为

$$\boldsymbol{n} = [\boldsymbol{C}_1 \quad \boldsymbol{C}_2 \quad \boldsymbol{C}_3 \quad \boldsymbol{C}_4] \tag{6-28}$$

式中:$\boldsymbol{C}_k = (-1)^{k+1}M_k(k = 1,2,3,4)$。

采用楔积法构建的零运动方向与系统离奇异的远近无关,即使在系统远离

奇异时,也会产生零运动,这反而会驱使整个系统朝着奇异运动。也就是说,该方法添加的零运动具有无方向性,并不能总是引导系统朝着远离奇异的构型运动。

而在映射矩阵法中,零运动 $\boldsymbol{n}$ 可构建为

$$\boldsymbol{n} = [\boldsymbol{E}_4 - \boldsymbol{J}^{\mathrm{T}}(\boldsymbol{J}\boldsymbol{J}^{\mathrm{T}})^{-1}\boldsymbol{J}]\boldsymbol{d} \tag{6-29}$$

式中:$\boldsymbol{E}_4 \in R^{4\times4}$ 为单位矩阵;$\boldsymbol{d} \in R^{4\times4}$ 为一待定的非零矢量,常将其取为

$$\boldsymbol{d} = \frac{\partial D}{\partial \boldsymbol{\delta}} \tag{6-30}$$

其中:D 为式(6-8)定义的奇异量度。

根据梯度理论可知,矢量 $\boldsymbol{d}$ 的方向沿着奇异量度 D 增加最快的方向。这样,整个系统在零运动的作用下将始终朝着使得奇异量度 D 增加的方向运动,从而可以比楔积法更有效地回避系统奇异。然而,在椭圆奇异面处零运动不存在,此时无法通过零运动重构的方式使系统回避奇异,这是带零运动操纵律的最大缺点。

6.4.2 奇异逃离操纵律

1. 奇异鲁棒操纵律

奇异鲁棒操纵律最早由 Nakamura 于 1986 年提出,并应用到冗余机械臂的操纵上。1989 年,Bedrossian 将其引入到 SGCMG 系统的操纵上。奇异鲁棒操纵律满足下面的最小化问题:

$$\min_{\dot{\delta}} \frac{1}{2}[\dot{\boldsymbol{\delta}}^{\mathrm{T}}\boldsymbol{A}\dot{\boldsymbol{\delta}} + \boldsymbol{T}_{\mathrm{e}}^{\mathrm{T}}\boldsymbol{B}\boldsymbol{T}_{\mathrm{e}}] \tag{6-31}$$

式中:$\boldsymbol{T}_{\mathrm{e}}$ 为力矩输出误差,满足 $\boldsymbol{T}_{\mathrm{e}} = \boldsymbol{J}\dot{\boldsymbol{\delta}} - \dot{\boldsymbol{h}}$。

联立式(6-7)、式(6-31),该最小化问题的可以表示为

$$L = \frac{1}{2}[\dot{\boldsymbol{\delta}}^{\mathrm{T}}\boldsymbol{A}\dot{\boldsymbol{\delta}} + (\boldsymbol{J}\dot{\boldsymbol{\delta}} - \dot{\boldsymbol{h}})^{\mathrm{T}}\boldsymbol{B}(\boldsymbol{J}\dot{\boldsymbol{\delta}} - \dot{\boldsymbol{h}})] \tag{6-32}$$

L 取最优解时满足

$$\frac{\partial L}{\partial \dot{\boldsymbol{\delta}}} = \boldsymbol{A}\dot{\boldsymbol{\delta}} + \boldsymbol{J}^{\mathrm{T}}\boldsymbol{B}(\boldsymbol{J}\dot{\boldsymbol{\delta}} - \dot{\boldsymbol{h}}) = \boldsymbol{0} \tag{6-33}$$

求解可得

$$\dot{\boldsymbol{\delta}} = [\boldsymbol{J}^{\mathrm{T}}\boldsymbol{B}\boldsymbol{J} + \boldsymbol{A}]^{-1}\boldsymbol{J}^{\mathrm{T}}\boldsymbol{B}\dot{\boldsymbol{h}} \tag{6-34}$$

当 $\boldsymbol{A} = \alpha\boldsymbol{E}_4, \boldsymbol{B} = \boldsymbol{E}_3$ 时,奇异鲁棒操纵律可以表示为

$$\dot{\boldsymbol{\delta}} = [\boldsymbol{J}^{\mathrm{T}}\boldsymbol{J} + \alpha\boldsymbol{E}_4]^{-1}\boldsymbol{J}^{\mathrm{T}}\dot{\boldsymbol{h}} = \boldsymbol{J}^{\mathrm{T}}[\boldsymbol{J}\boldsymbol{J}^{T} + \alpha\boldsymbol{E}_3]^{-1}\dot{\boldsymbol{h}} \tag{6-35}$$

式中：α 为待定的奇异逃离参数。

当系统远离奇异时，α 可以取一个小量，以减少力矩输出误差；当系统接近奇异时，α 应迅速增大，以驱使系统迅速逃离奇异。例如，可以将参数 α 取为

$$\alpha = \alpha_0 \exp[-\mu \det(\boldsymbol{J}\boldsymbol{J}^{\mathrm{T}})] \tag{6-36}$$

奇异鲁棒操纵律在伪逆操纵律的基础上添加了 $\alpha \boldsymbol{E}_3$ 项，这样可以以带来一定的力矩误差为代价保证在奇异状态下 $[\boldsymbol{J}\boldsymbol{J}^{\mathrm{T}} + \alpha \boldsymbol{E}_3]^{-1}$ 的逆存在，此时奇异鲁棒操纵律能够继续输出框架角速度来逃离奇异。但是，奇异鲁棒操纵律存在"框架角锁定现象"，即在某些奇异状态上，当期望力矩矢量与奇异方向 $\boldsymbol{u}$ 一致时，奇异鲁棒操纵律输出的框架角速度始终为 0。此时，整个系统将始终处于奇异状态，无法逃离。这是奇异鲁棒操纵律存在的最大缺点。奇异鲁棒操纵律的"框架角锁定现象"可以采用奇异值分解理论证明。

2. 非对角奇异鲁棒操纵律

鉴于奇异鲁棒操纵律存在"框架角锁定现象"，2005 年 Wie 根据扰动矩阵理论提出了非对角奇异鲁棒操纵律。与奇异鲁棒操纵律一样，非对角奇异鲁棒操纵律也满足式(6-31)的最小化问题，不同的是采用非对角项为非零扰动项的加权矩阵 $\boldsymbol{P}$ 和 $\boldsymbol{Q}$ 来取代奇异鲁棒操纵律中的对角矩阵 $\boldsymbol{A}$ 和 $\boldsymbol{B}$ 。矩阵 $\boldsymbol{P}$ 和 $\boldsymbol{Q}$ 分别满足

$$\boldsymbol{P}^{-1} = \boldsymbol{V} = \alpha \begin{bmatrix} 1 & \varepsilon_3 & \varepsilon_2 \\ \varepsilon_3 & 1 & \varepsilon_1 \\ \varepsilon_2 & \varepsilon_1 & 1 \end{bmatrix} \tag{6-37}$$

$$\boldsymbol{Q}^{-1} = \boldsymbol{W} = \begin{bmatrix} W_1 & \alpha & \alpha & \alpha \\ \alpha & W_2 & \alpha & \alpha \\ \alpha & \alpha & W_3 & \alpha \\ \alpha & \alpha & \alpha & W_4 \end{bmatrix} \tag{6-38}$$

式中：α 取为式(6-36)中的形式；$W_i (i = 1,2,3,4)$ 为待定的参数；ε_i 为周期扰动项，满足 $\varepsilon_i = \varepsilon_0 \sin(\omega t + \phi_i)$ 。

非对角奇异鲁棒操纵律可以表示为

$$\dot{\boldsymbol{\delta}} = \boldsymbol{W}\boldsymbol{J}^{\mathrm{T}}[\boldsymbol{J}\boldsymbol{W}\boldsymbol{J}^{\mathrm{T}} + \boldsymbol{V}]^{-1}\dot{\boldsymbol{h}} \tag{6-39}$$

在奇异面附近，非对角奇异鲁棒操纵律能够产生幅值不断增加的周期扰动信号并迅速逃离奇异，不存在"框架角锁定现象"。它能够顺利逃离外部饱和奇异和内部椭圆型奇异。从奇异逃离性能来说，它是迄今为止最为有效的一种操纵律。但是，非对角奇异鲁棒操纵律在奇异面附近会产生很大的力矩误差，因

此只适合应用于星体的姿态大角度机动过程中，并不适用于星体的精确姿态保持中。

6.4.3 混合操纵律

上述两大类操纵律在奇异面附近都没有区分椭圆型奇异面和双曲线型奇异面，因而奇异回避性能较差，或者会引入很大的力矩误差，影响了操纵律的整体性能。2010 年，Frederick 结合奇异回避操纵律和奇异逃离操纵律的特点提出了混合操纵律。混合操纵律与以往的操纵律不同，它首先通过判断式(6-19)中映射矩阵 $\boldsymbol{Q}$ 的正定性来判断所处奇异面的类型。然后，在零运动不存在的椭圆奇异面附近，通过引入力矩误差来逃离椭圆型奇异面；而在零运动存在的双曲线型奇异面通过添加零运动的方式来回避奇异面。

Frederick 提出的混合操纵律可以表示为

$$\dot{\boldsymbol{\delta}} = \boldsymbol{J}^{\mathrm{SDA},\alpha}\dot{\boldsymbol{h}} + \beta[\boldsymbol{E}_4 - \boldsymbol{J}^{\mathrm{T}}(\boldsymbol{J}\boldsymbol{J}^{\mathrm{T}})^{-1}\boldsymbol{J}]\boldsymbol{d} \tag{6-40}$$

式中

$$\boldsymbol{J}^{\mathrm{SDA},\alpha} = \boldsymbol{V}\begin{bmatrix} \dfrac{1}{\sigma_1} & 0 & 0 \\ 0 & \dfrac{1}{\sigma_2} & 0 \\ 0 & 0 & \dfrac{\sigma_3}{\sigma_3^2 + \alpha} \\ 0 & 0 & 0 \end{bmatrix}\boldsymbol{U}^{\mathrm{T}} \tag{6-41}$$

参数 α 和 β 皆为与奇异量度 D 和映射矩阵 $\boldsymbol{Q}$ 有关的参数，可以分别表示为

$$\alpha = \alpha_0 \mathrm{e}^{-a\bar{\alpha} - \mu_1 m} \tag{6-42}$$

$$\beta = \beta_0 \mathrm{e}^{-b\bar{\beta} - \mu_2 m} \tag{6-43}$$

式中：$m = \sqrt{\det(\boldsymbol{J}\boldsymbol{J}^{\mathrm{T}})}$；$a$、$b$、$\alpha_0$、$\beta_0$、$\mu_1$、$\mu_2$ 为待定正参数；$\bar{\alpha}$、$\bar{\beta}$ 分别满足

$$\bar{\alpha} = | Q_0 - \det(\boldsymbol{Q}) | \tag{6-44}$$

$$\bar{\beta} = \frac{1}{| Q_0 - \det(\boldsymbol{Q}) |} = \frac{1}{\bar{\alpha}} \tag{6-45}$$

当系统处于椭圆型奇异面附近时，混合操纵律通过增大参数 α 引入力矩误差来逃离椭圆型奇异面；而当系统处于双曲线型奇异面附近时，混合操纵律通过减小参数 α 同时增大参数 β，以添加零运动的方式来迅速逃离双曲线型奇异面。

混合操纵律虽然具有较好的奇异回避和逃离性能，以及较高的力矩输出精度，但是在零运动不存在的椭圆型奇异面处仍会带来一定的力矩误差，会影响整个姿态控制系统的控制精度。另外，考虑双曲线型奇异面处的零运动退化解并不能使得系统的奇异逃离奇异，而混合操纵律并没有对零运动退化解进行区分，这是混合操纵律的另一个缺点。

6.4.4 力矩输出能力最优原理

奇异状态的存在是 SGCMG 操纵律设计的最大障碍。为了衡量离奇异状态的远近，式(6-8)中定义了奇异量度 D。D 越大，SGCMG 系统离奇异面越远；D 越趋近于零，整个系统离奇异面越近。D 值的大小可以看作衡量整个 SGCMG 系统离奇异面远近的量度。当 $D=0$ 时，必有雅可比矩阵 $\boldsymbol{J}$ 降秩，即 $\mathrm{rank}(\boldsymbol{J})<3$，此时的物理意义是四个 SGCMG 的输出力矩矢量位于一个平面上。在该平面的法线方向(奇异方向) $\boldsymbol{u}$ 上无法产生期望力矩，此时整个 SGCMG 系统丧失了三轴姿态控制能力。实际上，在由奇异量度 D 定义的奇异状态下，当期望力矩 $\boldsymbol{T}_c$ 位于由四个 SGCMG 的输出力矩矢量 $\boldsymbol{\tau}_i$ 形成的平面内时，SGCMG 系统仍然能输出期望力矩，如图 6-9 所示。

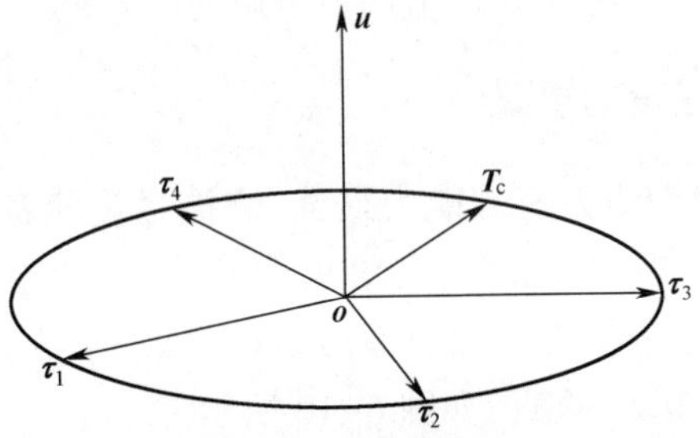

图 6-9　奇异状态

因此，为了更合理地衡量 SGCMG 系统输出期望力矩的能力、评价 SGCMG 系统离奇异面的远近，定义了输出力矩能力性能指标：

$$
\begin{aligned}
S &= \sum_{i=1}^{4}\left\langle \frac{\boldsymbol{\tau}_i}{\|\boldsymbol{\tau}_i\|}, \frac{\boldsymbol{T}_c}{\|\boldsymbol{T}_c\|}\right\rangle^2 \\
&= \sum_{i=1}^{4}\left\langle -\boldsymbol{J}_i, \frac{\boldsymbol{T}_c}{\|\boldsymbol{T}_c\|}\right\rangle^2 \\
&= \sum_{i=1}^{4}\cos^2\theta_i
\end{aligned} \tag{6-46}
$$

式中：θ_i 为第 i 个 SGCMG 输出力矩 $\boldsymbol{\tau}_i$ 与期望力矩 $\boldsymbol{T}_c$ 之间的夹角。

S 越大,表明 SGCMG 系统输出期望力矩 $\boldsymbol{T}_c$ 的能力越大。$S=0$, 表示该 SGCMG 系统无法输出期望力矩 $\boldsymbol{T}_c$,此时的期望力矩 $\boldsymbol{T}_c$ 沿着奇异方向 $\boldsymbol{u}$,必有奇异量度 $D=0$。但是当 $D=0$ 时,性能指标 S 不一定等于 0。相对于奇异量度 D 来说,性能指标 S 可以更合理地反映系统输出期望力矩能力的大小。

为了使整个 SGCMG 系统的力矩输出能力最大,性能指标 S 应尽量取最大值,也就是使每个 SGCMG 单元的输出力矩 $\boldsymbol{\tau}_i$ 与期望力矩 $\boldsymbol{T}_c$ 之间的夹角尽量小。此时,每个 SGCMG 单元的输出力矩 $\boldsymbol{\tau}_i$ 在期望力矩 $\boldsymbol{T}_c$ 方向上的分量最大,系统输出期望力矩 $\boldsymbol{T}_c$ 的能力最强,这称为力矩输出能力最优原理。

6.5 基于力矩输出能力最优的操纵律设计

以往的操纵律设计往往都是基于如何回避奇异,即保证奇异量度 $D \neq 0$ 来考虑的,没有考虑如何根据期望力矩矢量使整个 SGCMG 系统合理分配框架角速度来保证输出期望力矩能力最优,即保证性能指标 $S \neq 0$ 和 S 取最大值的问题。下面设计的联合操纵律根据力矩输出能力最优原理,从 SGCMG 的力矩输出几何关系出发,合理分配各个 SGCMG 单元的框架转速,既能够使得系统输出期望力矩的能力最强,又能保证输出期望力矩的误差最小[16]。

6.5.1 最优框架角速度的求取

为了使系统输出期望力矩的能力最强,应该尽量使各个 SGCMG 输出力矩矢量 $\boldsymbol{\tau}_i$ 与期望控制力矩 $\boldsymbol{T}_c$ 之间的夹角 θ_i 最小,即 SGCMG 输出力矩矢量 $\boldsymbol{\tau}_i$ 应沿着输出期望力矩 $\boldsymbol{T}_c$ 的能力最优的输出力矩矢量 $\boldsymbol{\tau}_{di}$ 方向,此时 SGCMG 角动量矢量 $\boldsymbol{h}_{di}$ 与期望力矩 $\boldsymbol{T}_c$ 垂直,如图 6-10 所示。

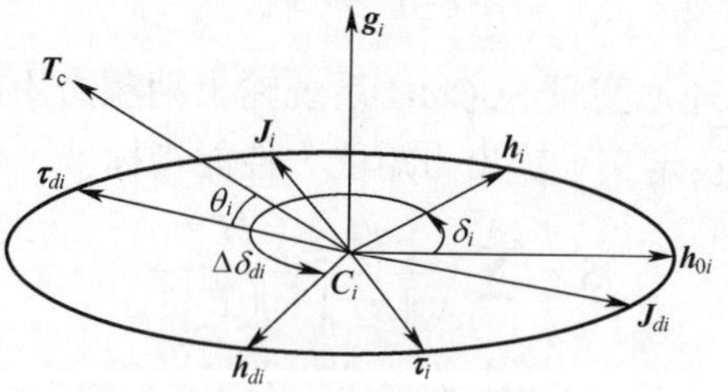

图 6-10　力矩输出几何关系

为了使得输出力矩矢量与期望力矩夹角最小,应首先根据期望力矩矢量和 SGCMG 当前的状态,求出当前状态与能够实现力矩输出能力最优的状态之间的角距离。在 SGCMG 固连正交坐标系 $\boldsymbol{C}_i\{\boldsymbol{h}_i,\boldsymbol{J}_i,\boldsymbol{g}_i\}$ 中，$[\boldsymbol{h}_i,\boldsymbol{J}_i,\boldsymbol{g}_i]$ 为该 SGCMG 单元当前的状态，$[\boldsymbol{h}_{di},\boldsymbol{J}_{di},\boldsymbol{g}_i]$ 为输出期望力矩 $\boldsymbol{T}_\mathrm{c}$ 能力最优的状态，$\Delta\delta_{di}$ 为两状态之间的角距离。$\boldsymbol{\tau}_i$ 和 $\boldsymbol{\tau}_{di}$ 分别为 SGCMG 在两个状态下的输出力矩矢量，方向分别与 $\boldsymbol{J}_i$ 和 $\boldsymbol{J}_{di}$ 相反。$\boldsymbol{h}_{0i}$ 为当框架角 δ_i 为 0 时 SGCMG 的角动量。根据式(6-46)，为了使得性能指标 S 取最大值，应使输出力矩矢量 $\boldsymbol{\tau}_i$ 与期望力矩 $\boldsymbol{T}_\mathrm{c}$ 之间的夹角最小，此时有 $\boldsymbol{\tau}_i$ 与 $\boldsymbol{\tau}_{di}$ 重合，满足 $\boldsymbol{\tau}_{di}$、$\boldsymbol{T}_\mathrm{c}$ 及 $\boldsymbol{g}_i$ 三矢量共面。由于 $\boldsymbol{h}_{di}\perp\boldsymbol{\tau}_{di}$，则有 $\boldsymbol{h}_{di}\perp\boldsymbol{T}_\mathrm{c}$，易得

$$\boldsymbol{h}_{di}=\frac{\boldsymbol{g}_i\times\boldsymbol{T}_\mathrm{c}}{\|\boldsymbol{g}_i\times\boldsymbol{T}_\mathrm{c}\|} \tag{6-47}$$

则当前框架角 δ_i 与期望的框架角 δ_{di} 之间的角距离 $\Delta\delta_{di}$ 满足

$$\cos\Delta\delta_{di}=\frac{\langle\boldsymbol{h}_i,\boldsymbol{h}_{di}\rangle}{\|\boldsymbol{h}_i\|\cdot\|\boldsymbol{h}_{di}\|},\begin{cases}0\leqslant\Delta\delta_{di}\leqslant\pi,\langle\boldsymbol{h}_i\times\boldsymbol{h}_{di},\boldsymbol{g}_i\rangle>0\\-\pi\leqslant\Delta\delta_{di}\leqslant 0,\langle\boldsymbol{h}_i\times\boldsymbol{h}_{di},\boldsymbol{g}_i\rangle<0\end{cases} \tag{6-48}$$

可以合并为

$$\Delta\delta_{di}=\arccos\left(\frac{\langle\boldsymbol{h}_i,\boldsymbol{h}_{di}\rangle}{\|\boldsymbol{h}_i\|\cdot\|\boldsymbol{h}_{di}\|}\right)\cdot\mathrm{sgn}(\langle\boldsymbol{h}_i\times\boldsymbol{h}_{di},\boldsymbol{g}_i\rangle) \tag{6-49}$$

式中：sgn(·) 为符号函数；$\Delta\delta_{di}$ 满足 $-\pi\leqslant\Delta\delta_{di}\leqslant\pi$。

经过一个控制周期 Δt 之后，为了使得输出期望力矩的能力最优，当前框架角 δ_i 应与期望的框架角 δ_{di} 重合，则期望的框架角速度为

$$\dot{\delta}_{di}=\frac{\Delta\delta_{di}}{\Delta t} \tag{6-50}$$

式中：$\dot{\delta}_{di}$ 满足 $-\dot{\delta}_{\max}\leqslant\dot{\delta}_{di}\leqslant\dot{\delta}_{\max}$，$\dot{\delta}_{\max}$ 为硬件所能提供的最大框架角速度。

6.5.2 操纵律设计

联合操纵律在精确输出期望力矩的同时要保证力矩输出能力最大。而为了使得性能指标 S 取最大值，每个 SGCMG 的角动量 $\boldsymbol{h}_i$ 应尽量与期望的最优角动量 $\boldsymbol{h}_{di}$ 一致，即框架角速度 $\dot{\delta}_i$ 应尽量与期望的框架角速度 $\dot{\delta}_{di}$ 一致，同时保证输出力矩误差最小，因此引入混合二次型优化指标：

$$L=\min_{\dot{\delta}}\frac{1}{2}[\dot{\boldsymbol{\delta}}_e^\mathrm{T}\boldsymbol{A}\dot{\boldsymbol{\delta}}_e+\boldsymbol{T}_e^\mathrm{T}\boldsymbol{B}\boldsymbol{T}_e] \tag{6-51}$$

式中，$\dot{\boldsymbol{\delta}}_e=\dot{\boldsymbol{\delta}}-\dot{\boldsymbol{\delta}}_d$；$\boldsymbol{T}_e=\boldsymbol{J}\dot{\boldsymbol{\delta}}-\dot{\boldsymbol{h}}$。

将式(6-51)展开，可得

$$L=\frac{1}{2}[(\dot{\boldsymbol{\delta}}-\dot{\boldsymbol{\delta}}_d)^{\mathrm{T}}\boldsymbol{A}(\dot{\boldsymbol{\delta}}-\dot{\boldsymbol{\delta}}_d)]+\frac{1}{2}[(\boldsymbol{J}\dot{\boldsymbol{\delta}}-\dot{\boldsymbol{h}})^{\mathrm{T}}\boldsymbol{B}(\boldsymbol{J}\dot{\boldsymbol{\delta}}-\dot{\boldsymbol{h}})] \tag{6-52}$$

当 L 取得最小值且矩阵 $\boldsymbol{A}$、$\boldsymbol{B}$ 取为对称矩阵时,必有

$$\begin{aligned}\frac{\partial L}{\partial \dot{\boldsymbol{\delta}}}&=\boldsymbol{A}(\dot{\boldsymbol{\delta}}-\dot{\boldsymbol{\delta}}_d)+\boldsymbol{J}^{\mathrm{T}}\boldsymbol{B}(\boldsymbol{J}\dot{\boldsymbol{\delta}}-\dot{\boldsymbol{h}})\\&=\mathbf{0}\end{aligned} \tag{6-53}$$

即

$$\dot{\boldsymbol{\delta}}=(\boldsymbol{A}+\boldsymbol{J}^{\mathrm{T}}\boldsymbol{B}\boldsymbol{J})^{-1}(\boldsymbol{A}\dot{\boldsymbol{\delta}}_d+\boldsymbol{J}^{\mathrm{T}}\boldsymbol{B}\dot{\boldsymbol{h}}) \tag{6-54}$$

取 $\boldsymbol{B}=\boldsymbol{E}_3$, $\boldsymbol{A}=\lambda\boldsymbol{E}_4$,可得

$$\dot{\boldsymbol{\delta}}=(\lambda\boldsymbol{E}_4+\boldsymbol{J}^{\mathrm{T}}\boldsymbol{J})^{-1}(\lambda\dot{\boldsymbol{\delta}}_d+\boldsymbol{J}^{\mathrm{T}}\dot{\boldsymbol{h}}) \tag{6-55}$$

考虑到式(6-55)需要对 4×4 矩阵求逆,计算较为复杂,可根据 Woodbury 公式将其变换为

$$\dot{\boldsymbol{\delta}}=\left[\boldsymbol{E}_4-\frac{1}{\lambda}\boldsymbol{J}^{\mathrm{T}}\left(\boldsymbol{E}_3+\frac{1}{\lambda}\boldsymbol{J}\boldsymbol{J}^{\mathrm{T}}\right)^{-1}\boldsymbol{J}\right](\dot{\boldsymbol{\delta}}_d+\frac{1}{\lambda}\boldsymbol{J}^{\mathrm{T}}\dot{\boldsymbol{h}}) \tag{6-56}$$

联合操纵律在保证力矩输出误差最小的同时,将使得 SGCMG 系统朝着输出力矩能力最强的框架角构型运动,从而有效地避免奇异。

6.5.3 框架锁定现象分析

根据奇异值分解理论,雅可比矩阵 $\boldsymbol{J}\in R^{3\times 4}$ 可以分解为

$$\boldsymbol{J}=\boldsymbol{V}\boldsymbol{\Lambda}\boldsymbol{U}^{\mathrm{T}} \tag{6-57}$$

式中:$\boldsymbol{V}$、$\boldsymbol{U}$ 为单位正交矩阵, $\boldsymbol{V}=[\boldsymbol{v}_1,\boldsymbol{v}_2,\boldsymbol{v}_3]\in R^{3\times 3}$,$\boldsymbol{U}=[\boldsymbol{u}_1,\boldsymbol{u}_2,\boldsymbol{u}_3,\boldsymbol{u}_4]\in R^{4\times 4}$, 满足 $\boldsymbol{V}^{\mathrm{T}}\boldsymbol{V}=\boldsymbol{E}_3$,$\boldsymbol{U}^{\mathrm{T}}\boldsymbol{U}=\boldsymbol{E}_4$;$\boldsymbol{\Lambda}=\begin{bmatrix}\sigma_1&0&0&0\\0&\sigma_2&0&0\\0&0&\sigma_3&0\end{bmatrix}$,$\sigma_i(i=1,2,3)$ 为矩阵 $\boldsymbol{J}$ 的奇异值,且满足 $\sigma_1\geqslant\sigma_2\geqslant\sigma_3$。

式(6-55)描述的联合操纵律可分解为

$$\begin{aligned}\dot{\boldsymbol{\delta}}&=(\lambda\boldsymbol{U}\boldsymbol{U}^{\mathrm{T}}+\boldsymbol{U}\boldsymbol{\Lambda}^{\mathrm{T}}\boldsymbol{V}^{\mathrm{T}}\boldsymbol{V}\boldsymbol{\Lambda}\boldsymbol{U}^{\mathrm{T}})^{-1}(\lambda\dot{\boldsymbol{\delta}}_d+\boldsymbol{U}\boldsymbol{\Lambda}^{\mathrm{T}}\boldsymbol{V}^{\mathrm{T}}\dot{\boldsymbol{h}})\\&=\boldsymbol{U}(\lambda\boldsymbol{E}+\boldsymbol{\Lambda}^{\mathrm{T}}\boldsymbol{\Lambda})^{-1}\boldsymbol{U}^{\mathrm{T}}(\lambda\dot{\boldsymbol{\delta}}_d+\boldsymbol{U}\boldsymbol{\Lambda}^{\mathrm{T}}\boldsymbol{V}^{\mathrm{T}}\dot{\boldsymbol{h}})\\&=\lambda\boldsymbol{U}\boldsymbol{\Sigma}\boldsymbol{U}^{\mathrm{T}}\dot{\boldsymbol{\delta}}_d+\boldsymbol{U}\boldsymbol{\Sigma}\boldsymbol{\Lambda}^{\mathrm{T}}\boldsymbol{V}^{\mathrm{T}}\dot{\boldsymbol{h}}\\&=\sum_{i=1}^{3}\frac{\lambda}{\sigma_i^2+\lambda}\dot{\boldsymbol{\delta}}_{di}+\dot{\boldsymbol{\delta}}_{d4}+\sum_{i=1}^{3}\frac{\sigma_i}{\sigma_i^2+\lambda}\boldsymbol{u}_i\boldsymbol{v}_i^{\mathrm{T}}\dot{\boldsymbol{h}}\end{aligned} \tag{6-58}$$

式中

$$\boldsymbol{\Sigma} = (\lambda \boldsymbol{E} + \boldsymbol{\Lambda}^{\mathrm{T}}\boldsymbol{\Lambda})^{-1} = \mathrm{diag}\left[\frac{1}{\sigma_1^2 + \lambda}, \frac{1}{\sigma_2^2 + \lambda}, \frac{1}{\sigma_3^2 + \lambda}, \frac{1}{\lambda}\right] \tag{6-59}$$

由于 $\boldsymbol{v}_1$、$\boldsymbol{v}_2$、$\boldsymbol{v}_3$ 是三维正交基矢量，则任意期望控制力矩都可以表示为

$$\boldsymbol{T}_{\mathrm{c}} = \sum_{i=1}^{3} c_i \boldsymbol{v}_i \tag{6-60}$$

式中：$c_i(i = 1,2,3)$ 分别为期望力矩 $\boldsymbol{T}_{\mathrm{c}}$ 在沿基矢量 $\boldsymbol{v}_1$、$\boldsymbol{v}_2$、$\boldsymbol{v}_3$ 方向的分量大小，如图 6-11 所示。

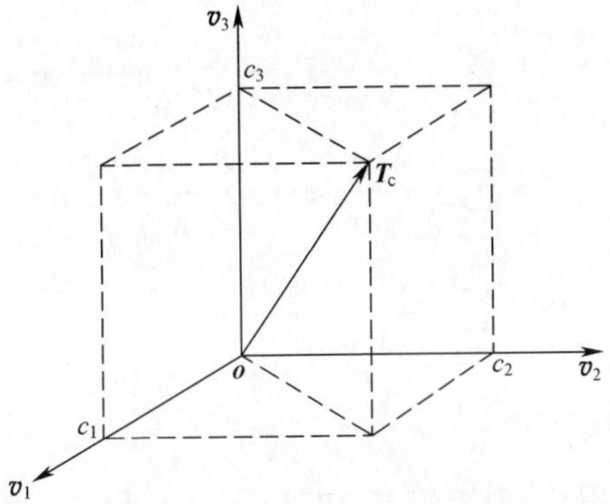

图 6-11　期望力矩 c 的投影图

当 SGCMG 系统处于奇异状态时，有 $\sigma_3 = 0$。当期望力矩 $\boldsymbol{T}_{\mathrm{c}} = -\dot{\boldsymbol{h}}$ 沿着奇异方向且可以表示为 $c\boldsymbol{v}_3$ 时，操纵律输出的指令框架角速度为

$$\begin{aligned}\dot{\boldsymbol{\delta}} &= \sum_{i=1}^{3} \frac{\lambda}{\sigma_i^2 + \lambda}\dot{\delta}_{di} + \dot{\delta}_{d4} + \sum_{i=1}^{3} \frac{c\sigma_i}{\sigma_i^2 + \lambda}\boldsymbol{u}_i \boldsymbol{v}_i^{\mathrm{T}}\boldsymbol{v}_3 \\ &= \sum_{i=1}^{3} \frac{\lambda}{\sigma_i^2 + \lambda}\dot{\delta}_{di} + \dot{\boldsymbol{\delta}}_{d4}\end{aligned} \tag{6-61}$$

由于期望框架角速度 $\dot{\boldsymbol{\delta}}_d \neq 0$，因此即使期望力矩与奇异方向平行时，联合操纵律输出的指令框架角速度也不为 0，可以使系统迅速逃离奇异状态，不存在“框架锁定”现象。

6.5.4　力矩输出误差分析

根据式(6-58)采用联合操纵律的 SGCMG 系统的输出力矩可以表示为

$$
\begin{aligned}
\boldsymbol{T} &= -\boldsymbol{J}\dot{\boldsymbol{\delta}} \\
&= -\boldsymbol{V\Lambda U}^{\mathrm{T}}(\lambda \boldsymbol{U\Sigma U}^{\mathrm{T}}\dot{\delta}_d + \boldsymbol{U\Sigma\Lambda}^{\mathrm{T}}\boldsymbol{V}^{\mathrm{T}}\dot{\boldsymbol{h}}) \\
&= -\lambda \boldsymbol{V\Lambda\Sigma U}^{\mathrm{T}}\dot{\boldsymbol{\delta}}_d - \boldsymbol{V\Lambda\Sigma\Lambda}^{\mathrm{T}}\boldsymbol{V}^{\mathrm{T}}\dot{\boldsymbol{h}} \\
&= -\sum_{i=1}^{3}\frac{\lambda\sigma_i}{\lambda+\sigma_i^2}\boldsymbol{v}_i\boldsymbol{u}_i^{\mathrm{T}}\dot{\boldsymbol{\delta}}_d + \sum_{i=1}^{3}\frac{\sigma_i^2}{\lambda+\sigma_i^2}\boldsymbol{T}_{\mathrm{c}}
\end{aligned} \tag{6-62}
$$

则输出力矩误差可以表示为

$$
\begin{aligned}
\Delta\boldsymbol{T} &= \boldsymbol{T}_{\mathrm{c}} - \boldsymbol{T} \\
&= \boldsymbol{T}_{\mathrm{c}} + \sum_{i=1}^{3}\frac{\lambda\sigma_i}{\lambda+\sigma_i^2}\boldsymbol{v}_i\boldsymbol{u}_i^{\mathrm{T}}\dot{\boldsymbol{\delta}}_d - \sum_{i=1}^{3}\frac{\sigma_i^2}{\lambda+\sigma_i^2}\boldsymbol{T}_{\mathrm{c}} \\
&= \sum_{i=1}^{3}\frac{\lambda}{\lambda+\sigma_i^2}\boldsymbol{T}_{\mathrm{c}} + \sum_{i=1}^{3}\frac{\lambda\sigma_i}{\lambda+\sigma_i^2}\boldsymbol{v}_i\boldsymbol{u}_i^{\mathrm{T}}\dot{\boldsymbol{\delta}}_d \\
&= \sum_{i=1}^{3}\frac{\lambda c_i}{\lambda+\sigma_i^2}\boldsymbol{v}_i + \sum_{i=1}^{3}\frac{\lambda a\sigma_i}{\lambda+\sigma_i^2}\boldsymbol{v}_i \\
&= \sum_{i=1}^{3}\frac{\lambda(c_i+a\sigma_i)}{\lambda+\sigma_i^2}\boldsymbol{v}_i
\end{aligned} \tag{6-63}
$$

式中：$a = \boldsymbol{u}_i^{\mathrm{T}}\dot{\boldsymbol{\delta}}_d$。

从式(6-63)可以看出，力矩误差 $\Delta\boldsymbol{T}$ 与 σ_i、λ 和 $\dot{\boldsymbol{\delta}}_d$ 有关。λ 越小，$\Delta\boldsymbol{T}$ 越小。然而，根据式(6-58)，λ 减小将会使得该操纵律求得的框架角速度迅速增加，超过了硬件的输出能力；反之，λ 增加将会带来较大的力矩误差，影响姿态控制系统的控制性能。

特别地，在奇异面附近有 $\sigma_3 \to 0$，此时将会带来较大的力矩误差。根据奇异值分解理论，奇异量度可以表示为

$$
\begin{aligned}
D &= \det(\boldsymbol{JJ}^{\mathrm{T}}) \\
&= \prod_{i=1}^{3}\sigma_i^2
\end{aligned} \tag{6-64}
$$

为了降低在奇异面附近处产生的力矩误差，将 λ 取为

$$
\lambda = \lambda_0\exp(\mu D) \tag{6-65}
$$

此时，在奇异面附近，有奇异量度 $D \to 0$，λ 将以指数规律迅速减小。根据式(6-63)，此时力矩误差 $\Delta\boldsymbol{T}$ 将迅速减小。同时，$\lambda \neq 0$ 将使得联合操纵律总是存在一定的力矩误差，降低 λ 的取值，可以相应地降低力矩误差。因此，合理选择参数 λ 是联合操纵律应用的关键。

6.6 仿真与分析

6.6.1 恒定力矩仿真

为了验证所设计操纵律的奇异回避性能，在 Matlab/Simulink 环境下以金字塔构型 SGCMG 系统($\beta=54.73°$)为例，分别对伪逆操纵律、带零运动操纵律、奇异鲁棒操纵律、非对角奇异鲁棒操纵律和联合操纵律进行了期望力矩 $\boldsymbol{T}_c=-\dot{\boldsymbol{h}}=[0.2\mathrm{N\cdot m}, 0\mathrm{N\cdot m}, 0\mathrm{N\cdot m}]^{\mathrm{T}}$ 的数学仿真，以验证它们对位于 $\boldsymbol{\delta}=[90°, 0°, -90°, 0°]^{\mathrm{T}}$处的椭圆奇异面的回避性能，以及在逃离该奇异面时所产生的力矩误差大小。Simulink 是一种基于 Matlab 的图形化仿真工具包，可以方便地进行动态系统建模、仿真和综合分析。

仿真中，每个 SGCMG 单元的角动量 $h=1\mathrm{N\cdot ms}$，最大框架角速度取为 3rad/s，系统的初始框架角 $\boldsymbol{\delta}_0=[0°, 0°, 0°, 0°]^{\mathrm{T}}$。在 Simulink 环境中，采用固定步长求解器，仿真步长取为 0.1s。

1. 伪逆操纵律

式(6-24)中描述的伪逆操纵律是雅可比矩阵的广义逆矩阵，满足能量最优解，将始终驱使整个系统朝着奇异状态运动。如图 6-12 所示，在大约 5.8s，采用伪逆操纵律的 SGCMG 系统陷入了位于 $\boldsymbol{\delta}=[90°, 0°, -90°, 0°]^{\mathrm{T}}$处的椭圆型奇异面，SGCMG 系统无法继续输出期望力矩。此时，伪逆操纵律输出的框架角速度为无穷大，但是框架角速度只能在最大框架角速度间反复振荡，框架角始终处于位于 $\boldsymbol{\delta}=[90°, 0°, -90°, 0°]^{\mathrm{T}}$的椭圆型奇异面处，奇异量度 D 和性能指标 S 都等于零，整个系统陷入奇异状态而无法逃离。

虽然伪逆操纵律将始终驱使整个 SGCMG 系统朝着奇异状态运动，但是不同的初始框架角会对 SGCMG 系统的奇异回避性能产生重要影响。初始框架角为$[115°, -115°, 115°, -115°]^{\mathrm{T}}$时的仿真结果如图 6-13 所示。整个仿真过程中，伪逆操纵律在精确地输出期望力矩的同时始终远离奇异状态，奇异量度 D 和性能指标 S 都保持较大值。框架角速度变化平稳，没有超过最大框架角速度。这表明，当期望力矩轨迹已知时，选择不同的初始框架角可以使整个 SGCMG 系统有效地回避奇异状态。

2. 带零运动操纵律

仿真中的零运动采用式(6-29)中的映射矩阵构建方式，零运动幅值大小 ρ 取为式(6-27)中的形式，仿真结果如图 6-14 所示。在大约 6s，奇异量度 D 和

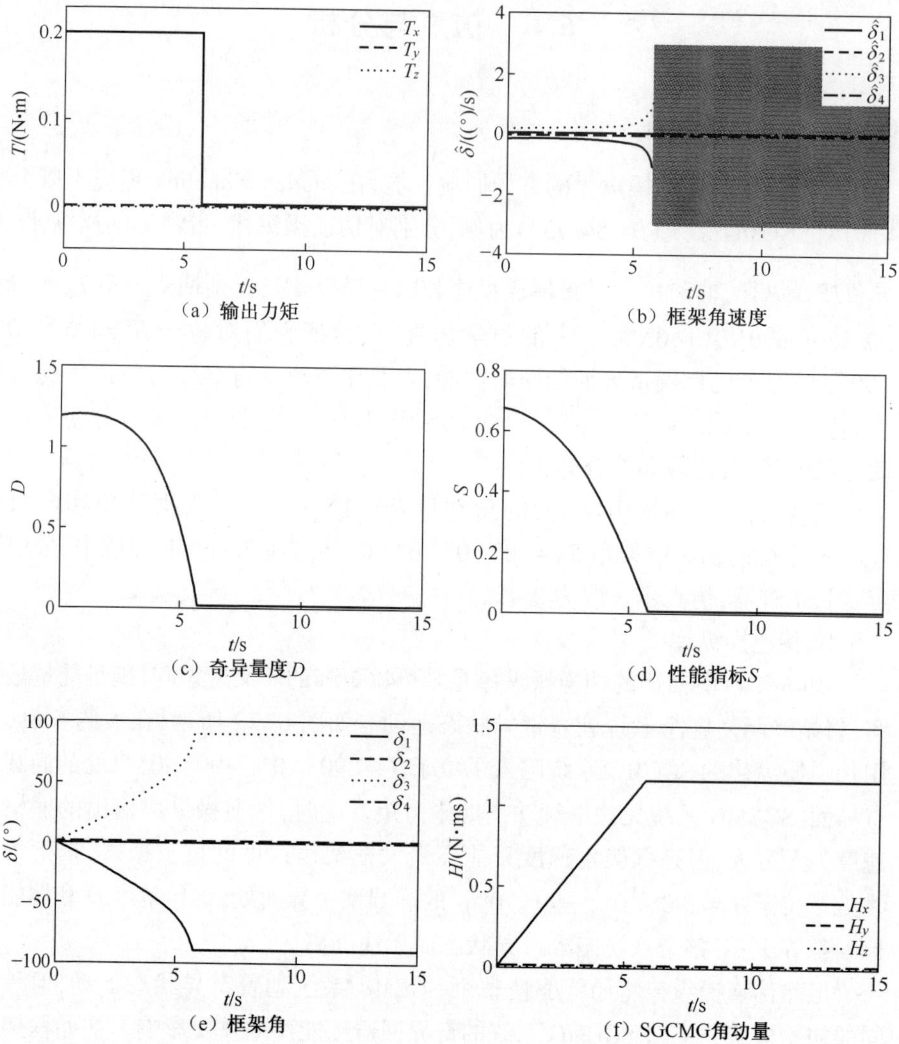

（a）输出力矩　（b）框架角速度

（c）奇异量度D　（d）性能指标S

（e）框架角　（f）SGCMG角动量

图 6-12　伪逆操纵律仿真结果（$\dot{\boldsymbol{\delta}}_0=[0°,\ 0°,\ 0°,\ 0°]^{\mathrm{T}}$）

性能指标 S 都趋近零，系统到达位于 $\boldsymbol{\delta}=[90°,\ 0°,\ -90°,\ 0°]^{\mathrm{T}}$ 的椭圆型奇异面处。此时，带零运动操纵律输出的框架角速度为无穷大，但是框架电动机的驱动能力有限，框架角速度只能在最大框架角速度之间做高频反复振荡。由于，期望的框架角速度无法实现，SGCMG 系统也就无法精确输出期望力矩，这样就带来了极大力矩误差。经过大约 1s 的振荡之后，系统逐渐逃离椭圆型奇异面。但是，这并不说明带零运动能够有效回避椭圆型奇异。这是因为，仿真中并没

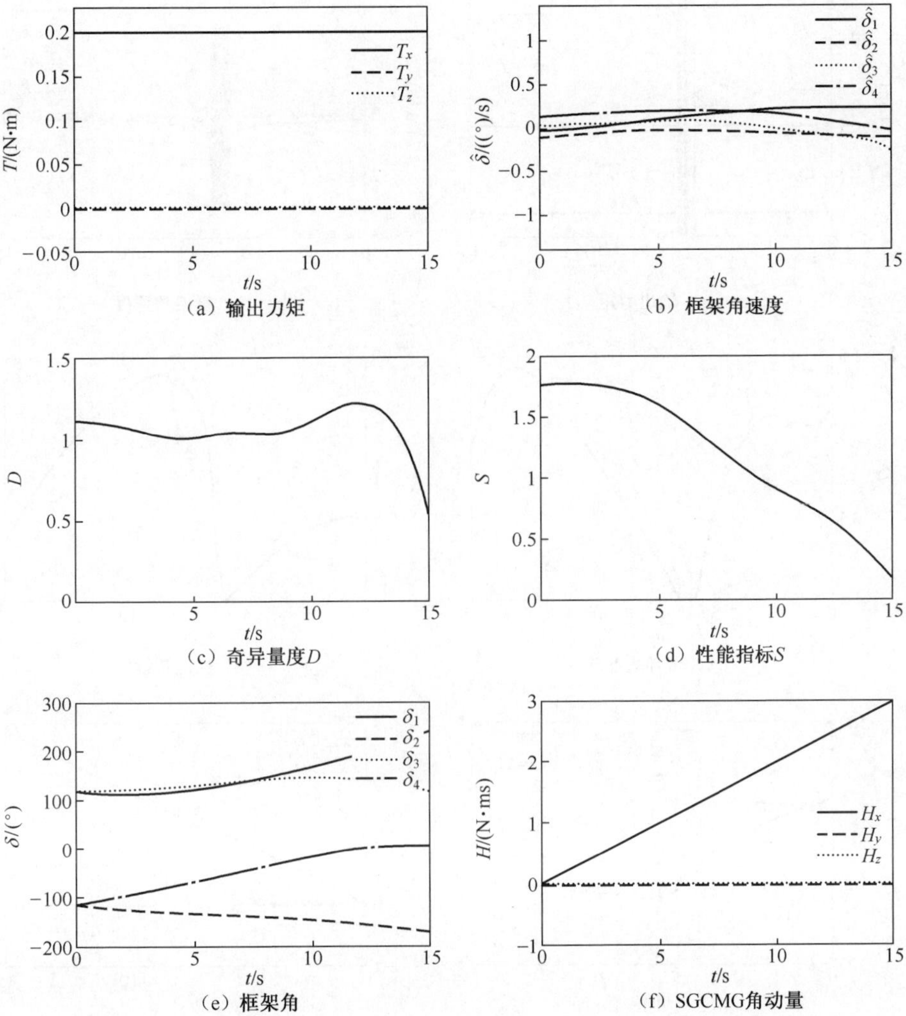

图 6-13 伪逆操纵律仿真结果($\boldsymbol{\delta}_0=[115°, -115°, 115°, -115°]^{\mathrm{T}}$)

有考虑到框架角加速度的约束,而在实际应用中框架角速度高频反复振荡是不允许的,也是无法实现的,这样带零运动操纵律将无法回避椭圆型奇异面。

3. 奇异鲁棒操纵律

奇异鲁棒操纵律采用式(6-35)中的表达形式,参数 α 取为

$$\alpha=0.1\exp(-20\det(\boldsymbol{J}\boldsymbol{J}^{\mathrm{T}}))$$

采用奇异鲁棒操纵律的 SGCMG 系统在大约 6s 时达到位于 $\boldsymbol{\delta}=[90°, 0°, -90°, 0°]^{\mathrm{T}}$ 处的椭圆型奇异面,仿真结果如图 6-15 所示。由于在该奇异面处,

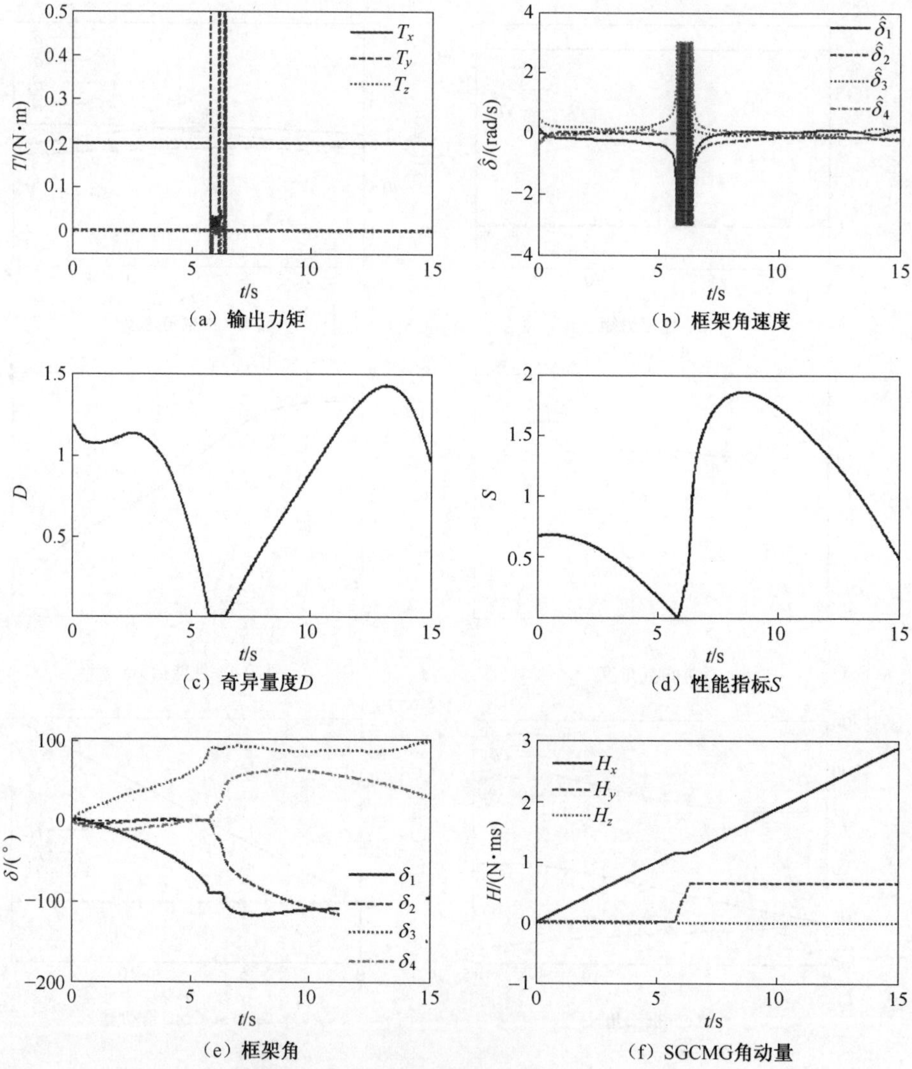

图 6-14 (见彩图)带零运动操纵律仿真结果($\boldsymbol{\delta}=[0°,0°,0°,0°]^{\mathrm{T}}$)

奇异方向为 X 轴,而期望力矩方向也沿着 X 轴,因此将发生“框架锁定”现象。此时,奇异鲁棒操纵律输出的框架角速度为 0,系统停留在椭圆型奇异面处而无法逃离,框架角始终处于 $\boldsymbol{\delta}=[90°,0°,-90°,0°]^{\mathrm{T}}$ 的椭圆型奇异面处。整个 SGCMG 系统无法继续输出控制力矩,性能指标 S 和奇异量度 D 始终为零。“框架锁定”现象严重了影响奇异鲁棒操纵律的成功应用。

4. 非对角奇异鲁棒操纵律

非对角奇异鲁棒操纵律采用式(6-39)中的表达形式,其中加权矩阵取为

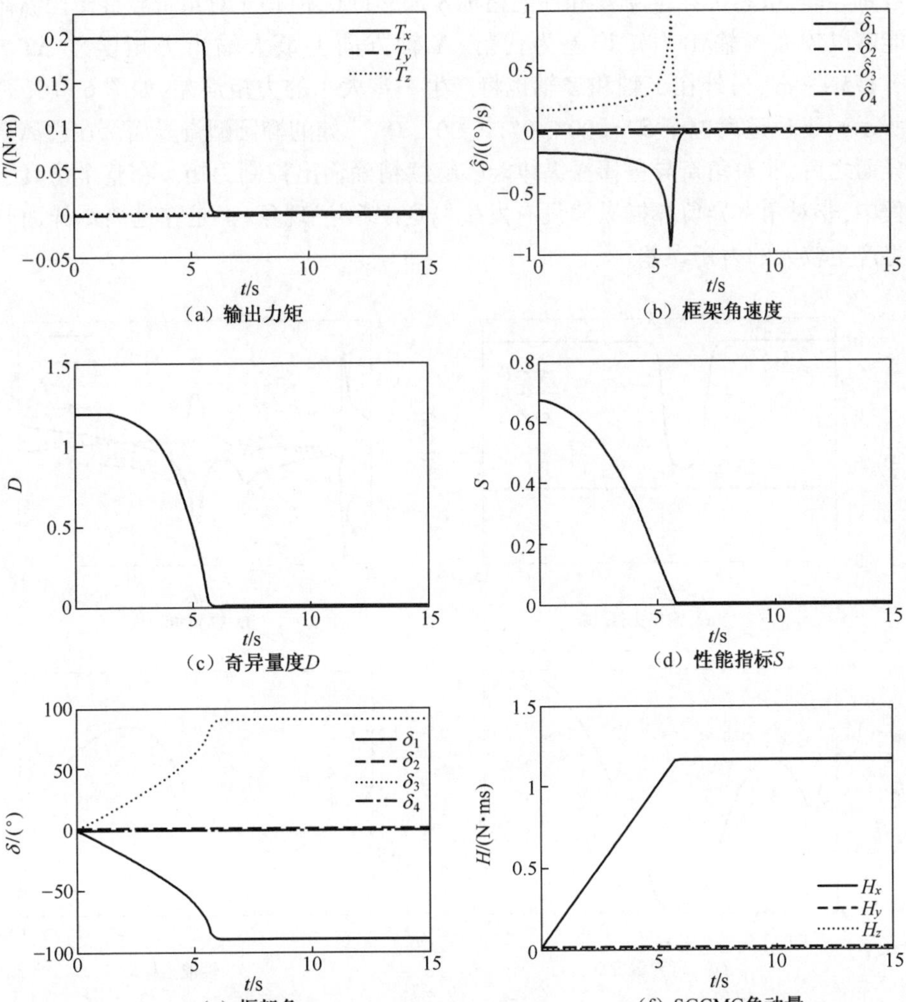

（a）输出力矩　（b）框架角速度

（c）奇异量度D　（d）性能指标S

（e）框架角　（f）SGCMG角动量

图 6-15　（见彩图）奇异鲁棒操纵律仿真结果（$\boldsymbol{\delta}_0=[0°,0°,0°,0°]$）

$$
\boldsymbol{W}=\begin{bmatrix}1 & \alpha & \alpha & \alpha\\ \alpha & 1 & \alpha & \alpha\\ \alpha & \alpha & 0.01 & \alpha\\ \alpha & \alpha & \alpha & 1\end{bmatrix}
$$

式(6-37)～式(6-38)中的α、ε_i和ϕ_i分别取为

$$
\alpha=0.01\exp(-10\det(\boldsymbol{J}\boldsymbol{J}^{\mathrm{T}})),\varepsilon_i=0.01\sin\left(\frac{\pi}{2}t+\phi_i\right),\phi_i=0,\frac{\pi}{2},\pi
$$

非对角奇异鲁棒操纵律的仿真结果如图 6-16 所示。在大约 6s 时，系统接

近奇异面，虽然奇异量度 D 和性能指标 S 都趋近 0，但是非对角奇异鲁棒操纵律能够以较大的输出力矩误差为代价（X 轴方向上最大输出力矩误差 $\Delta \boldsymbol{T}=0.175\mathrm{N\cdot m}$，另外在 Y 轴和 Z 轴也将产生一定大小的力矩误差，如图 6-16(a)所示），迅速逃离位于 $\boldsymbol{\delta}=[90°,\ 0°,\ -90°,\ 0°]^{\mathrm{T}}$ 处的椭圆型奇异面。在逃离奇异面之后，非对角奇异鲁棒操纵律能够继续精确输出控制力矩。在整个仿真过程中，非对角奇异鲁棒操纵律没有发生“框架锁定”现象，但是在逃离奇异面时将产生较大的力矩误差。

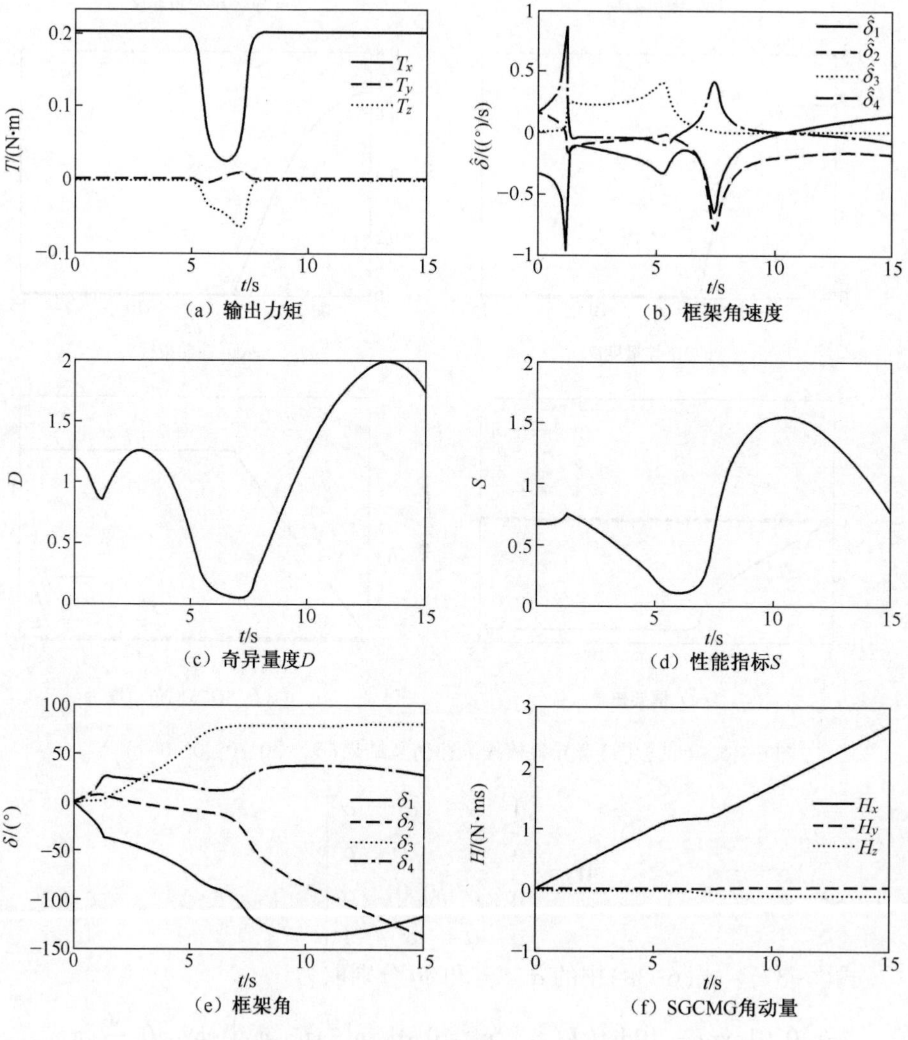

图 6-16 非对角奇异操纵律仿真结果($\boldsymbol{\delta}=[90°,0°,-90°,0°]$)

在实际航天应用中，太大的控制力矩误差将会使航天器产生姿态偏离，严重影响航天器的姿态控制精度。因此，非对角奇异鲁棒操纵律不适用于航天器精确姿态保持中。

5. 联合操纵律

所设计的联合操纵律采用式(6-56)中的表达形式，参数 λ 取为

$$\lambda = 0.001\exp(0.5\det(\boldsymbol{J}\boldsymbol{J}^{\mathrm{T}}))$$

联合操纵律的仿真结果如图 6-17 所示。在大约 6s 时，奇异量度 D 和性能

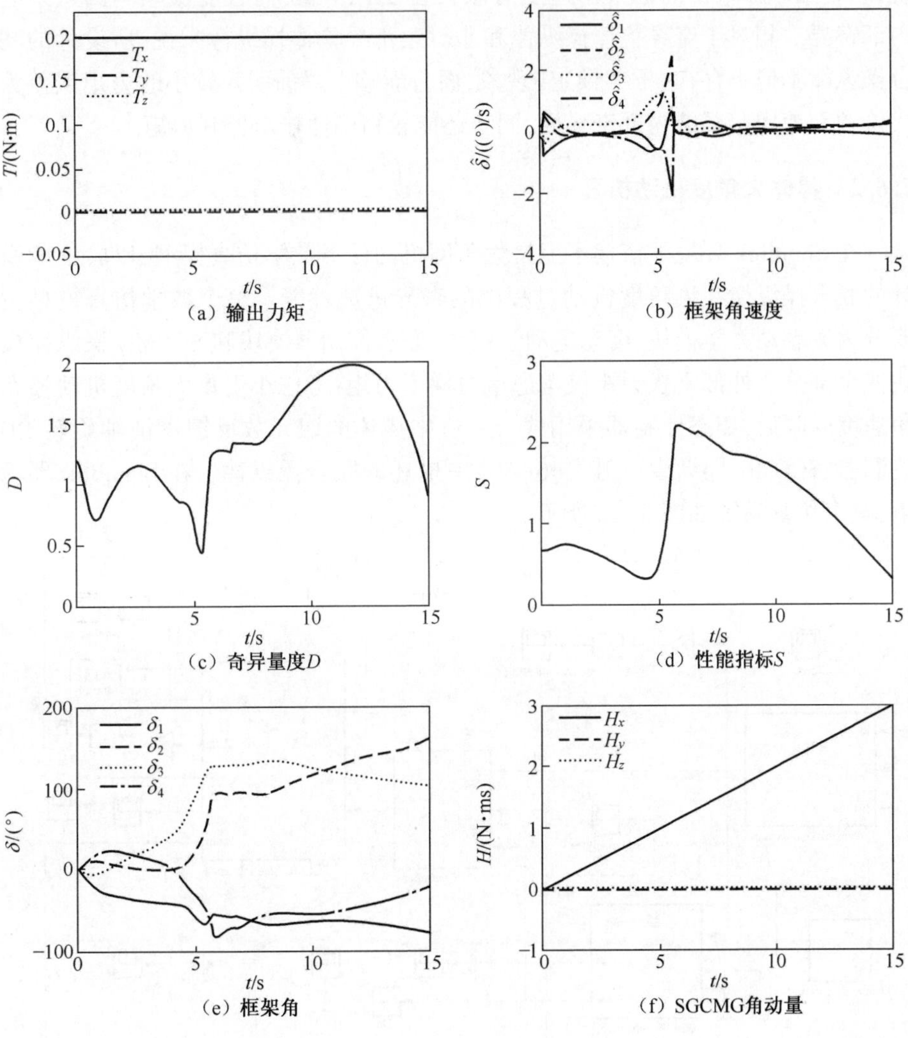

(a) 输出力矩　(b) 框架角速度

(c) 奇异量度D　(d) 性能指标S

(e) 框架角　(f) SGCMG角动量

图 6-17　联合操纵律仿真结果($\boldsymbol{\delta}_0=[0°\quad 0°\quad 0°\quad 0°]$)

指标 S 达到整个仿真过程中的最小值,皆为约 0.5。此时,系统接近奇异面,但是联合操纵律仍然能够输出期望力矩。之后,系统迅速逃离奇异面,奇异量度 D 和性能指标 S 迅速增加。而且,在整个仿真过程中,联合操纵律输出的框架角速度变化平稳,没有超过最大框架角速度,且能够精确地输出期望力矩,输出力矩误差很小(系统在大约 6s 接近奇异面时,X 轴最大力矩输出误差 ΔT 仅为 0.002N · m,Y 轴、Z 轴最大力矩输出误差约为 10^{-4}N · m 量级)。

从恒定力矩仿真结果可以看出,相对于伪逆操纵律和带零运动操纵律来说,联合操纵律输出的框架角速度有限大且变化平稳,而且能够顺利回避系统内部奇异。相对于奇异鲁棒操纵律和非对角奇异鲁棒操纵律来说,所设计的联合操纵律不但不存在"框架锁定"现象,而且能够以提前引入较小的力矩误差为代价顺利地回避系统内部奇异面,同时还能较精确地输出控制力矩。

6.6.2 星体大角度机动仿真

在 Simulink 环境下搭建了卫星大角度机动任务数学仿真模型,以验证所设计的联合操纵律在大角度机动过程中的奇异逃离性能。整个数学仿真模型主要分为姿态动力学模块、姿态运动学模块、姿态控制器模块和 SGCMG 操纵律模块四个部分。外部干扰力矩仅考虑重力梯度力矩;考虑小卫星大角度机动姿态角速度受限后,姿态控制器采用式(5-5)中描述的四元数反馈本征轴旋转 PD 控制器;SGCMG 操纵律采用式(6-56)中描述的联合操纵律。在 Simulink 环境下,整个仿真系统如图 6-18 所示。

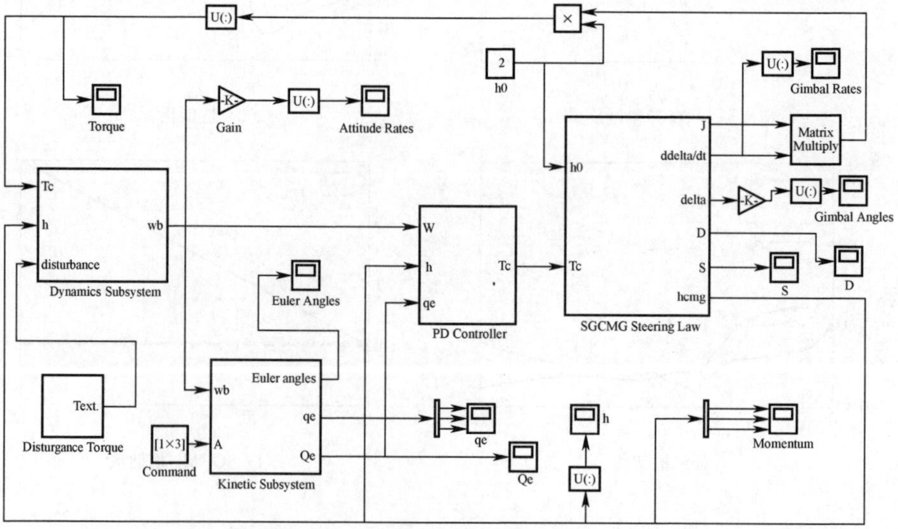

图 6-18 Simulink 环境下的卫星大角度机动仿真框架图

仿真中，卫星初始姿态角速度和期望姿态角速度都取为[0°/s,0°/s,0°/s]；初始欧拉角[ψ_0, θ_0, φ_0]取为[0°, 0°, 0°]，期望欧拉角[ψ_c,θ_c,φ_c]取为[0°, 0°, 65°]。将初始框架角 $\boldsymbol{\delta}_0$ 取为位于椭圆型奇异面处的[90°, 0°, -90°, 0°]^T，以验证所设计联合操纵律的奇异逃逸性能。在 Simulink 仿真环境中，采用固定步长求解器，固定采样时间取为 0.1s。整个控制系统的仿真参数如表 6-2所列。

表 6-2　卫星大角度机动仿真参数

参数	取值
k	0.5112
d	0.9857
ω_{max}/((°)/s)	3.7
U	0.125
最大框架角速度 $\dot{\boldsymbol{\delta}}_{max}$/(rad/s)	3
SGCMG 的角动量 h_0(N·ms)	2
转动惯量 $\boldsymbol{I}$/kg·m^2	$\begin{bmatrix} 70.75 & -0.2 & -0.45 \\ -0.2 & 65.45 & -0.35 \\ -0.45 & -0.35 & 75.45 \end{bmatrix}$

整个大角度机动过程的仿真结果如图 6-19~图 6-26 所示。小型卫星姿态

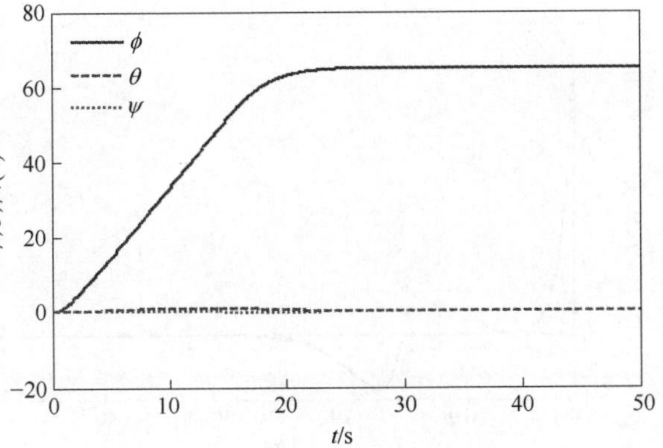

图 6-19　(见彩图)欧拉角变化曲线

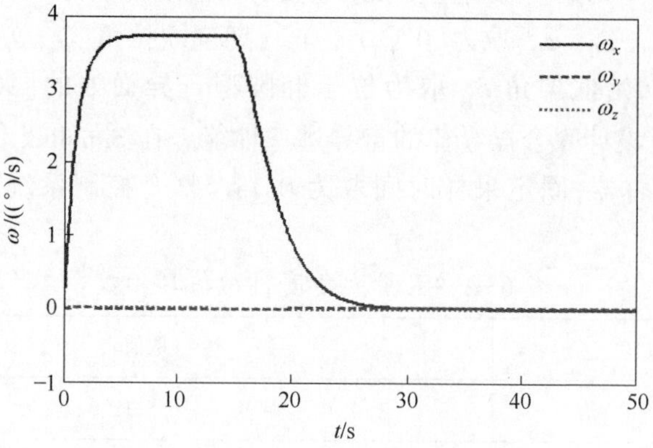

图 6-20 （见彩图）姿态角速度变化曲线

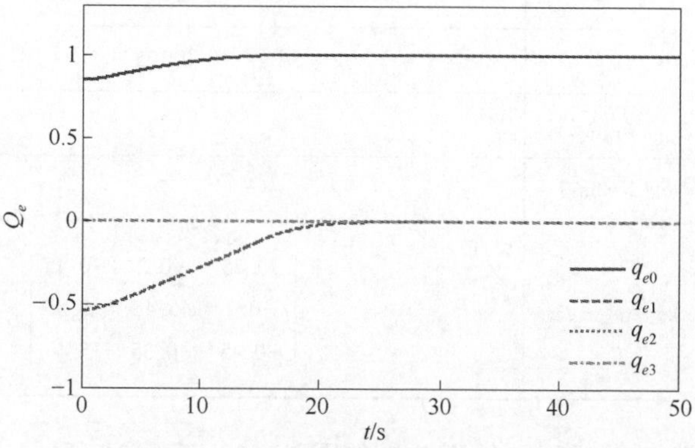

图 6-21 （见彩图）误差四元数变化曲线

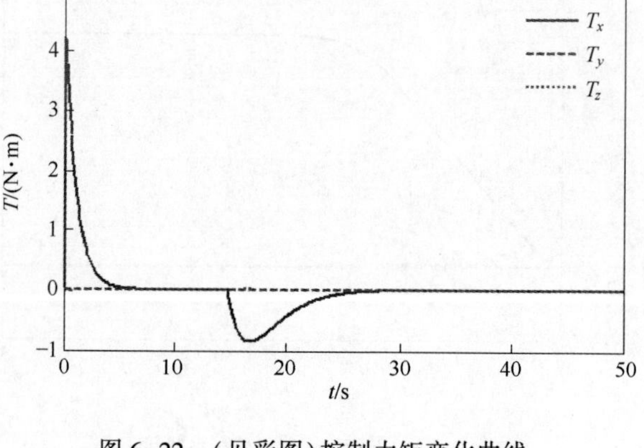

图 6-22 （见彩图）控制力矩变化曲线

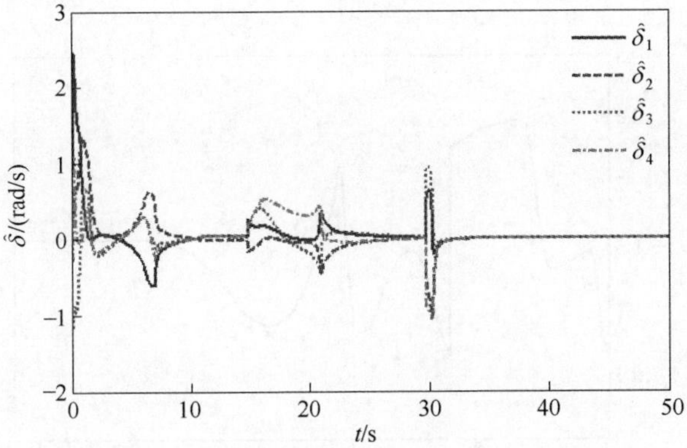

图 6-23 (见彩图)框架角速度变化曲线

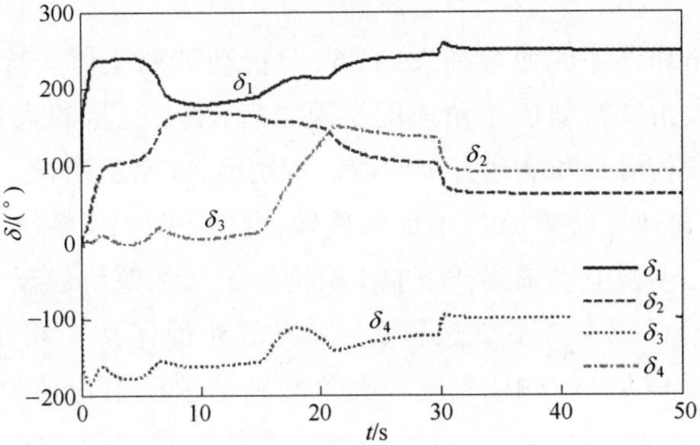

图 6-24 框架角变化曲线

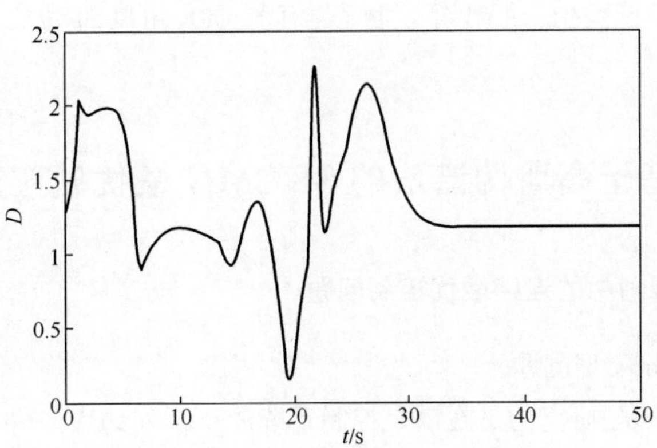

图 6-25 奇异量度 D 变化曲线

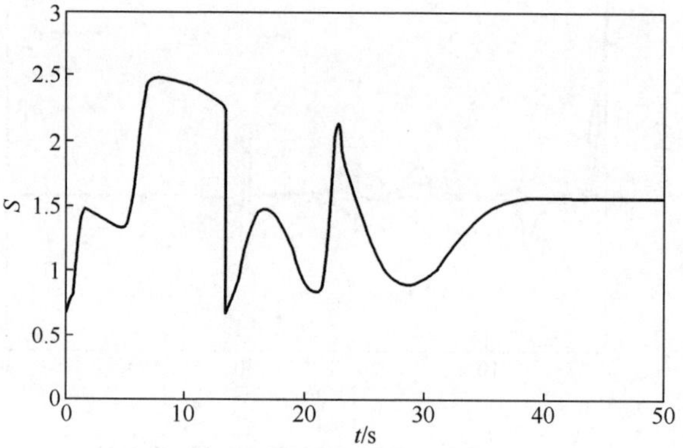

图 6-26　性能指标 S 变化曲线

角速度、欧拉角和误差四元数在大约 25s 时机动到期望值。从图 6-20 可以看出，考虑到大角度机动姿态角速度受限之后，小型卫星的大角度机动过程可以划分为加速、滑行和减速三个阶段。特别地，在滑行阶段，小型卫星以接近恒定的最大角速度绕着欧拉本征轴旋转，此时 SGCMG 系统不需要提供控制力矩。之后，小型卫星减速，SGCMG 系统提供与加速阶段反方向的控制力矩，系统总角动量减小。整个过程中，系统角动量保持在很小的范围内变化，这将有助于避免 SGCMG 系统在大角度机动过程中角动量饱和。同时，在最大框架角速度的限制下，系统在处于椭圆型奇异面的初始状态下，能够迅速逃离奇异，如图 6-25 所示。且大角度机动完成之后 SGCMG 系统奇异量度 D 保持较高值，远离奇异状态，有利于大角度机动之后星体的精确姿态保持。

6.7　基于高斯伪谱法的 SGCMG 最优轨迹规划[17]

6.7.1　轨迹规划中的连续最优控制问题

1. 连续 Bolza 型问题

最优控制问题研究的是在满足控制系统的一系列约束条件下，如何确定能够实现某一性能指标最优的控制变量轨迹的问题。

考虑以下一般的连续最优控制问题：寻找控制变量 $\boldsymbol{u}(t) \in \boldsymbol{R}^m$，系统状态变量 $\boldsymbol{x}(t) \in \boldsymbol{R}^n$，初始时间 t_0 和末端时间 t_f，最小化具有一般性的 Bolza 型性能指标，即

$$J = \Phi(\boldsymbol{x}(t_0), t_0, \boldsymbol{x}(t_f), t_f) + \int_{t_0}^{t_f} g(\boldsymbol{x}(t), \boldsymbol{u}(t), t)\,dt \tag{6-66}$$

同时，满足动力学约束条件

$$\dot{\boldsymbol{x}}(t) = \boldsymbol{f}(\boldsymbol{x}(t), \boldsymbol{u}(t), t), t \in [t_0 \quad t_f] \tag{6-67}$$

路径约束条件

$$\boldsymbol{C}(\boldsymbol{x}(t), \boldsymbol{u}(t), t) \leqslant 0, t \in [t_0 \quad t_f] \tag{6-68}$$

边界条件

$$\boldsymbol{\phi}(\boldsymbol{x}(t_0), t_0, \boldsymbol{x}(t_f), t_f) = 0 \tag{6-69}$$

上述问题称为连续 Bolza 型最优控制问题。

2. 间接法和直接法的一般原理

目前，求解上述连续 Bolza 型问题主要有间接法和直接法。间接法是基于庞特里亚金最大值原理，通过引入哈密顿函数将上述 Bolza 型问题转换为一个哈密顿边界值问题。哈密顿函数定义为：

$$\begin{aligned} H(\boldsymbol{x}, \boldsymbol{u}, \boldsymbol{\lambda}, \boldsymbol{\mu}, t; t_0, t_f) = g(\boldsymbol{x}, \boldsymbol{u}, t; t_0, t_f) + \boldsymbol{\lambda}^{\mathrm{T}}(t)\boldsymbol{f}(\boldsymbol{x}, \boldsymbol{u}, t; t_0, t_f) \\ - \boldsymbol{\mu}^{\mathrm{T}}(t)\boldsymbol{C}(\boldsymbol{x}, \boldsymbol{u}, t; t_0, t_f) \end{aligned} \tag{6-70}$$

式中：$\boldsymbol{\lambda}(t)$ 为状态变量 $\boldsymbol{x}(t)$ 的协调矢量，$\boldsymbol{\lambda}(t) \in R^n$；$\boldsymbol{\mu}(t)$ 为路径约束条件的拉格朗日乘子，$\boldsymbol{\mu}(t) \in R^c$。

整个最优解的一阶必要条件可以表示为

$$\begin{aligned} \frac{d\boldsymbol{x}}{dt} &= \boldsymbol{f}(\boldsymbol{x}, \boldsymbol{u}, t; t_0, t_f) \\ &= \frac{\partial H}{\partial \boldsymbol{\lambda}} \end{aligned} \tag{6-71}$$

$$\begin{aligned} \frac{d\boldsymbol{\lambda}}{dt} &= \left(-\frac{\partial g}{\partial \boldsymbol{x}} - \boldsymbol{\lambda}^{\mathrm{T}}\frac{\partial \boldsymbol{f}}{\partial \boldsymbol{x}} + \boldsymbol{\mu}^{\mathrm{T}}\frac{\partial \boldsymbol{C}}{\partial \boldsymbol{x}}\right) \\ &= -\frac{\partial H}{\partial \boldsymbol{x}} \end{aligned} \tag{6-72}$$

$$\begin{aligned} 0 &= \frac{\partial g}{\partial \boldsymbol{u}} + \boldsymbol{\lambda}^{\mathrm{T}}\frac{\partial \boldsymbol{f}}{\partial \boldsymbol{u}} - \boldsymbol{\mu}^{\mathrm{T}}\frac{\partial \boldsymbol{C}}{\partial \boldsymbol{u}} \\ &= \frac{\partial H}{\partial \boldsymbol{u}} \end{aligned} \tag{6-73}$$

$$\boldsymbol{\lambda}(t_0) = -\frac{\partial \Phi}{\partial \boldsymbol{x}(t_0)} + \boldsymbol{v}^{\mathrm{T}}\frac{\partial \phi}{\partial \boldsymbol{x}(t_0)}, \boldsymbol{\lambda}(t_f) = \frac{\partial \Phi}{\partial \boldsymbol{x}(t_f)} - \boldsymbol{v}^{\mathrm{T}}\frac{\partial \phi}{\partial \boldsymbol{x}(t_f)} \tag{6-74}$$

$$H(t_0)=\frac{\partial \Phi}{\partial t_0}-\boldsymbol{v}^{\mathrm{T}}\frac{\partial \phi}{\partial t_0},H(t_{\mathrm{f}})=-\frac{\partial \Phi}{\partial t_{\mathrm{f}}}+\boldsymbol{v}^{\mathrm{T}}\frac{\partial \phi}{\partial t_{\mathrm{f}}} \tag{6-75}$$

间接法一般首先通过求解式(6-73)得到含有伴随变量和状态变量的最优控制变量的表达式;然后求解由式(6-71)和式(6-72)中的哈密顿方程组、式(6-74)中的两端横截条件和式(6-75)中的两端约束条件构成的一个两点边界值问题,从而获得状态变量和控制量的最优轨迹。间接法所求的最优解满足一阶最优性必要条件,求解精度高。但是,间接法存在求解过程复杂繁琐、求解两点边值问题的收敛域小和对初值估计精度要求很高的缺点。另外,对于存在路径约束的最优控制问题,间接法存在一定困难,常无法获得解析解。

相对于间接法而言,直接法无需求解最优解的一阶必要条件,而是采用数值近似的方法将连续的最优控制问题离散并参数化,转化成一个非线性规划问题,然后采用数值方法对性能指标寻优。根据参数化方法的不同,直接法又可分为仅离散控制变量的打靶法和同时离散状态变量和控制变量的配点法两种类型。直接法具有收敛域宽和对初值估计精度要求不高等优点。但是,传统的直接法存在求解精度低、设计变量数目庞大和收敛速度慢等缺点。采用直接法来求解最优轨迹问题时,一般还要给出最优性验证。

这里采用的高斯伪谱法是属于直接法中的配点法,具有求解精度高和收敛速度快等优点,弥补了直接法的上述缺点,适用于带约束条件的非线性最优控制问题的快速高精度轨迹规划。下面详细介绍一下高斯伪谱的基本原理。

6.7.2 高斯伪谱法基本原理

高斯伪谱法的求解思路是在一系列离散的勒让德-高斯(LG)节点上,采用拉格朗日全局插值多项式来近似状态变量和控制变量。然后,通过对插值多项式的求导来近似动力学方程中状态变量对时间的导数,且在配点上严格满足动力学方程的右函数约束。性能指标函数中的积分项采用近似精度最高的高斯积分来近似。经过上述一系列变换,可以将连续最优控制问题转化为一个离散的非线性规划问题[18-22]。

1. 高斯积分近似和 LG 节点

在实际问题中,常常需要采用数值近似的方法来近似积分公式。在数值近似中,一般的数值积分近似公式可以表示为

$$\int_{-1}^{1} f(\tau)\,\mathrm{d}\tau \approx \sum_{k=0}^{n} w_k f(\tau_k) \tag{6-76}$$

式中:τ_k 为求积节点;w_k 为求积系数,也称为伴随求积节点 τ_k 的权。权 w_k 的取值仅与求积节点 τ_k 的选取有关,而不依赖于被积函数 $f(\tau)$ 的具体形式。

对于任意选择的 n 个求积节点 τ_k 来说，式(6-76)中的数值积分近似公式仅具有 $n-1$ 次或者更低的代数精度，对于超过 n 次多项式就不能够准确成立。然而，合理选择求积节点 τ_k 可以显著提高式(6-76)的代数近似精度。根据数值分析理论，采用 n 个求积节点的高斯积分公式可以具有 $2n-1$ 次代数精度。高斯积分公式中的 n 个求积节点又称为 LG 节点，是 n 阶勒让德多项式 $P_n(\tau)$ 的根。LG 节点始终位于区间[-1,1]内，不包括始、末节点，而且具有中间疏、两端密的特点。不同取值的 LG 节点在区间[-1,1]内的分布如图 6-27 所示。

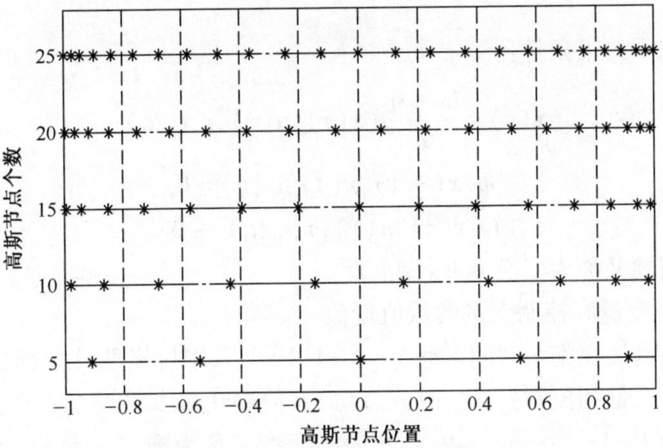

图 6-27　不同取值的 LG 节点的分布

n 阶勒让德多项式可以表示为

$$P_n(\tau)=\frac{1}{2^n n!}\frac{\mathrm{d}^n}{\mathrm{d}\tau^n}[(\tau^2-1)^n] \tag{6-77}$$

高斯积分近似公式中的权 w_k 为各个节点的拉格朗日插值函数的积分，可以表示为

$$\begin{aligned} w_k &= \int_{-1}^{1} l_k(\tau)\mathrm{d}\tau \\ &= \int_{-1}^{1}\prod_{i=1,i\neq k}^{n}\frac{\tau-\tau_i}{\tau_k-\tau_i}\mathrm{d}\tau \\ &= \frac{2}{(1-\tau_k^2)[\dot{P}_n(\tau_k)]^2}\quad (k=1,\cdots,n) \end{aligned} \tag{6-78}$$

式中：$\dot{P}_n$ 为 n 阶勒让德函数的导数多项式。

2. 时域变换

由于高斯伪谱法中的 LG 配点都分布在区间[-1,1]上，因此上述 Bolza 型

问题的时间域 $t\in[t_0,t_f]$ 需要转换到区间 $\tau\in[-1,1]$ 上，对时间变量 t 做以下变换：

$$\tau=\frac{2t}{t_f-t_0}-\frac{t_f+t_0}{t_f-t_0} \tag{6-79}$$

此时，以参数 $\tau\in[-1,1]$ 为时间变量的 Bolza 型最优控制问题可以描述为

$$J=\Phi(\boldsymbol{x}(-1),\boldsymbol{x}(1),t_0,t_f)+\frac{t_0-t_f}{2}\int_{-1}^{1}g(\boldsymbol{x}(\tau),\boldsymbol{u}(\tau),\tau,t_0,t_f)\mathrm{d}\tau \tag{6-80}$$

满足以下约束条件：

$$\dot{\boldsymbol{x}}(\tau)=\frac{t_0-t_f}{2}f(\boldsymbol{x}(\tau),\boldsymbol{u}(\tau),\tau,t_0,t_f) \tag{6-81}$$

$$\phi(\boldsymbol{x}(-1),\boldsymbol{x}(1),t_0,t_f)=0 \tag{6-82}$$

$$C(\boldsymbol{x}(\tau),\boldsymbol{u}(\tau),\tau,t_0,t_f)\leqslant 0 \tag{6-83}$$

上述问题又称为变换 Bolza 型问题。

3. 状态变量和控制变量的数值近似

高斯伪谱法在整个时间区间 $\tau\in[-1,1]$ 上采用拉格朗日全局插值多项式来近似状态变量和控制变量。首先，定义 K 阶勒让德多项式 $P_K(\tau)$ 所有的根构成的集合为 $P=\{\tau_1,\cdots,\tau_K\}$，集合 P 内的元素又称为配点或者 LG 节点。在集合 P 的基础上，包含初始时间 $\tau_0=-1$ 而形成的新组合 $P_0=\{\tau_0,\tau_1,\cdots,\tau_K\}$；同时包含初始时间 $\tau_0=-1$ 以及终端时间 $\tau_f=1$ 而形成的新组合 $P_1=\{\tau_0,\tau_1,\cdots,\tau_K,\tau_f\}$。上述定义的三个组合间满足关系 $P\subset P_0\subset P_1$。

状态变量 $\boldsymbol{x}(\tau)$ 可以采用 $K+1$ 个拉格朗日插值多项式近似为

$$\boldsymbol{x}(\tau)\approx\boldsymbol{X}(\tau)=\sum_{i=0}^{K}\boldsymbol{X}_i l_i(\tau) \tag{6-84}$$

式中：$\boldsymbol{X}_i=\boldsymbol{X}(\tau_i)$，插值节点 $\tau_i\in P_0$；$l_i(\tau)$ 为拉格朗日插值基函数，且有

$$l_i(\tau)=\prod_{j=0,j\neq i}^{k}\frac{\tau-\tau_j}{\tau_i-\tau_j}=\begin{cases}1, & i=j\\0, & i\neq j\end{cases} \tag{6-85}$$

集合 P_0 内的所有节点都满足 $\boldsymbol{x}(\tau_i)=\boldsymbol{X}(\tau_i)\,(i=0,1,\cdots,K)$。在非 LG 节点处的状态变量采用拉格朗日插值多项式来近似。

控制变量 $\boldsymbol{u}(\tau)$ 可以采用 K 个拉格朗日插值多项式近似为

$$\boldsymbol{u}(\tau)\approx\boldsymbol{U}(\tau)=\sum_{i=1}^{K}\boldsymbol{U}_i\tilde{l}_i(\tau) \tag{6-86}$$

式中：$\boldsymbol{U}_i=\boldsymbol{U}(\tau_i)$，插值节点 $\tau_i\in P$；$\tilde{l}_i(\tau)$ 为拉格朗日插值基函数，且有

$$\tilde{l}_i(\tau)=\prod_{j=1,j\neq i}^{k}\frac{\tau-\tau_j}{\tau_i-\tau_j}=\begin{cases}1, & i=j\\0, & i\neq j\end{cases} \tag{6-87}$$

通过上述拉格朗日插值近似,状态变量和控制变量可以由离散的 LG 节点处的值近似为整个时间域的连续函数。

4. 微分动力学方程的数值近似

对式(6-84)中的状态变量近似方程求导,可将动力学微分方程约束转换为代数约束,即

$$\dot{\boldsymbol{x}}(\tau_k)\approx\dot{\boldsymbol{X}}(\tau_k)=\sum_{i=0}^{K}\boldsymbol{x}(\tau_i)\dot{i}_i(\tau_k)=\sum_{i=0}^{K}\boldsymbol{x}(\tau_i)\boldsymbol{D}_{ki}(\tau_k),k=1,\cdots,K \tag{6-88}$$

式中:微分矩阵 $\boldsymbol{D}_{ki}\in R^{k\times(k+1)}$ 可以事先离线确定,表示为

$$\begin{aligned}\boldsymbol{D}_{ki}&=\dot{\boldsymbol{i}}_i(\tau_k)\\&=\begin{cases}\dfrac{(1+\tau_k)\dot{P}_k(\tau_k)+P_k(\tau_k)}{(\tau_k-\tau_i)[(1+\tau_i)\dot{P}_k(\tau_i)+P_k(\tau_i)]}, & i\neq k\\[2ex]\dfrac{(1+\tau_i)\ddot{P}_k(\tau_i)+2\dot{P}_k(\tau_i)}{2[(1+\tau_i)\dot{P}_k(\tau_i)+P_k(\tau_i)]}, & i=k\end{cases}\end{aligned} \tag{6-89}$$

这样,动力学微分约束方程可以变换为如下的代数约束,即

$$\sum_{i=0}^{K}\boldsymbol{x}(\tau_i)\boldsymbol{D}_{ki}(\tau_k)=\frac{t_0-t_f}{2}f(\boldsymbol{x}(\tau),\boldsymbol{u}(\tau),\tau,t_0,t_f),\quad k=1,\cdots,K \tag{6-90}$$

从式(6-90)可以看出,微分动力学约束只在 LG 节点处计算,而没有考虑到终端时刻的动力学约束问题。

5. 终端状态约束

高斯伪谱法中的插值节点包括 K 个 LG 配点、初始时刻 $\tau_0=1$ 以及终端时刻 $\tau_f=-1$。然而,状态变量的拉格朗日插值多项式未定义终端状态 $\boldsymbol{X}_f$。考虑到终端状态 $\boldsymbol{X}_f$ 也应满足动力学方程约束,对式(6-84)中的微分动力学方程积分,可得

$$\boldsymbol{x}(\tau_f)=\boldsymbol{x}(\tau_0)+\int_{-1}^{1}f(\boldsymbol{x}(\tau),\boldsymbol{u}(\tau),\tau)\mathrm{d}\tau \tag{6-91}$$

将积分函数用高斯积分近似公式展开,可得

$$\boldsymbol{X}_f-\boldsymbol{X}_0-\frac{t_f-t_0}{2}\sum_{i=1}^{K}w_i f(\boldsymbol{X}(\tau_i),\boldsymbol{U}(\tau_i),\tau_i,t_0,t_f)=0 \tag{6-92}$$

式中:τ_i 为 LG 节点;$w_i(i=1,\cdots,K)$ 为高斯积分权重,可以离线确定。

式(6-92)可以保证终端状态 $\boldsymbol{X}_f$ 满足微分动力学方程约束。但是,为了保

证非线性规划计算结果的一致性，由微分动力学方程约束定义的终端状态 $\boldsymbol{X}_{\mathrm{f}}$ 也应满足式(6-84)中状态变量的全局插值近似。下面给出由式(6-92)定义的终端状态 $\boldsymbol{X}_{\mathrm{f}}$ 与由式(6-84)中的插值近似给出的终端状态 $\boldsymbol{X}(\tau_{\mathrm{f}})$ 一致性的证明过程。

联立式(6-90)，式(6-92)可以表示为

$$\boldsymbol{X}_{\mathrm{f}} = \boldsymbol{X}_0 + \sum_{i=1}^{K} w_k \left(\sum_{j=0}^{K} \boldsymbol{X}(\tau_i) \boldsymbol{D}_{ij} \right) \tag{6-93}$$

考虑 $D_{ij} = i_j(\tau_i)$，式(6-93)可以看作高斯积分近似，即

$$\boldsymbol{X}_{\mathrm{f}} = \boldsymbol{X}_0 + \int_{-1}^{1} \sum_{i=0}^{K} \boldsymbol{X}(\tau_i) i_j(\tau_i) \mathrm{d}\tau \tag{6-94}$$

展开可得

$$\boldsymbol{X}_{\mathrm{f}} = \boldsymbol{X}_0 + \sum_{i=0}^{K} \boldsymbol{X}(\tau_i) l_i(\tau_{\mathrm{f}}) - \sum_{i=0}^{K} \boldsymbol{X}(\tau_i) l_i(\tau_0) \tag{6-95}$$

联立式(6-85)，式(6-95)的最后一项 $\sum_{i=0}^{K} \boldsymbol{X}(\tau_i) l_i(\tau_0) = \boldsymbol{X}_0$，则

$$\boldsymbol{X}_{\mathrm{f}} = \sum_{i=0}^{K} \boldsymbol{X}(\tau_i) l_i(\tau_{\mathrm{f}}) = \boldsymbol{X}(\tau_{\mathrm{f}}) \tag{6-96}$$

因此，由式(6-92)中微分动力学约束定义的 $\boldsymbol{X}_{\mathrm{f}}$ 与由式(6-84)中拉格朗日插值定义的 $\boldsymbol{X}(\tau_{\mathrm{f}})$ 是等价的，这样可以保证在后续的非线性规划中，终端状态的计算不会产生不确定值，保证了计算过程的一致性。

6. Bolza 型问题的离散化近似

将式(6-80)中的性能指标函数中的积分项用高斯积分来近似，可得

$$J = \Phi(\boldsymbol{x}(-1), \boldsymbol{x}(1), t_0, t_{\mathrm{f}}) + \frac{t_0 - t_{\mathrm{f}}}{2} \sum_{i=1}^{K} w_i g(\boldsymbol{X}_i, \boldsymbol{U}_i, \tau_i, t_0, t_{\mathrm{f}}) \tag{6-97}$$

经过上述一系列的数值近似，连续最优控制问题可以离散为非线性规划问题。求得初始时刻 t_0、终端时刻 t_{f}、离散状态变量$(\boldsymbol{X}_0, \boldsymbol{X}_1, \cdots, \boldsymbol{X}_K)$和控制变量$(\boldsymbol{U}_1, \boldsymbol{U}_2, \cdots, \boldsymbol{U}_K)$，使得式(6-97)中的性能指标最小。

同时，在配点处满足动力学约束条件

$$\boldsymbol{R}_k = \sum_{i=0}^{K} \boldsymbol{X}_i \boldsymbol{D}_{ki}(\tau_k) - \frac{t_0 - t_{\mathrm{f}}}{2} f(\boldsymbol{X}_k, \boldsymbol{U}_k, \tau_k, t_0, t_{\mathrm{f}}) = \boldsymbol{0}, \quad k = 1, \cdots, K \tag{6-98}$$

终端状态约束条件

$$\boldsymbol{R}_f = \boldsymbol{X}_f - \boldsymbol{X}_0 - \frac{t_{\mathrm{f}} - t_0}{2} \sum_{i=1}^{K} w_i f(\boldsymbol{X}_i, \boldsymbol{U}_i, \tau_i, t_0, t_{\mathrm{f}}) = \boldsymbol{0} \tag{6-99}$$

边界条件

$$\phi(\boldsymbol{X}_0,\boldsymbol{X}_{\mathrm{f}},t_0,t_{\mathrm{f}})=0 \tag{6-100}$$

路径约束条件

$$C(\boldsymbol{X}_k,U_k,\tau_k,t_0,t_{\mathrm{f}})\leqslant 0 \tag{6-101}$$

通过上述一系列数值近似方法,连续最优控制 Bolza 型问题可以转化为离散的非线性规划问题,即求得每个 LG 节点处的离散状态变量($\boldsymbol{X}_1,\boldsymbol{X}_2,\cdots,\boldsymbol{X}_K$)和控制变量($\boldsymbol{U}_1,\boldsymbol{U}_2,\cdots,\boldsymbol{U}_K$),在满足式(6-98)~式(6-101)的条件下使得性能指标式(6-97)最小。

整个非线性规划问题可以统一描述为

$$\min_{\boldsymbol{y}\in\boldsymbol{R}^M} F(\boldsymbol{y}) \tag{6-102}$$

满足约束条件

$$\boldsymbol{h}(\boldsymbol{y})=\boldsymbol{0} \tag{6-103}$$

$$\boldsymbol{g}(\boldsymbol{y})\leqslant\boldsymbol{0} \tag{6-104}$$

式中:$F: R^M\rightarrow R$;$\boldsymbol{h}: R^M\rightarrow R^p$;$\boldsymbol{g}: R^M\rightarrow R^l$;$\boldsymbol{y}\in R^M$ 为包含状态变量 $\boldsymbol{x}\in R^n$,控制变量 $\boldsymbol{u}\in R^m$ 以及端点时间 t_0 和 t_{f} 的设计变量。

7. 序列二次规划

为了求解带有约束条件的非线性规划问题,Wilson 最早于 1963 年在其博士论文中首次提出了序列二次规划(Sequential Quadratic Programming,SQP)算法。随后,SQP 算法在此基础上得到了蓬勃发展,大量新的算法不断涌现。近年来,SQP 算法在求解带有非线性约束条件的 NLP 问题中得到了广泛应用,成为求解此类最优化问题最有效的工具。

SQP 迭代求最优解的基本思路:在当前的迭代点 x_k 处,利用目标函数的二阶泰勒级数近似和约束函数的一阶泰勒级数近似构成一个二次规划(Quadratic Programming,QP)问题,通过求解这个 QP 问题获得下一个最优的迭代点 x_{k+1}。反复进行这一迭代过程,直到收敛到最优解 x^* 处为止。SQP 的突出优点:具有良好的全局收敛性和局部超一次收敛性,求解过程迭代次数少,收敛速度快,并具有很强的沿约束边界进行搜索的能力。因而被认为是求解带有约束条件的复杂非线性规划问题的最有效的方法之一。

式(6-102)~式(6-104)中的非线性规划问题的拉格朗日函数可以表示为

$$L(\boldsymbol{y},\boldsymbol{\lambda},\boldsymbol{\mu})=F(\boldsymbol{y})+\boldsymbol{\lambda}^{\mathrm{T}}\boldsymbol{h}(\boldsymbol{y})+\boldsymbol{\mu}^{\mathrm{T}}\boldsymbol{g}(\boldsymbol{y}) \tag{6-105}$$

式中:$\boldsymbol{\lambda}\in R^p$,$\boldsymbol{\mu}\in R^l$ 称为拉格朗日乘子矢量。

在当前迭代点 $\boldsymbol{y}_k$ 处,利用二阶泰勒级数近似性能指标函数,一阶泰勒级数近似约束条件,式(6-102)~式(6-104)中的非线性规划问题可以转化为下面的 QP 问题：

$$\min_{\boldsymbol{p}_k} \quad \nabla F^{\mathrm{T}}(\boldsymbol{y}_k,\boldsymbol{\lambda}_k,\boldsymbol{\mu}_k)\boldsymbol{p}_y + \frac{1}{2}\boldsymbol{p}_k^{\mathrm{T}}\boldsymbol{B}_k\boldsymbol{p}_y \tag{6-106}$$

满足约束条件

$$\nabla \boldsymbol{h}^{\mathrm{T}}(\boldsymbol{y}_k)\boldsymbol{p}_y + \boldsymbol{h}(\boldsymbol{y}_k) = 0 \tag{6-107}$$

$$\nabla \boldsymbol{g}^{\mathrm{T}}(\boldsymbol{y}_k)\boldsymbol{p}_y + \boldsymbol{g}_j(\boldsymbol{y}_k) \leqslant 0 \tag{6-108}$$

式中：$\boldsymbol{p}_y$ 为迭代步长的搜索方向，$\boldsymbol{p}_y = \boldsymbol{y}_{k+1} - \boldsymbol{y}_k$。

上述 QP 问题的 KKT 条件可以描述为

$$\begin{bmatrix} \nabla_y L \\ \nabla_\lambda L \\ \nabla_\mu L \end{bmatrix} = \begin{bmatrix} \nabla_y F(\boldsymbol{y}) + \boldsymbol{\lambda}^{\mathrm{T}} \nabla_y \boldsymbol{h}(\boldsymbol{y}) + \boldsymbol{\mu}^{\mathrm{T}} \nabla_y \boldsymbol{g}(\boldsymbol{y}) \\ \boldsymbol{h}(\boldsymbol{y})^{\mathrm{T}} \\ \boldsymbol{g}(\boldsymbol{y})^{\mathrm{T}} \end{bmatrix} = \boldsymbol{0} \tag{6-109}$$

采用牛顿迭代策略来求解，可得

$$\begin{bmatrix} \dfrac{\partial^2 L}{\partial \boldsymbol{y}^2} & \nabla_y \boldsymbol{h}(\boldsymbol{y})^{\mathrm{T}} & \nabla_y \boldsymbol{g}(\boldsymbol{y})^{\mathrm{T}} \\ \nabla_y \boldsymbol{h}(\boldsymbol{y}) & 0 & 0 \\ \nabla_y \boldsymbol{g}(\boldsymbol{y}) & 0 & 0 \end{bmatrix} \begin{bmatrix} \boldsymbol{p}_y \\ \boldsymbol{p}_\lambda \\ \boldsymbol{p}_\mu \end{bmatrix} = - \begin{bmatrix} (\nabla_y L) \\ \boldsymbol{g}(\boldsymbol{y}) \\ \boldsymbol{h}(\boldsymbol{y}) \end{bmatrix} \tag{6-110}$$

则可以得到下一迭代点的信息，即

$$\begin{bmatrix} \boldsymbol{y}_{k+1} \\ \boldsymbol{\lambda}_{k+1} \\ \boldsymbol{\mu}_{k+1} \end{bmatrix} = \begin{bmatrix} \boldsymbol{y}_k \\ \boldsymbol{\lambda}_k \\ \boldsymbol{\mu}_k \end{bmatrix} + \alpha \begin{bmatrix} \boldsymbol{p}_y \\ \boldsymbol{p}_\lambda \\ \boldsymbol{p}_\mu \end{bmatrix} \tag{6-111}$$

指定迭代容许误差 ε_1、ε_2，满足 $0<\varepsilon_1,\varepsilon_2<1$。反复进行上述迭代过程，当 $\|\boldsymbol{y}_{k+1} - \boldsymbol{y}_k\|_1 \leqslant \varepsilon_1$ 且 $\|\boldsymbol{h}_k\|_1 + \|\boldsymbol{g}_k\|_1 < \varepsilon_2$ 时，令最优解 $\boldsymbol{y}^* = \boldsymbol{y}_{k+1}$，终止计算过程。整个 SQP 算法的迭代求解计算过程如图 6-28 所示。

在式(6-106)中，$\boldsymbol{B}_k$ 为式(6-105)中非线性规划问题拉格朗日函数的黑塞矩阵的近似正定矩阵，满足 $\boldsymbol{B}_k \approx \nabla_{yy}^2 L(\boldsymbol{y}_k,\boldsymbol{\lambda}_k,\boldsymbol{\mu}_k)$。为了保证近似矩阵 $\boldsymbol{B}_k$ 的一致正定性和整个 SQP 算法的全局收敛性，采用改进的 BFGS 公式对黑塞矩阵 $\boldsymbol{B}_k$ 进行迭代更新，即

$$\boldsymbol{B}_1 = \boldsymbol{E}, \boldsymbol{B}_{k+1} = \boldsymbol{B}_k + \frac{\boldsymbol{r}_k \boldsymbol{r}_k^{\mathrm{T}}}{\boldsymbol{s}_k^{\mathrm{T}} \boldsymbol{r}_k} - \frac{\boldsymbol{H}_k \boldsymbol{s}_k \boldsymbol{s}_k^{\mathrm{T}} \boldsymbol{H}_k}{\boldsymbol{s}_k^{\mathrm{T}} \boldsymbol{H}_k \boldsymbol{s}_k} \tag{6-112}$$

式中

$$\boldsymbol{r}_k = \theta_k \boldsymbol{q}_k + (1-\theta_k)\boldsymbol{B}_k \boldsymbol{s}_k \tag{6-113}$$

$$\boldsymbol{q}_k = \nabla_y L(\boldsymbol{y}_{k+1},\boldsymbol{\lambda}_{k+1},\boldsymbol{\mu}_{k+1}) - \nabla_y L(\boldsymbol{y}_k,\boldsymbol{\lambda}_k,\boldsymbol{\mu}_k) \tag{6-114}$$

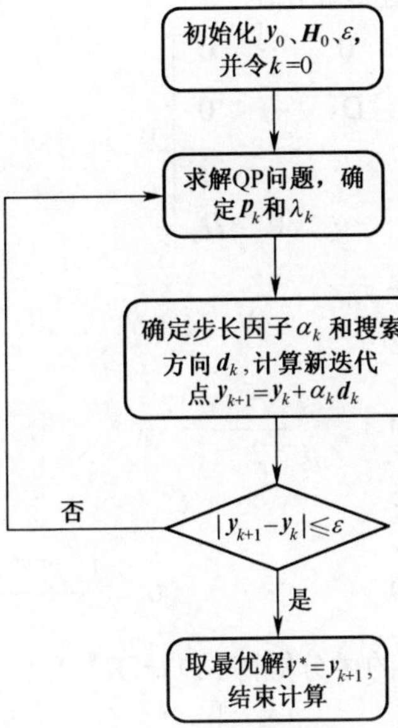

图 6-28　SQP 算法的迭代求解计算过程

$$s_k = y_{k+1} - y_k = \alpha_k p_y \tag{6-115}$$

$$\theta_k = \begin{cases} 1, & ,s_k^{\mathrm{T}} q_k \geqslant 0.2 s_k^{\mathrm{T}} B_k s_k \\ (0.8 s_k^{\mathrm{T}} B_k s_k)/(s_k^{\mathrm{T}} B_k s_k - s_k^{\mathrm{T}} q_k) & ,s_k^{\mathrm{T}} q_k < 0.2 s_k^{\mathrm{T}} B_k s_k \end{cases} \tag{6-116}$$

6.7.3　自适应高斯伪谱法基本原理

上述提到的高斯伪谱法是一种基于全局插值多项式的伪谱法，为了提高近似精度，高斯伪谱法必须要增加时间节点，这样会大幅度增加非线性规划中设计变量的数目，进而增加了优化时间。为了在不影响计算精度的情况下，缩短计算时间，Darby 提出了一种自适应高斯伪谱法。在近似精度低于要求精度的区域，所提出的自适应高斯伪谱法能够通过在该区域增加片段或者增加配置点的方法来提高近似精度，而在精度满足要求的区域不做变动，这样有助于最大限度地提高计算效率。

1. 中点残差矩阵

相对于全局近似的高斯伪谱方法来说，自适应伪谱法将整个问题分成若干个片段，在每个片段内应用高斯伪谱法。假设整个问题分为 S 个片段，共采用了 N 个配置点，则有

$$N = \sum_{i=1}^{S} N_i \tag{6-117}$$

式(6-98)中的动力学近似表示为

$$\boldsymbol{DX}=\begin{bmatrix}\boldsymbol{D}_1 & 0 & \cdots & 0\\ 0 & \boldsymbol{D}_2 & \cdots & 0\\ \vdots & \vdots & & \vdots\\ 0 & \cdots & 0 & \boldsymbol{D}_s\end{bmatrix}\boldsymbol{X}$$

$$=\begin{bmatrix}\frac{\tau_1-\tau_0}{2} & 0 & \cdots & 0\\ 0 & \frac{\tau_2-\tau_1}{2} & \cdots & 0\\ \vdots & \vdots & & \vdots\\ 0 & \cdots & 0 & \frac{\tau_s-\tau_{s-1}}{2}\end{bmatrix}\boldsymbol{F} \tag{6-118}$$

式中:$\boldsymbol{D}$ 为由式(6-89)定义的微分矩阵,$\boldsymbol{D}\in R^{N\times N+1}$;$\boldsymbol{X}$、$\boldsymbol{F}$ 分别为

$$\boldsymbol{X}=\begin{bmatrix}\boldsymbol{X}_0\\ \vdots\\ \boldsymbol{X}_N\end{bmatrix}\in R^{N\times n}$$

$$\boldsymbol{F}=\boldsymbol{F}(\boldsymbol{X}^{\mathrm{LG}},\boldsymbol{U}^{\mathrm{LG}},\boldsymbol{\tau}^{\mathrm{LG}},t_0,t_{\mathrm{f}})=\begin{bmatrix}\boldsymbol{f}(\boldsymbol{X}_1,\boldsymbol{U}_1,\tau_1,t_0,t_{\mathrm{f}})\\ \vdots\\ \boldsymbol{f}(\boldsymbol{X}_N,\boldsymbol{U}_N,\tau_N,t_0,t_{\mathrm{f}})\end{bmatrix}$$

式(6-98)中的终端约束条件在每个片段的终端时刻可以表示为

$$\boldsymbol{X}_{N_{S+1}}^S=\boldsymbol{X}_0^S+\frac{t_S-t_{S-1}}{2}\sum_{i=1}^{N_S}w_i^S\boldsymbol{f}_i^S \tag{6-119}$$

很明显,式(6-118)中的分段配置法的微分矩阵含有相对较少的非零元素,比式(6-98)中的全局配置法的微分矩阵更稀疏,这有助于提高序列二次规划算法的计算效率,减少计算时间。然而,在每个片段内,配置点的减少有可能会降低相应的近似精度。反之,增加每个片段内的配置点又会使得整个非线性规划问题变得更复杂,大幅增加了计算时间。

在近似精度不满足要求的区域,为了判断是否应该增加片段或者增加配置点,自适应伪谱法首先通过判断中点残差矩阵的最大值是否在指定的最大容许误差内。当中点残差矩阵的最大值大于指定的最大容许误差时,自适应伪谱法再通过判断中点残差矢量的具体形式来决定是应该增加配置点还是增加分段,直到满足误差要求为止。

在第 s 个片段内,每个配置点的中点时刻可以表示为

$$\bar{t}_i = \frac{t_i + t_{i+1}}{2} \quad (i = 1, \cdots, N_s - 1) \tag{6-120}$$

定义 $\overline{\boldsymbol{X}}$、$\overline{\boldsymbol{U}}$ 分别为 $\bar{t}_i$ 处所对应的状态变量矩阵和控制变量矩阵，$\overline{\boldsymbol{X}} \in (N_s - 1) \times n, \overline{\boldsymbol{U}} \in (N_s - 1) \times m$。

定义中点残差矩阵为

$$\boldsymbol{R} = \left| \overline{\boldsymbol{D}}\,\overline{\boldsymbol{X}} - \frac{t_s - t_{s-1}}{2} \boldsymbol{F}(\overline{\boldsymbol{X}}, \overline{\boldsymbol{U}}, \bar{\boldsymbol{\tau}}, t_s, t_{s-1}) \right| \in R^{(N_s-1)\times n} \tag{6-121}$$

式中：$\overline{\boldsymbol{D}}$ 为在 $\bar{\boldsymbol{\tau}} = (\bar{\tau}, \cdots, \bar{\tau}_{N_s-1}) \in [-1,1]$ 处的微分矩阵，$\overline{\boldsymbol{D}} \in (N_s - 1) \times (N_s - 1)$。

中点残差矩阵 $\boldsymbol{R}$ 的每一列表示某个状态变量在所有配置点中点处偏离微分动力学方程约束的残差绝对值的集合。

2. 增加配置点与片段判断准则

定义列矢量 $\boldsymbol{r} \in (N_s - 1) \times 1$ 为中点残差矩阵 $\boldsymbol{R}$ 中包含最大残差项的某一列矩阵，满足

$$\boldsymbol{r} = \begin{bmatrix} r(\bar{t}_1) \\ \vdots \\ r(\bar{t}_{N_s-1}) \end{bmatrix} \tag{6-122}$$

由于列矢量 $\boldsymbol{r}$ 包含了中点残差矩阵 $\boldsymbol{R}$ 的最大残差项，因此可以根据列矢量 $\boldsymbol{r}$ 的具体形式来判断是应该增加配置点还是增加片段。

归一化的中点残差矢量定义为

$$\begin{aligned} \boldsymbol{\beta} &= [\beta(\bar{t}_1), \cdots, \beta(\bar{t}_{N_s-1})] \\ &= \boldsymbol{r}/\bar{r} \end{aligned} \tag{6-123}$$

式中：$\bar{r}$ 为列矢量 $\boldsymbol{r}$ 的算术平均数，即

$$\bar{r} = \frac{\sum_{i=1}^{N_s-1} r(t_i)}{N_s - 1} \tag{6-124}$$

当中点残差矢量 $\boldsymbol{\beta}$ 各个元素相等时，称为一致型残差矢量；否则，称为非一致型残差矢量。

令 ε 为用户指定的最大容许偏差，且考虑式(6-123)中的最大残差值大于 ε 的情况。对于一致型残差矢量 $\boldsymbol{\beta}$，采用增加该片段内的配置点的方法来提高近似精度，即 $N_s^{(k+1)} = N_s^{(k)} + L$，$L$ 为指定的添加节点数，k 为迭代次数。

当非一致型残差矢量 $\boldsymbol{\beta}$ 中的元素超过指定阈值 ρ，采用在残差矢量 $\boldsymbol{\beta}$ 最大

元素所对应的时刻处添加片段的方法来提高近似精度。残差矢量 $\boldsymbol{\beta}$ 如果存在多个最大元素，则在每个最大元素对应的时刻处都要添加片段，如图 6-29 所示。

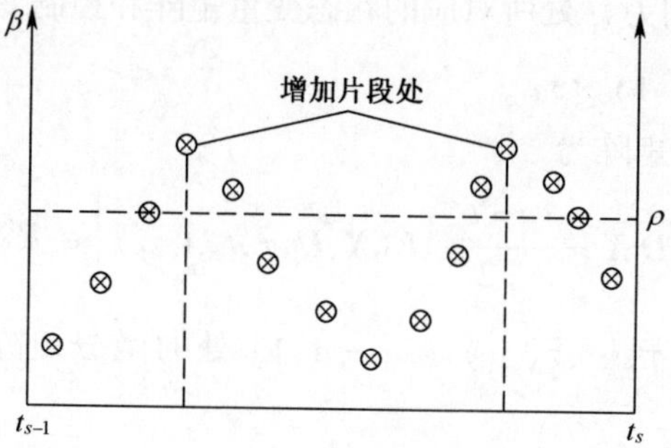

图 6-29　增加片段

阈值 ρ 的取值大小可以看作衡量全局策略和局部策略一个指标。ρ 的取值越大，越接近于全局近似法。ρ 的取值越小，所分的片段越多，越接近于局部近似。但是，由于中点残差矢量 $\boldsymbol{\beta}$ 至少会有一个元素大于 1，因此 ρ 的取值应始终大于 1；否则，整个自适应伪谱法将不断分段而陷入死循环。

自适应伪谱法通过不断判断残差矢量 $\boldsymbol{\beta}$ 的值和形式，在精度不满足要求的区域不断地添加配置点或者片段，直到近似精度满足要求为止，整个自适应伪谱法的计算流程如图 6-30 所示。

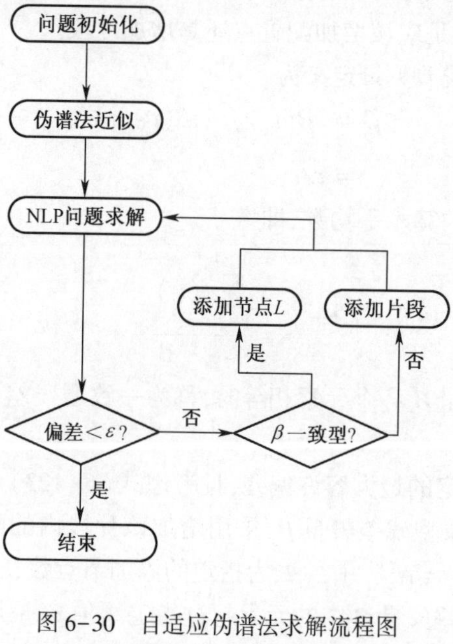

图 6-30　自适应伪谱法求解流程图

6.7.4 轨迹优化与分析

采用 GPOPS 软件包分别对采用 SGCMG 作为姿态执行机构的敏捷小型卫星的单次姿态机动任务和连续姿态机动任务进行了 SGCMG 无奇异快速最优轨迹规划。

1. GPOPS 软件包简介

GPOPS(Gauss Pseudospectral Optimization Software)是由佛罗里达大学的 Rao 等开发的,采用自适应高斯伪谱法在 Matlab 环境下求解多阶段复杂最优控制问题的免费软件包。GPOPS 集成了 SNOPT(Sparse Nonlinear Optimizer)软件包,采用序列二次规划工具来对整个非线性规划问题求解。

在 GPOPS 环境中,结构体和结构体数组是其基本数据单元。用户需要定义的结构体主要有 limit 结构体、guess 结构体、linkage 结构体和 setup 结构体。其中,limit 结构体定义了整个优化程序中的所有约束条件,包括路径约束、边界条件约束和控制量约束等。guess 结构体定义了关于时间变量、状态变量和控制变量的初始猜测值,合适的猜测值有助于提高整个优化程序的运算速度。linkage 结构体定义了两个片段连接点处系统状态变量的约束关系,只有多片段优化任务才需定义。setup 结构体包含了整个优化程序的所有信息,包括最小容许误差、最大迭代次数、采用的求解器类型、每个片段的最大节点和最小节点,以及上述的 limit 结构体、guess 结构体和 linkage 结构体等。

在 GPOPS 环境中,一个典型的最优轨迹优化程序是由多个源文件组成的,常包括主程序文件(Main)、动力学约束程序文件(Dae)、指标函数程序文件(Cost)和连接程序文件(Link,多阶段优化程序中才有)四个源文件。在主程序中,用户首先需要定义系统的状态变量、控制变量及其最大值和最小值。路径约束定义在 Dae 程序中,但是其最大值和最小值需要在 Main 文件中定义。其次,还需要定义 setup 结构体。主程序通过调用 gpops 函数对 setup 结构体进行操作,可以输出整个系统的最优轨迹。所求得的最优解保存在 solution 结构体中,用户通过对 solution 结构体各个域进行操作可以获得相关的信息。在动力学约束程序 Dae 文件中,用户需要定义整个最优控制问题的动力学约束,即每个状态变量的一阶微分等式。每个阶段的微分动力学约束可以不同,应分别定义。此外,用户还需定义路径约束条件的表达形式。在指标函数程序 Cost 文件中,用户需定义优化指标的具体表达形式。优化指标常包括两项:拉格朗日函数和 Mayer 函数。不同的阶段的性能指标可以分别定义。在连接程序 Link 文件中,用户需要对前一阶段的末状态和后一阶段的初始状态进行定义。另外,还需对连接点处的约束条件进行定义。

2. 单次姿态机动任务的快速轨迹规划

以某轨道高度为535km的太阳同步轨道的小型卫星为例,采用GPOPS软件包来快速获得小型卫星单次大角度机动的最优轨迹。

星体转动惯量矩阵 $\boldsymbol{I} = \mathrm{diag}(70.75, 65.45, 75.45)\,\mathrm{kg\cdot m^2}$。金字塔构型SGCMG系统的安装倾角 $\beta = 54.73°$,每个SGCMG单元的角动量 $h_0 = 1.5\mathrm{N\cdot ms}$,最大框架角速度 $\dot{\delta}_{\max} = 3\mathrm{rad/s}$。系统状态变量 $\boldsymbol{x} = [q_0, q_1, q_2, q_3, \delta_1, \delta_2, \delta_3, \delta_4, \omega_x, \omega_y, \omega_z]$,控制变量 $\boldsymbol{u} = [\dot{\delta}_1, \dot{\delta}_2, \dot{\delta}_3, \dot{\delta}_4]$。

性能优化指标取星体姿态大角度机动时间最短,并综合考虑到平滑因素,取性能指标为

$$J = \min_{\boldsymbol{u}} \int_{t_0}^{t_f} (1 + \boldsymbol{u}^{\mathrm{T}} \boldsymbol{R} \boldsymbol{u})\, \mathrm{d}t$$

式(6-67)中的动力学约束方程这里主要包括星体运动学约束、星体动力学约束和SGCMG力矩输出等式约束,可以表示为

$$\begin{aligned}
\dot{q}_0 &= 0.5(-q_1\omega_x - q_2\omega_y - q_3\omega_z)\\
\dot{q}_1 &= 0.5(q_0\omega_x - q_3\omega_y + q_2\omega_z)\\
\dot{q}_2 &= 0.5(q_3\omega_x + q_0\omega_y - q_1\omega_z)\\
\dot{q}_3 &= 0.5(-q_2\omega_x + q_1\omega_y + q_0\omega_z)\\
\dot{\delta}_i &= u_i, \quad (i = 1,2,3,4)\\
\dot{\omega}_x &= I_x^{-1}[(I_y - I_z)\omega_y\omega_z - (\omega_y h_3 - \omega_z h_2) - \dot{h}_1 + T_{gx}]\\
\dot{\omega}_y &= I_y^{-1}[(I_z - I_x)\omega_x\omega_z - (\omega_z h_1 - \omega_x h_3) - \dot{h}_2 + T_{gy}]\\
\dot{\omega}_z &= I_z^{-1}[(I_x - I_y)\omega_x\omega_y - (\omega_x h_2 - \omega_y h_1) - \dot{h}_3 + T_{gz}]
\end{aligned}$$

式中:$\boldsymbol{T}_g$ 为重力梯度力矩,$\boldsymbol{T}_g \in \boldsymbol{R}^3$。当星体坐标为主轴坐标(惯量积为零)时,星体姿态变化引起的重力梯度力矩为

$$\begin{cases}
T_{gx} = 3\omega_o^2(I_z - I_y)A_{yz}A_{zz}\\
T_{gy} = 3\omega_o^2(I_x - I_z)A_{xz}A_{zz}\\
T_{gz} = 3\omega_o^2(I_y - I_x)A_{xz}A_{yz}
\end{cases}$$

路径约束主要考虑到星体机动角速度受限、SGCMG框架角受限、框架角速度受限以及奇异量度受限的问题,因此式(6-68)中的路径约束条件可以表示为

$$|\omega_i| \leqslant 3.5(°)/\mathrm{s},\ |\delta_i| \leqslant \pi,\ |\dot{\delta}_i| \leqslant 3\mathrm{rad/s}, D \geqslant 0.3$$

边界约束条件主要考虑大角度机动的初始状态和终端状态受限的问题,式(6-69)中的边界条件表示如下:

系统的初始状态变量 $\boldsymbol{x}_0=[1,0,0,0,0,0,0,0,0,0,0]$；考虑绕横滚轴的大角度机动 $[\varphi_c,\theta_c,\psi_c]=[45°,0°,0°]$，SGCMG 系统终端框架角 $\boldsymbol{\delta}_f$ 不做约束，终端三轴姿态角速度皆为 0，则此时整个系统的终端状态变量 $\boldsymbol{x}_f=[0.9239, 0.3827,0,0,\delta_{1f},\delta_{2f},\delta_{3f},\delta_{4f},0,0,0]$。另外，为了有利于星体大角度机动后的精确姿态保持，SGCMG 系统应远离奇异状态，终端奇异量度应取较大值，取终端奇异量度满足 $D_f\geqslant 2$。

星体大角度机动最优轨迹优化就是在满足上述各种约束条件下，求得实现性能指标最优的控制量 $\boldsymbol{u}$ 轨迹和状态变量 $\boldsymbol{x}$ 轨迹。整个优化程序在 Matlab R2009a 环境下采用 GPOPS 软件包编程实现，运行在 CPU 为 i3 处理器、主频 2.93GHz、2G 内存的 PC 上。在 GPOPS 环境下，取容许偏差满足 $\varepsilon\leqslant 10^{-3}$，添加节点参数 $L=4$，整个轨迹优化过程共采用 41 个时间节点，仅耗时 23.9s，仿真结果如图 6-31~图 6-36 所示。所求得的优化轨迹变化平缓，框架角、框架角速度

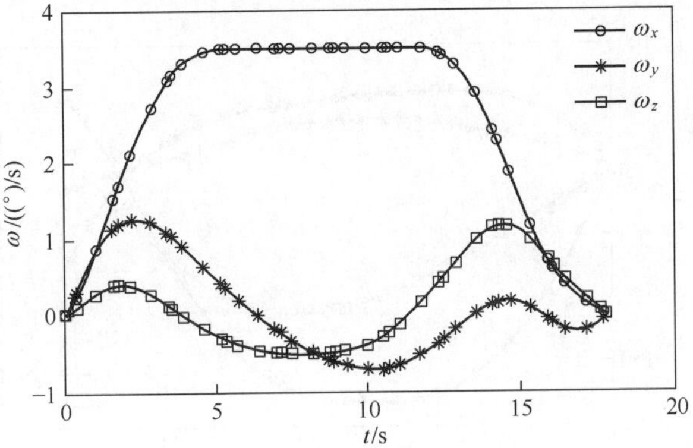

图 6-31　姿态角速度最优轨迹

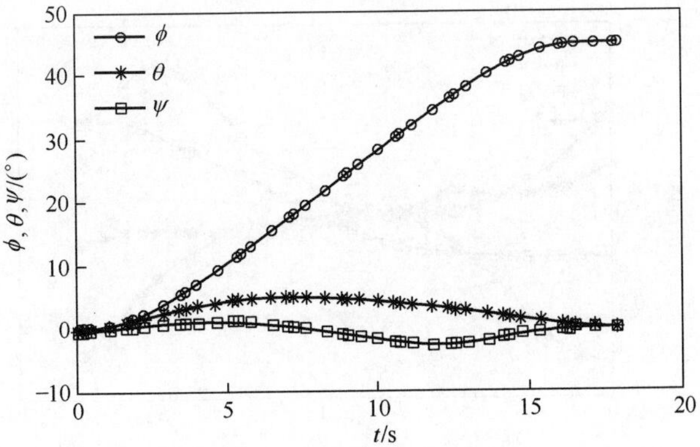

图 6-32　欧拉角最优轨迹

和奇异量度 D 始终满足约束条件。同时,在满足各类约束条件下,星体实现绕横滚轴机动 45°仅需耗时 18s。

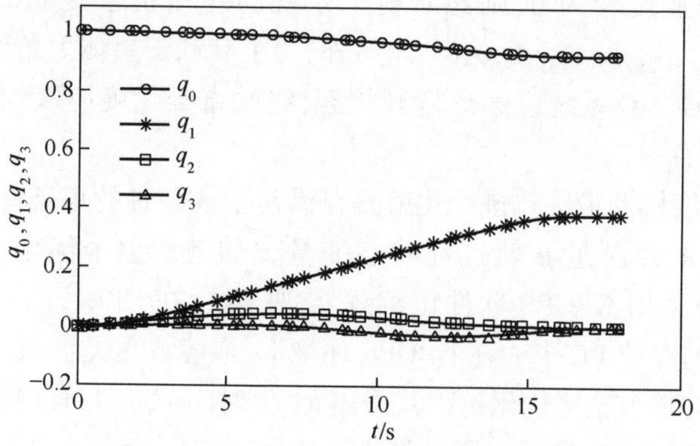

图 6-33　四元数最优轨迹

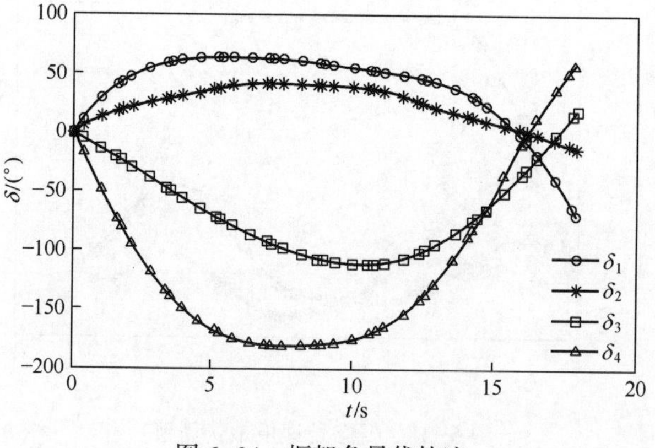

图 6-34　框架角最优轨迹

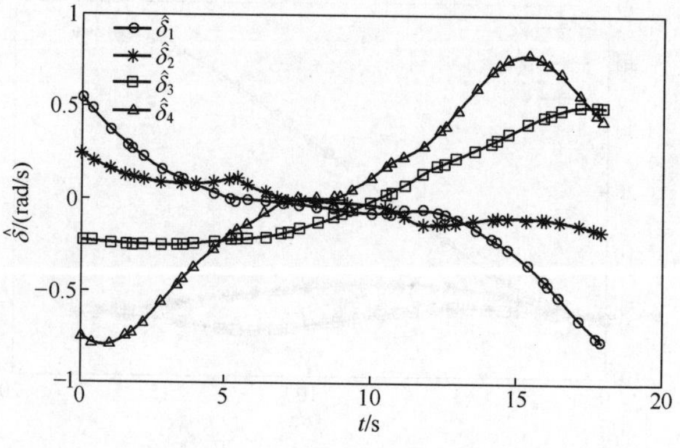

图 6-35　框架角速度最优轨迹

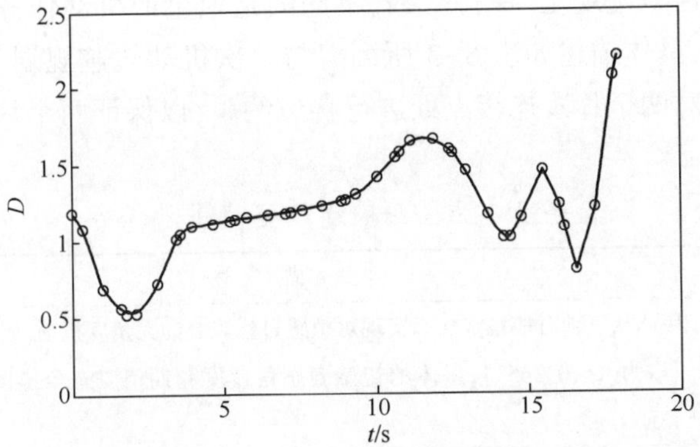

图 6-36　奇异量度最优轨迹

另外,根据最优控制理论,对于哈密顿函数不显含时间的最优化问题,在控制量无约束的条件下,最优解对应的哈密顿函数应该为常值。由自适应高斯伪谱法得到的最优解对应的哈密顿函数值始终保持在-1 左右,满足最优解的一阶最优性必要条件,如图 6-37 所示。哈密顿函数值没有严格保持常数是由于在最优化过程中对控制量施加的各种约束条件造成的。

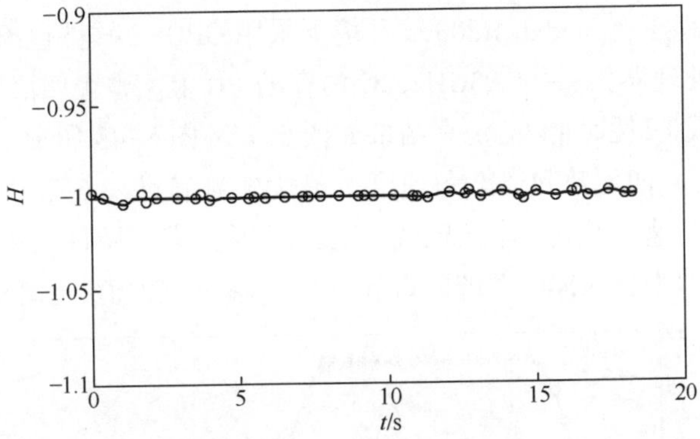

图 6-37　哈密顿函数值

3. 连续姿态机动任务的快速轨迹规划

采用 SGCMG 作为姿态执行机构的小型卫星具有敏捷的姿态机动能力,从一个区域观测完之后能够快速机动到另一个敏感区域,在一个轨道周期内可进行多次观测。而在实际应用中,也常要求卫星实现对多个敏感区域的连续观测。因此,多阶段的 SGCMG 连续最优轨迹规划是很有必要的。

在"单次姿态机动任务的快速轨迹规划"的基础上,这里对某卫星机动的四段机动任务进行最优轨迹规划。整个系统的约束条件和仿真参数与"单次姿态机动任务的快速轨迹规化”保持一致，不同的是卫星的机动任务取为四段连续姿态机动任务，具体描述如表 6-3 所列。与单次机动轨迹规划不同，连续多次轨迹规划需要对两个片段连接点处进行状态约束，以保证两个片段间状态变量的连续性。

表 6-3　卫星四段连续姿态机动任务

片段	描　述
1(0~20s)	星体从三轴对地稳定状态实现对敏感目标观测的大角度机动，期望欧拉角[ψ_c, θ_c, φ_c]取为[0°,0°,45°]，星体的初始姿态角速度和期望姿态角速度都取为[0,0,0](°)/s
2(20~50s)	卫星在三轴欧拉角[ψ, θ, φ]为[0°,0°,45°]时进行 30s 的拍照任务，此时对卫星实现三轴姿态稳定控制，SGCMG 主要用于克服重力梯度力矩以使星体姿态保持恒定
3(50~70s)	星体从[ψ, θ, φ]为[0°,0°,45°]时实现对下一个敏感目标的大角度机动，期望欧拉角[ψ_c, θ_c, φ_c]为[0°,30°,-15°]，星体的初始姿态角速度和期望姿态角速度都取为[0,0,0](°)/s
4(70~100s)	卫星在三轴欧拉角[ψ, θ, φ]为[0°,30°,-15°]时进行 30s 的拍照任务，此时对卫星实现三轴姿态稳定控制，SGCMG 主要用于克服重力梯度力矩以使星体姿态保持恒定

整个优化程序在 Matlab R2009a 环境下采用 GPOPS 软件包编程实现，运行在 CPU 为 i3 处理器、主频 2.93GHz、2G 内存的 PC 上。整个四段姿态机动任务的最优轨迹规划仅耗时 143s，仿真结果如图 6-38~图 6-43 所示。可以看出，星体的三轴欧拉角、四元数和姿态角速度等最优轨迹满足表 6-3 中的任务要求，所求得的框架角速度轨迹和框架角轨迹变化平稳，满足硬件约束条件。而且，在整个任务过程中，SGCMG 系统的奇异度量 D 保持较大值，远离奇异状态。

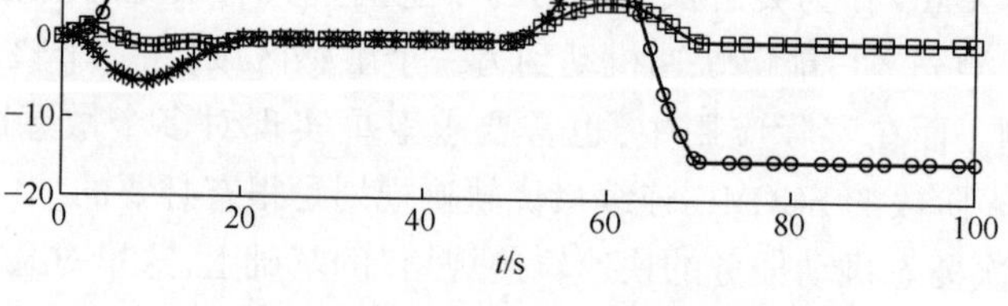

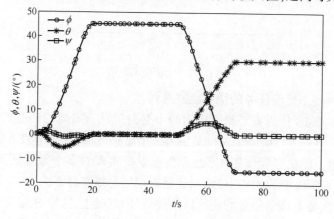

图 6-38　连续机动任务中的三轴欧拉角最优轨迹

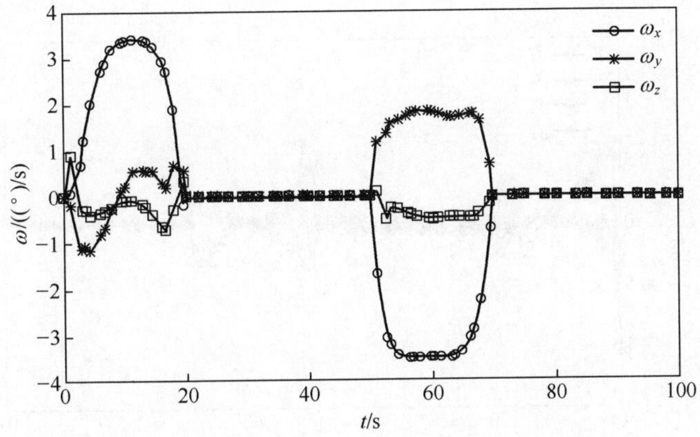

图 6-39 连续机动任务中的三轴姿态角速度最优轨迹

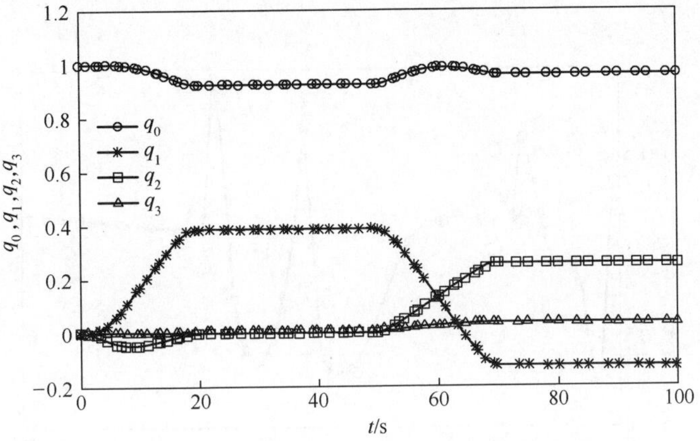

图 6-40 连续机动任务中的四元数最优轨迹

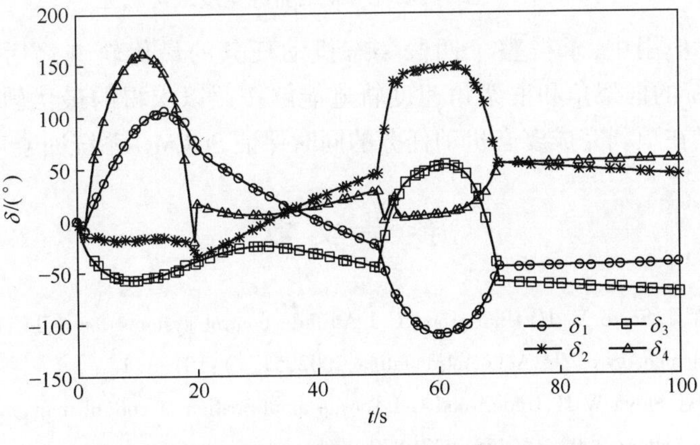

图 6-41 连续机动任务中的框架角最优轨迹

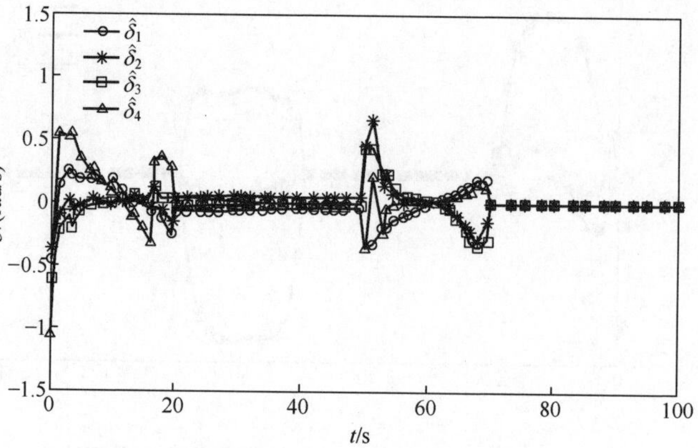

图 6-42　连续机动任务中的框架角速度最优轨迹

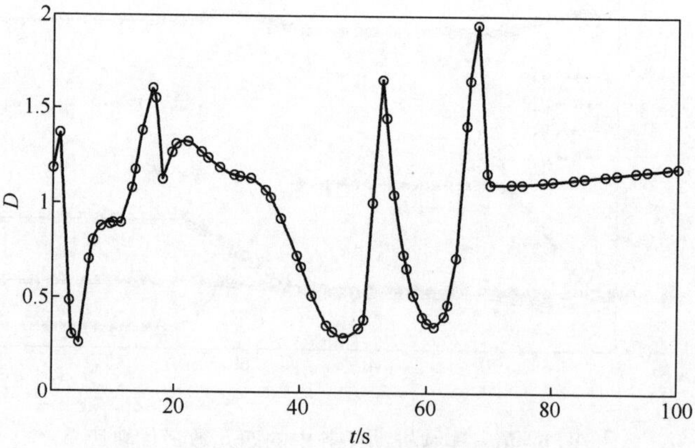

图 6-43　连续机动任务中的奇异量度最优轨迹

在实际应用中,求得整个四段姿态机动任务的最优轨迹之后,只要整个SGCMG系统的框架角和框架角速度轨迹能够按照以求得的最优轨迹运行,就能保证卫星在顺利完成姿态机动任务的同时保证SGCMG系统回避奇异面。

参考文献

[1] Lappas V J, Steyn W H, Underwood C I. Attitude control systems for agile satellites using control moment gyros[J]. Acta Astronautica, 2002, 51(1): 101-111.

[2] Lappas V J, Steyn W H, Underwood C I. Torque amplification of control moment gyros[J]. Electronics Letters, 2002, 38(15): 837-839.

[3] 吴忠， 丑武胜. 单框架控制力矩陀螺系统的运动奇异及回避[J].北京航空航天大学学报,2003,29(7):579-582.

[4] 李传江,郭延宁,马广富.单框架控制力矩陀螺的奇异分析及操纵律设计[J].宇航学报,2010,31(10):2346-2453.

[5] 孙志远.单框架控制力矩陀螺新型操纵律研究[D].长春:中国科学院长春光学精密机械与物理研究所,2012.

[6] Vadali S R, Oh H S, Walker S R. Preferred gimbal angles for single gimbal control moment gyros[J].Journal of Guidance Control, and Dynamics, 1990, 13(6):1090-1095.

[7] Nanamori Y, Takahashi M. Steering law of control moment gyros using optimization of initial gimbal angles for satellite attitude control[J].Journal of System Design and Dynamics, 2011, 5(1):30-41.

[8] Kusuda Y, Takahashi M. Feedback control with nominal inputs for agile satellites using control moment gyros[J].Journal of Guidance Control, and Dynamics, 2011, 34(4):1209-1218.

[9] Nakamura Y, Hanafusa H. Inverse kinematic solution with singularity robustness for robot manipulator control[J].Journal of Dynamic Systems, Measurement, and Control, 1986, 108(9):163-171.

[10] Ford K A, Hall C D. Singular direction avoidance steering for control momentgyros[J].Journal of Guidance Control, and Dynamics, 2000, 23(4):648-656.

[11] Bedrossian N S, Paradiso J, Bergmann E V. Steering law design for redundant single-gimbal control moment gyroscopes[J]. Journal of Guidance, Control and Dynamics, 1990, 13(6):1083-1089.

[12] Wie B, Bailey D, Heiberg C J. Singularity robust steering logic for redundant single-gimbal control moment gyros[J].Journal of Guidance Control, and Dynamics, 2001, 24(5):865-872.

[13] Wie B. Singularity escape/avoidance steering logic for control moment gyro systems[J]. Journal of Guidance Control, and Dynamics, 2005, 28(5):948-956.

[14] Jin J, Zhang J, Liu Z. Output-torque error analysis and steering law design of SGCMGs based on SVD theory[C].Proc.of AIAA Guidance, Navigation, and Control Conference, Chicago, Illinois, 2009.

[15] Leve F, Fitz-Coy N. Hybrid steering logic for single-gimbal control moment gyroscopes[J]. Journal of Guidance Control, and Dynamics, 2010, 33(4):1202-1212.

[16] 孙志远,金光,杨秀彬,等,基于力矩输出能力最优的单框架控制力矩陀螺操纵律设计[J].空间科学学报,2012,32(1):113-122.

[17] 孙志远,金光,张刘,等.基于自适应伪谱法的 SGCMG 无奇异框架角轨迹规划[J].宇航学报,2012,33(5):597-604.

[18] 杨希祥,张为华.基于 Gauss 伪谱法的固体运载火箭上升段轨迹快速优化研究[J].宇航学报,2011,32(1):15-21.

[19] 周文雅,杨涤,李顺利.利用高斯伪谱法求解升力航天器最优再入轨迹[J].南京理工大

学学报(自然科学版),2010,34(1):85-90.
[20] 彭祺擘,李海阳,沈红新.基于高斯伪谱法的月球定点着陆轨道快速优化设计[J].宇航学报,2010,31(4):1012-1016.
[21] 宗群,田柏苓,窦立谦.基于 Gauss 伪谱法的临近空间飞行器上升段轨迹优化[J].宇航学报,2010,31(7):1775-1781.
[22] 正东,丁洪波,曹渊,等.伪谱法在 SGKW 轨道快速优化中的应用[J].航天控制,2009,27(4):3-7.

第 7 章　卫星姿态控制仿真技术

7.1 引　言

与传统对地观测卫星相比，敏捷多模式成像需要具有快速灵活的机动能力、稳定准确的跟踪控制能力和实时自适应匹配的成像能力，由于空间环境多变，卫星构型及各种运动机构、执行机构非常复杂，为使高分辨光学卫星能够在任何情况下都能获得高质量的遥感图像，需要对各种影响因素进行深入的综合分析。为有效验证敏捷新型多模式成像理论技术的正确性，搭建全链路通用一体化数学模型与 STK 实时显示成像系统，对空间环境变化、姿态稳定控制、成像精确指向进行梳理与分析[1-4]。

7.2 全链路数学模型和 STK 显示成像系统设计与搭建

为实现敏捷多模式成像模式理论的工程可应用性，需要结合卫星姿态和轨道动力学、运动学、成像模式算法和 STK 实时显示系统进行全链路数学仿真分析。设计参数采用××卫星姿轨参数进行系统仿真，通过分析成像目标特性、大气扰动以及星上各种光机电的映射关系，对新型多模式成像对应的高精度多自由度姿态控制与实时精确成像进行仿真。

7.2.1 数学仿真参数设计

数学仿真需要明确相应的输入，主要依据目标特性、××卫星工程参数和 STK 软件进行全链路通用一体化数学仿真搭建。

1. 轨道参数选取

光学卫星多模式成像在一定的轨道高度下进行，数学仿真需要明确卫星轨道参数，结合××卫星工程需求进行设计，对应的××卫星轨道参数如表 7-1 所列。

2. STK 软件系统

STK 是一个经过任务验证的在航天工业领域处于领先地位的商业分析软

表 7-1 ××卫星参数

参　数	指　标
轨道高度/km	650(太阳同步回归轨道)
轨道偏心率	0
轨道倾角/(°)	97.4
降交点地方时	10:30

件,主要应用于航天任务、自动化指挥、无人机驾驶、虚拟航天、电子系统建模和导弹防御等方面。就其功能而言,STK 软件满足了初步系统(或任务)设计和概念开发的大部分要求,并且采用了 AGI 公司已经申请专利的集成可视化技术和航天动力学引擎,因此 STK 功能十分强大,在航天领域得到广泛应用。

STK 软件具有如下三个特点:

(1) 可直观地创建详细模型和仿真的用户界面。

(2) 包含大量的输出数据仿真参数。

(3) 不但具有大量标准格式的输出图形和报告,而且允许不同用户自定义所需的图形和报告类型。

STK 主要应用于支持航天任务整个周期内的仿真,为设计工程师、系统集成商和任务操作者提供工具箱,以极大地提高航天任务设计和操作领域工作的速度、准确度和效率。利用 STK 应用、引擎或组建等多种形式的技术,在时域和空域的专业分析方面实现极高的准确性和高度集成的三维可视化,如图 7-1 所示。

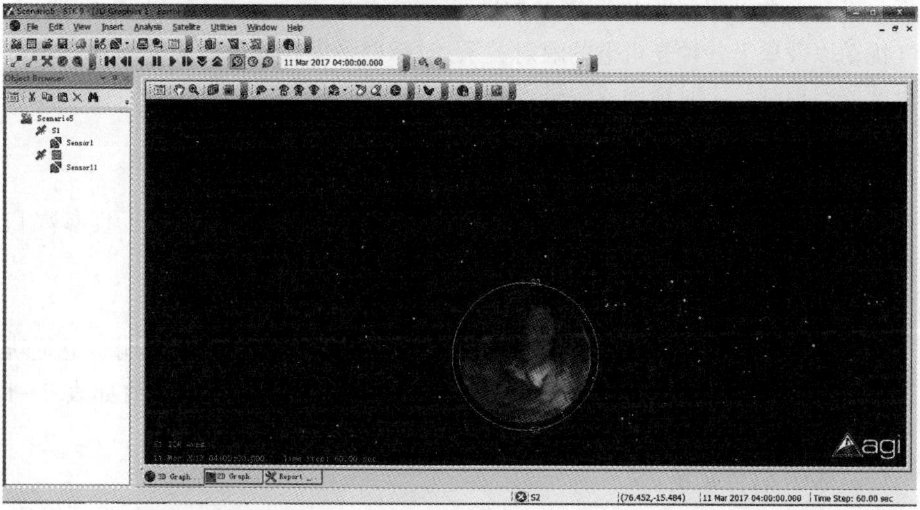

图 7-1 系统数学模型框架

7.2.2 数学仿真系统框架设计

卫星系统主要是通过数学建模的方式实现卫星姿态动力学和运动学、空间环境、敏感器及执行机构等的模拟。其主要用途是实现姿态控制系统中的控制逻辑及部分功能的验证。相应模型系统(图 7-2)主要包括:环境力矩模型,主要对影响卫星姿态和轨道的各种环境力矩进行建模;空间环境模型,主要模拟卫星运行过程中所处的空间环境;轨道动力学模型,计算轨道信息,主要模拟卫星轨道运动;姿态动力学模型,计算姿态信息,主要模拟卫星姿态运动;敏感器及执行机构模型,主要模拟敏感器和执行机构输出,计算测量和输出信息;基本算法模型,为其他模型的基础模型。

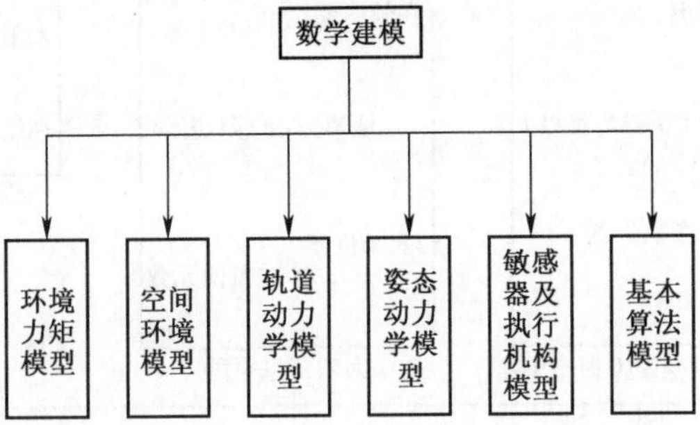

图 7-2　系统数学模型框架

7.2.3 全链路成像 Simulink 模型建立

基于多模式成像需求和姿态控制系统原理,在 Simulink 环境下搭建了卫星灵巧多模式成像任务数学仿真模型,全链路成像 Simulink 数学仿真模型主要包括轨道动力学模型、环境模型(含有大气密度模型、太阳模块等),干扰力矩仿真模型(含有剩磁力矩、气动力矩、太阳光压、重力梯度力矩模块等),卫星运动学和动力学模型(含有入轨点位置速度到轨道六根数的转换、升交点赤经的进动设计、纬度幅角的进动设计、轨道六根数到在轨位置和速度的转换模块等),卫星姿态部件模型(含数字太阳敏、0-1 太阳敏、星敏、光纤陀螺、磁强计、飞轮、磁力矩器等)、卫星星敏时延模型各模型如图 7-3~图 7-8 所示。联合仿真软件系统如图 7-9 所示。

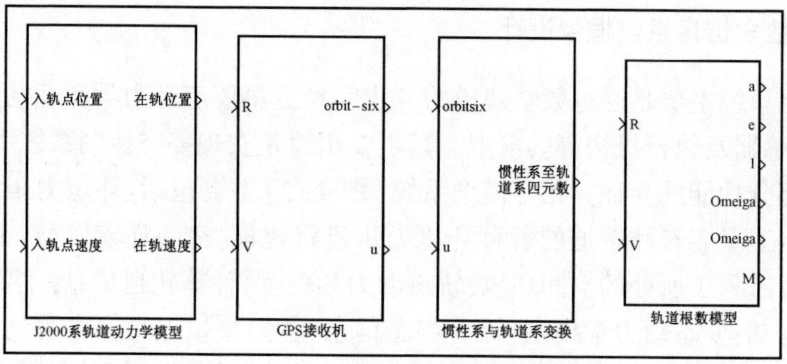

图 7-3　轨道动力学模型

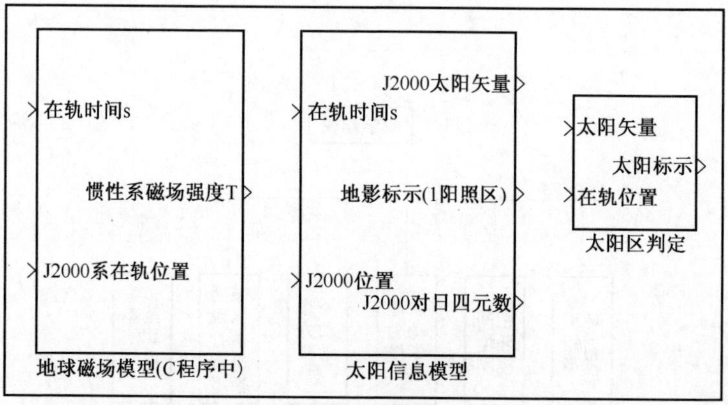

图 7-4　环境模型

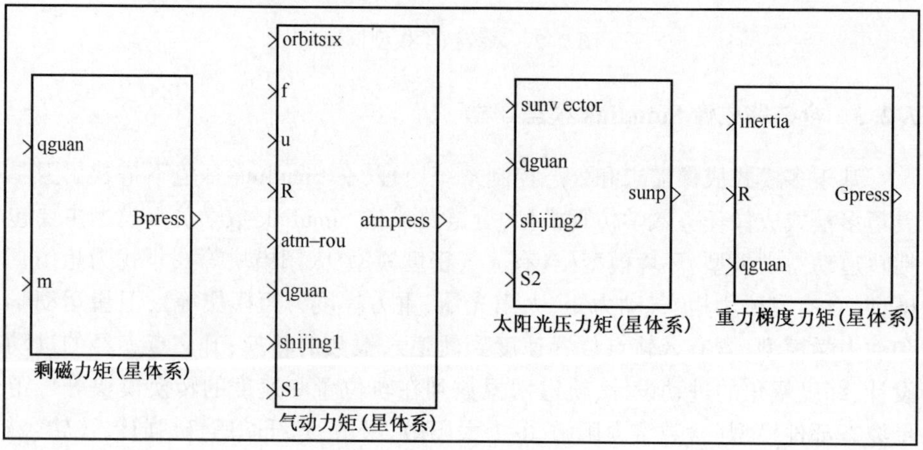

图 7-5　干扰力矩仿真模型

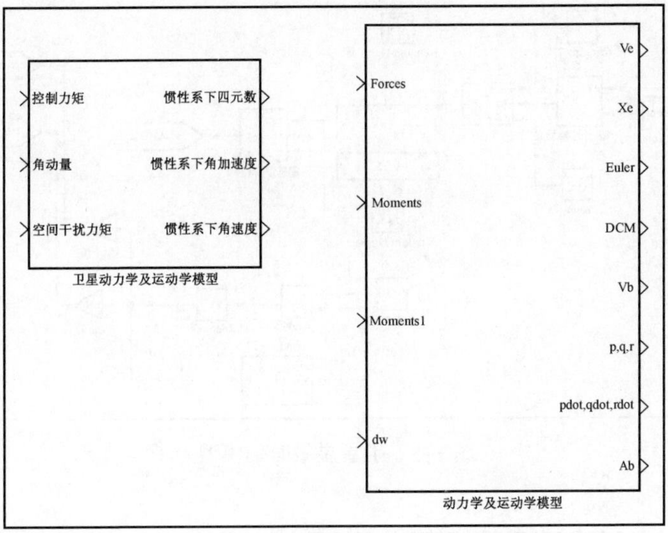

图 7-6　卫星动力学和运动学模型

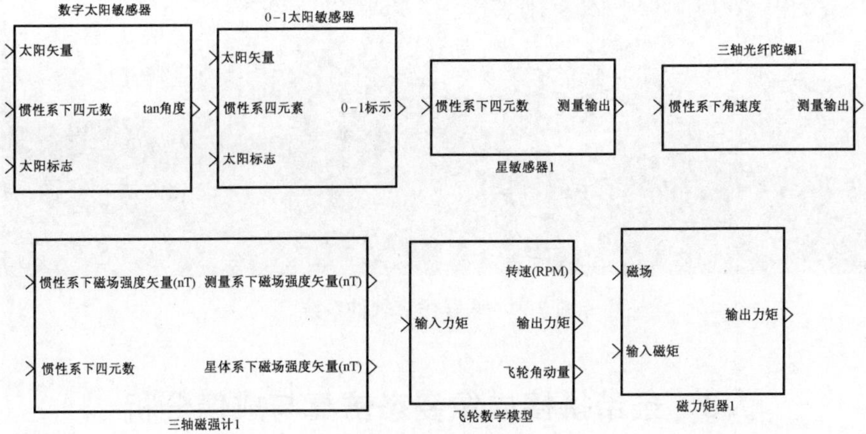

图 7-7　卫星姿态部件模型

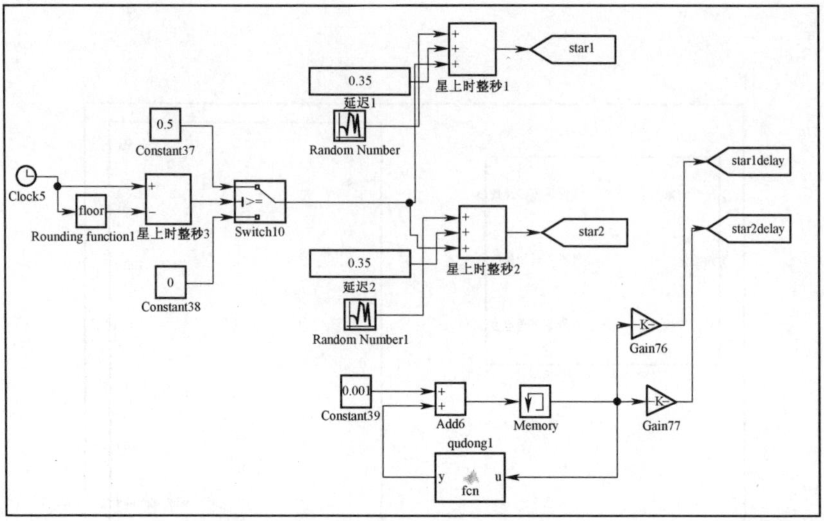

图 7-8　卫星星敏时延模型

图 7-9　联合仿真软件系统

7.3　条带拼接成像姿态仿真与成像分析

敏捷高分同轨条带拼接成像覆盖范围广、时间分辨率高,具有敏捷成像的先进性和高效性[1-2]。针对条带拼接成像试验控制模式,以卫星设计标称参数为依据,如表 7-2 所列,设计满足控制指标要求的基于新产品试验控制力矩陀螺的剪刀率及 PD+前馈补偿控制律。针对北半球纬度 55°范围的目标对标称参数设计的控制方法的效果进行仿真验证，同轨拼接成像目标点示例如表 7-3 所列。

表 7-2 卫星成像仿真参数及误差值

序号	类 别	设计标称值	仿真考虑值
1	卫星质量/kg	400	500
2	帆板一阶弯曲频率/Hz	4.6	4.5
3	一阶转动耦合系数($Fs\sqrt{kg\cdot mm^2}$)	$[0.4\ 2.65\times10^3\ 1.4\times10^{-12}]$	$[0.4\ 2.65\times10^3\ 1.4\times10^{-12}]+0.05\times[0.4\ 2.65\times10^3\ 1.4\times10^{-12}]$
4	帆板阻尼	0.05	0.04
5	GPS 接收机定轨位置精度/m	≤10(1σ,三轴)	≤50(3σ,三轴)
6	GPS 接收机定轨速度精度/(m/s)	≤0.05(1σ,三轴)	≤0.4(3σ,三轴)
7	光纤陀螺漂移	常值漂移:≤0.1(°)/h 随机漂移:≤0.01(°)/$\sqrt{h}$ (等价于≤2×10^{-4}(°)/s)	≤4×10^{-4}(°)/s
8	星敏感器定姿精度	俯仰/偏航轴:≤4.3″(1σ) 横滚轴:≤47″(1σ)	俯仰/偏航轴:≤0.0015° (1σ) 横滚轴:≤0.015°(1σ)

表 7-3 同轨拼接成像目标点示例

	纬度范围	星下点		左侧摆	
北半球	高纬度(55°) 前星下点纬经度 (57.403°;94.639°; 680.110208km) 后星下点纬经度 (49.683°;90.951°; 677.358137km)	目标点	(54.893°;93.322°)	目标点	(51.770°;101.285°)
		前成像时间 (lat=58.346)	2015 年 10 月 1 日 05:48:44.000	前成像时间 (lat=58.346)	2015 年 10 月 1 日 05:48:44.000
		前三轴姿态	(1.9581°;0°;30°)	前三轴姿态	(1.9581°;40°;30°)
		中成像时间 (lat=58.346)	2015 年 10 月 1 日 05:49:42.000	中成像时间 (lat=53.614)	2015 年 10 月 1 日 05:50:04.000
		中三轴姿态	(2.2306°;-0.9°;0°)	中三轴姿态	(2.2306°;40.1°;0°)
		后成像时间 (lat=58.346)	2015 年 10 月 1 日 05:50:40.000	后成像时间 (lat=48.966)	2015 年 10 月 1 日 05:51:22.000
		后三轴姿态	(2.4803°;-2°;-30°)	后三轴姿态	(2.4803°;38.2°;-30°)

7.3.1 Simulink 条带拼接成像仿真

1. 北半球高纬度 55°星下点

针对北半球高纬度 55°星下点目标进行的条带拼接成像数学仿真,卫星在第一条带与第二条带之间机动,得到机动过程中时的轨道系下三轴欧拉角如图 7-10 所示,误差角速度如图 7-11 所示,误差角速度放大图如图 7-12 所示。由图可知,第二条带成像之前卫星三轴的姿态精度优于 0.05°,姿态稳定度优于 0.001(°)/s 。

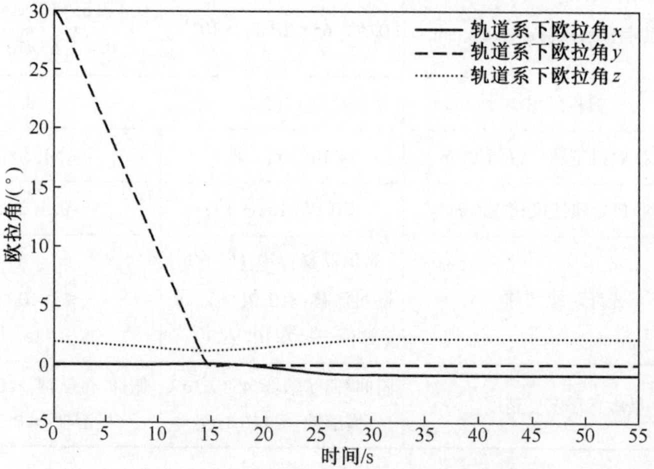

图 7-10 第二条带轨道系下的三轴欧拉角

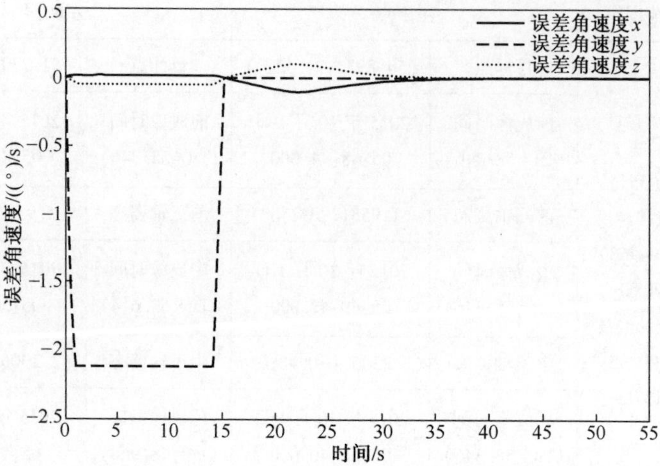

图 7-11 第二条带误差角速度

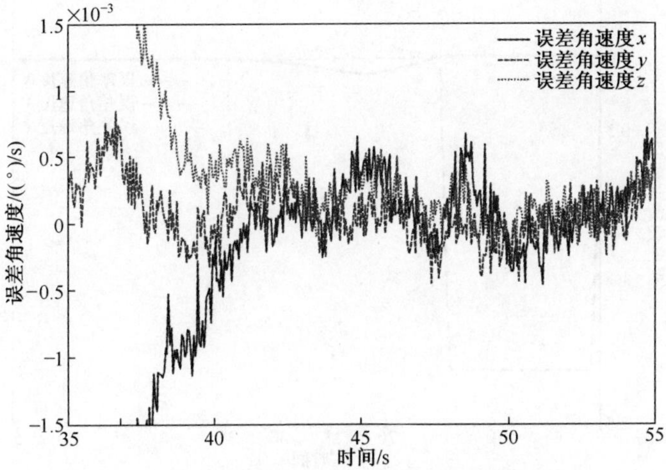

图 7-12 (见彩图)第二条带误差角速度放大图

针对北半球高纬度55°星下点目标进行的条带拼接成像数学仿真,卫星在第二条带与第三条带之间机动,得到机动过程中的轨道系下三轴欧拉角如图 7-13所示,误差角速度如图 7-14 所示,误差角速度放大图如图 7-15 所示。可知,第三条带成像之前卫星三轴的姿态精度优于 0.05°,姿态稳定度优于0.001(°)/s。

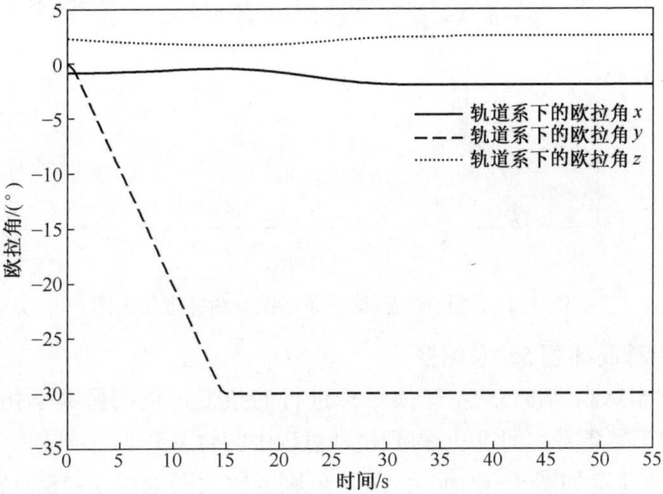

图 7-13 第三条带轨道系下的三轴欧拉角

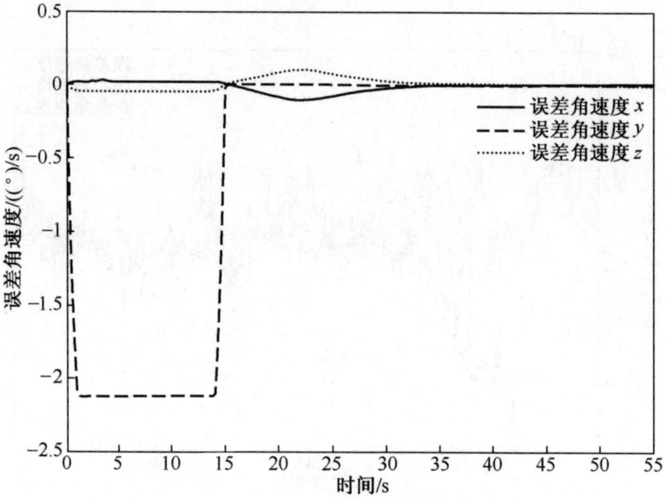

图 7-14　第三条带误差角速度

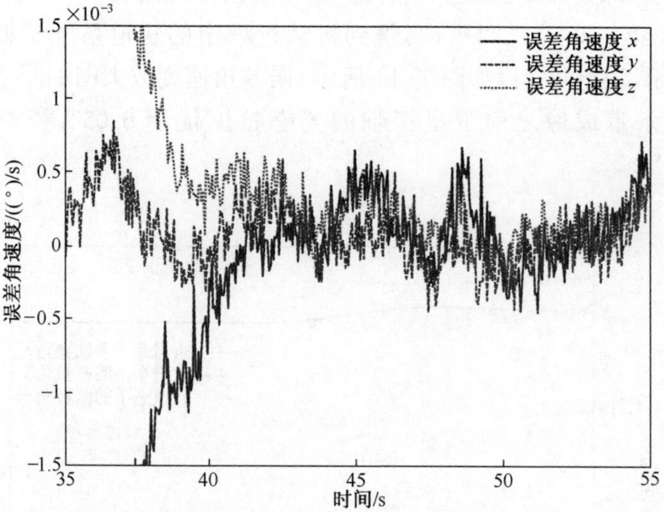

图 7-15　(见彩图)第三条带误差角速度放大图

2. 北半球高纬度 55°左侧摆

针对北半球高纬度 55°左侧摆目标进行的条带拼接成像数学仿真,卫星在第一条带与第二条带之间机动,得到机动过程中的轨道系下三轴欧拉角如图 7-16 所示,误差角速度如图 7-17 所示,误差角速度放大图如图 7-18 所示。由图可知,第二条带成像之前卫星三轴的姿态精度优于 0.05°,姿态稳定度优于 0.001(°)/s。

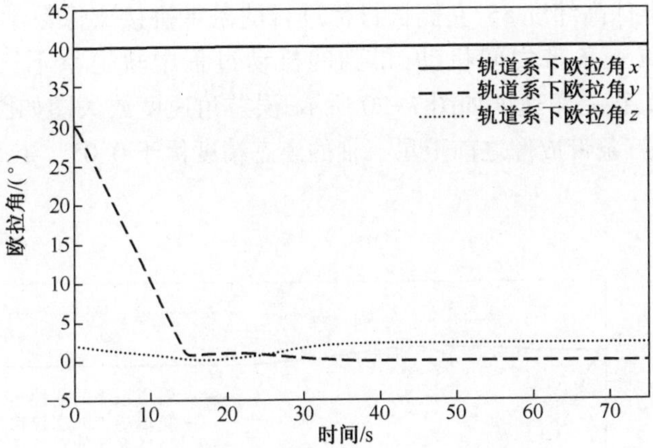

图 7-16　第二条带轨道系下的三轴欧拉角

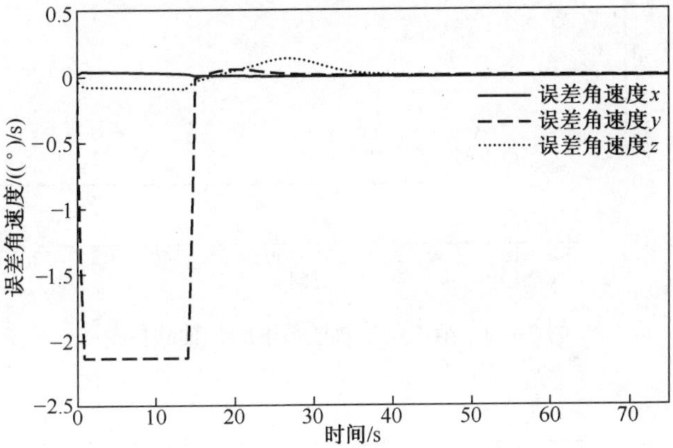

图 7-17　第二条带误差角速度

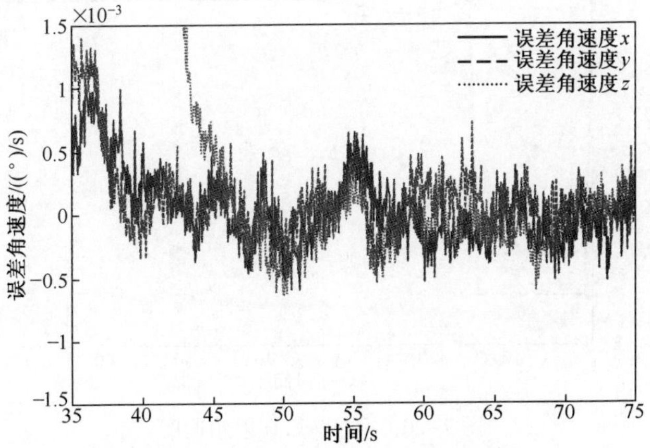

图 7-18　(见彩图)第二条带误差角速度放大图

针对北半球高纬度55°左侧摆目标进行的条带拼接成像数学仿真，卫星在第二条带与第三条带之间机动，得到的机动过程中轨道系下三轴欧拉角如图7-19所示，误差角速度如图7-20所示，误差角速度放大图如图7-21所示。由图可知，第三条带成像之前卫星三轴的姿态精度优于0.05°，姿态稳定度优于0.001(°)/s。

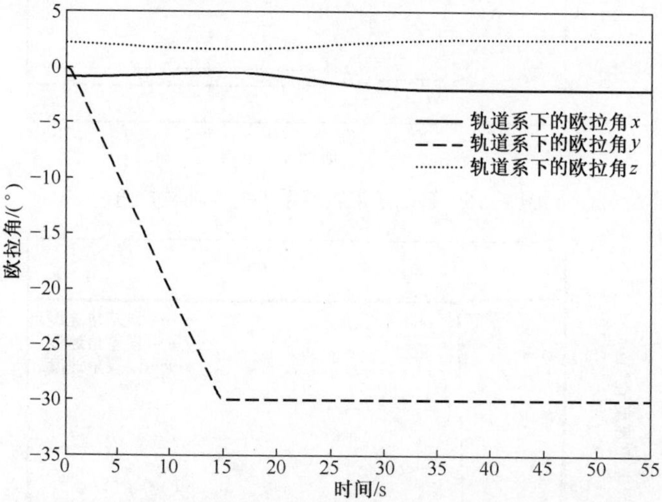

图7-19　第三条带轨道系下的三轴欧拉角

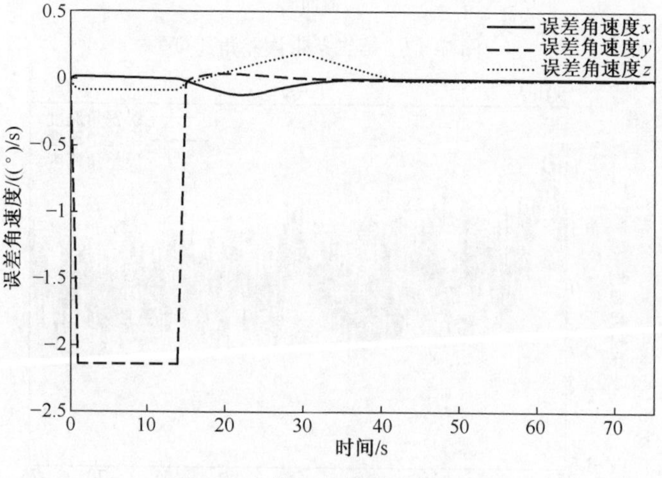

图7-20　第三条带误差角速度

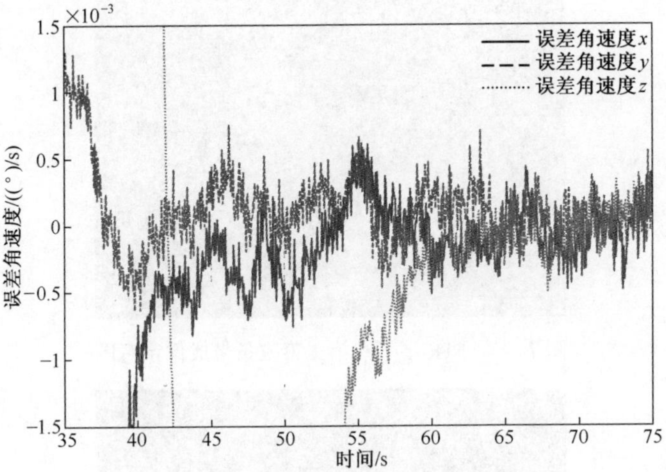

图 7-21 (见彩图)第三条带误差角速度放大图

7.3.2 STK 条带拼接成像仿真

利用 STK 软件进行模拟演示验证,采用 Matlab 生成的 J 2000 下的时间信息、姿态四元数和姿态角速度信息写成 *.a 文件,代入 STK 软件,仿真分析条带拼接星下点成像和左侧摆成像,如图 7-22~图 7-25 所示。仿真表明,均可以实现重叠率为 10%的三条带拼接成像。

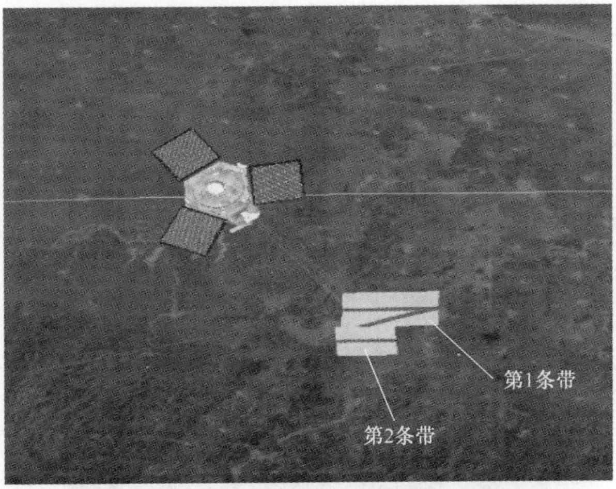

图 7-22 STK 星下点第一第二条带示意图

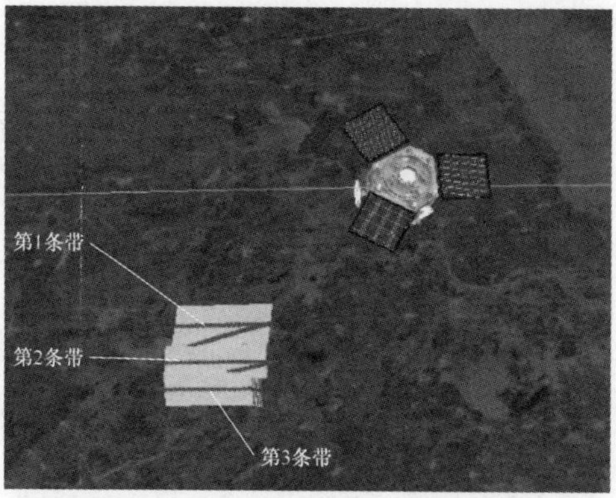

图 7-23　STK 星下点第二第三条带成像示意图

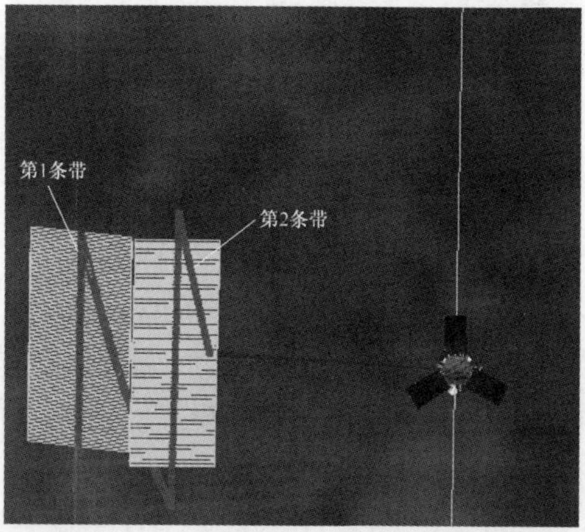

图 7-24　STK 左侧摆第一第二条带成像示意图

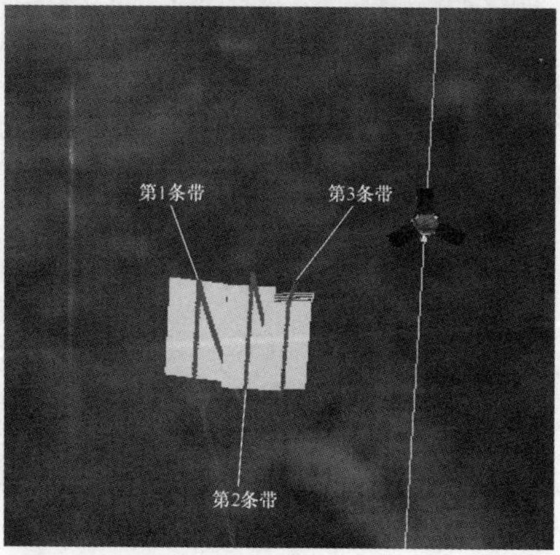

图 7-25　STK 左侧摆条第二第三条带成像示意图

7.4 自适应微光凝视成像姿态仿真与成像分析

由于微光条件下光强度较弱,微光成像需要长时间的曝光才能收集到足够的能量,因此需要采用在轨凝视成像模式实现对在轨飞行卫星与目标点的相对静止。"凝视"成像模式是指卫星在沿轨道进动过程中,为了消除目标区域和卫星的相对位置变化关系,通过调整卫星的姿态角和姿态角速度,使光学有效载荷的光轴始终动态指向地球上的指定目标区域,从而实现光学载荷对目标连续观测成像[3]。

7.4.1 Simulink 自适应微光成像仿真

自适应微光成像主要是根据目标特性和卫星当前轨道信息,将卫星从当前工作模式转换为卫星凝视成像模式,仿真过程为 400s。具体如下:

(1) 星体姿态从初始状态转入三轴对日,在 150s 时完成对日;

(2) 开始向凝视姿态切换,250s 前完成机动;

(3) 310 秒过星下点,250~370s 进行成像。

规划姿态在 150s 前不接入闭环。控制周期为 0.1s,仿真周期为 0.05s,仿真分析对应的惯性系下规划四元数、惯性系下凝视期望角速度、星体姿态角速度偏差、星体姿态角速度偏差、相对参考系星体姿态角误差和惯性系下姿态角速度如图 7-26~图 7-33 所示。

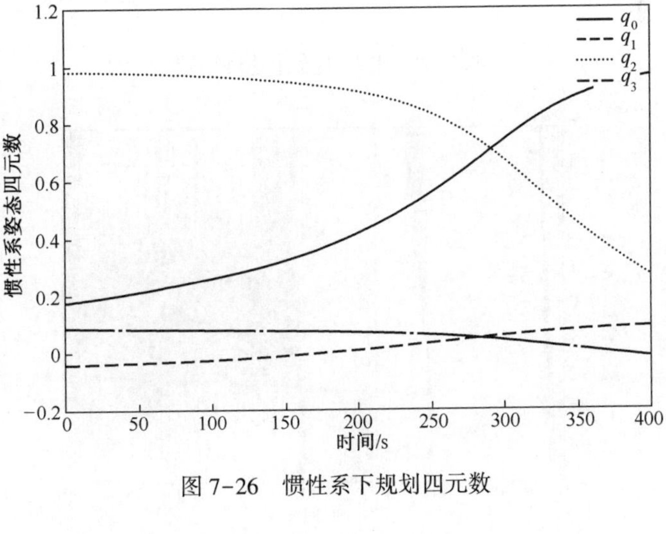

图 7-26 惯性系下规划四元数

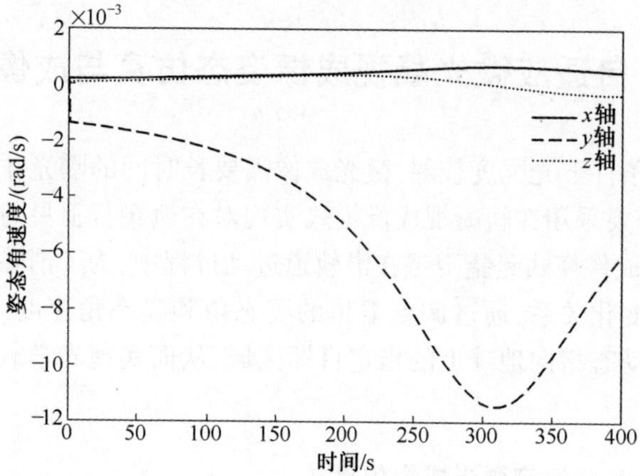

图 7-27　惯性系下凝视期望角速度

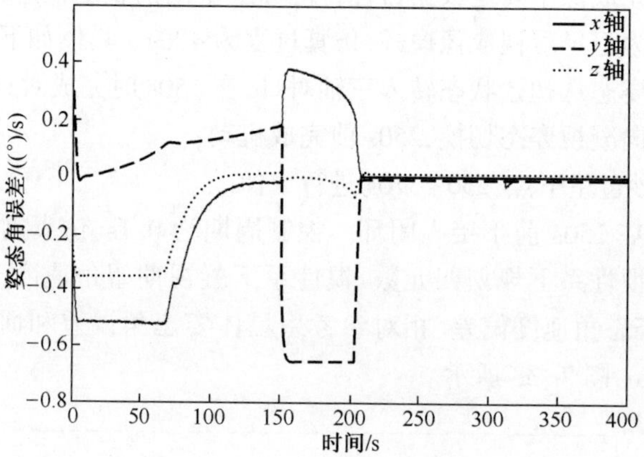

图 7-28　星体姿态角速度偏差

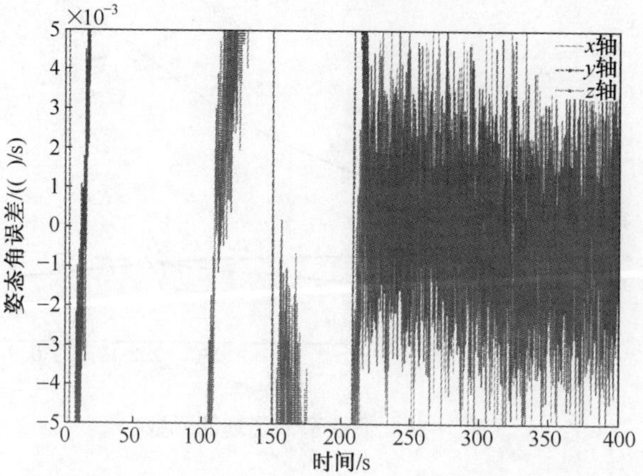

图 7-29　星体姿态角速度偏差(局部放大)

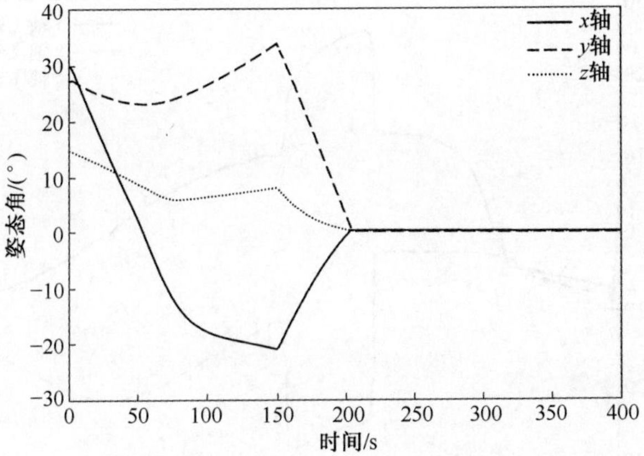

图 7-30　相对参考系星体姿态角误差

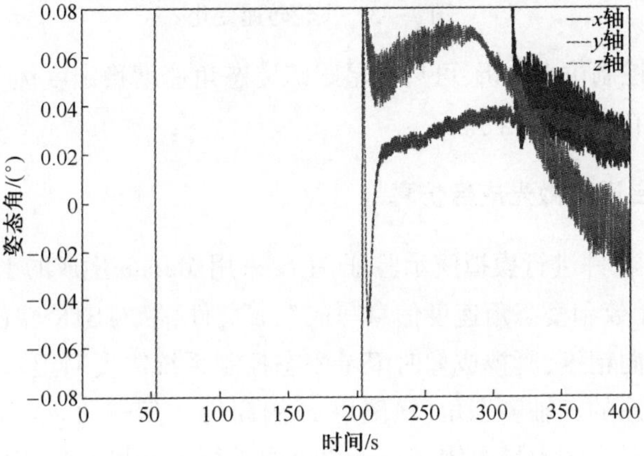

图 7-31　相对参考系星体姿态角误差(局部放大)

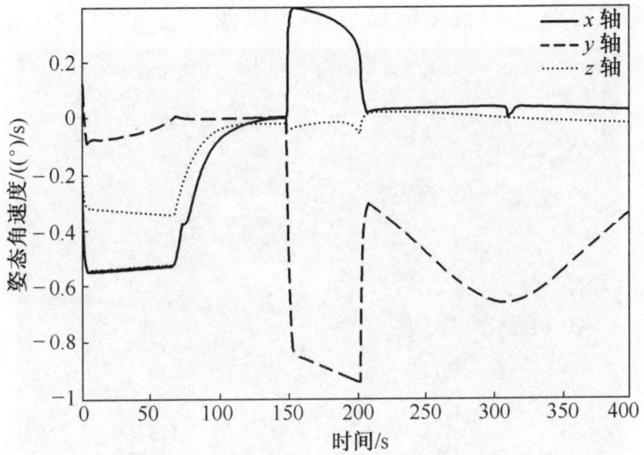

图 7-32　惯性系下姿态角速度

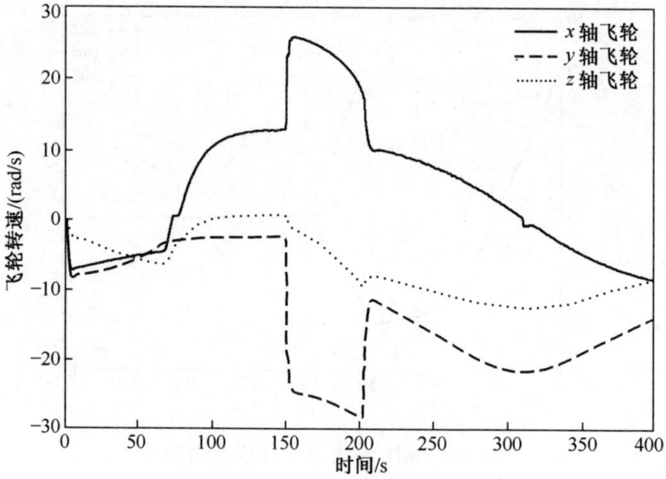

图 7-33　飞轮转速变化

通过数学控制仿真分析,可见卫星跟踪姿态角速度稳定度优于 0.005(°)/s,姿态偏差控制在 0.05°以内。

7.4.2　STK 自适应微光成像仿真

利用 STK 软件进行模拟演示验证,主要采用 Matlab 生成的 J2000 下的时间信息、姿态四元数和姿态角速度信息写成 *.a 文件,带入 STK 软件,仿真分析微光凝视成像指向精度,凝视成像时卫星姿态控制系统需要对卫星本体坐标系相对于轨道坐标系的三轴姿态角(横滚角 φ、俯仰角 θ、偏航角 ψ),进行实时控制,凝视成像过程对应的卫星本体相对于轨道的进行三轴姿态角变化,能够实现的凝视效果图如图 7-34 和图 7-35 所示,夜视凝视成像能够精确凝视指向目标区域,可依据相应的姿态进行自适应微光曝光成像。

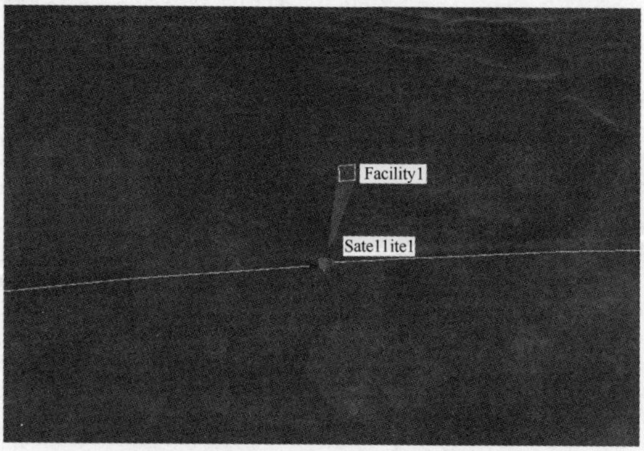

图 7-34　STK 在轨凝视观测前期示意图

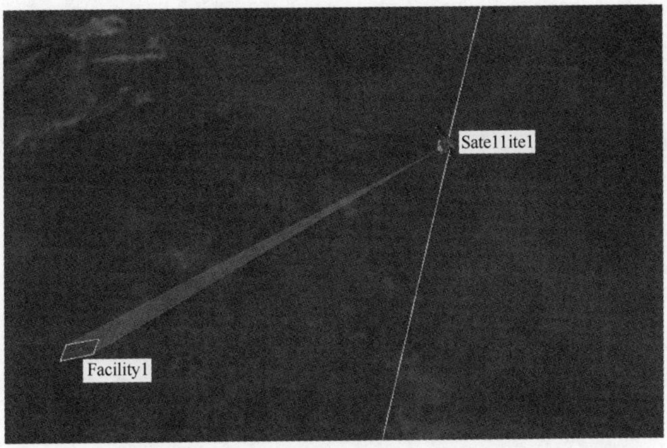

图 7-35　STK 在轨凝视观测后期示意图

7.5　钟摆式搜索成像姿态仿真与成像分析

在轨敏捷卫星虽然通过对同一目标进行"凝视"成像实现更高的时间分辨率,但不能同时进行推扫,覆盖范围有限,凝视成像覆盖面积仅取决于光学载荷全视场角度,大大影响了在轨卫星成像覆盖范围。钟摆式凝视搜索成像模式下卫星本体坐标系相对于轨道坐标系的偏航角和横滚角与凝视成像过程中卫星本体坐标系相对于轨道坐标系的横滚角和偏航角保持不变($\varphi'=\varphi,\psi'=\psi$),仅在凝视成像原有俯仰角度基础上加入一个比例系数 $K(K\leqslant 1)$,钟摆式凝视搜索成像模式中卫星姿控系统控制的俯仰角 $\theta'=\theta\times K$,当 $\mathrm{d}K\theta/\mathrm{d}t=-0.066(°)/\mathrm{s}$ 时,卫星凝视成像为推扫成像,当 $K=1$ 时,半凝视模式等同于凝视模式[4]。

7.5.1　Simulink 钟摆式搜索成像仿真

钟摆式凝视搜索成像主要是根据目标特性和卫星当前轨道信息,将卫星从当前工作模式转换为钟摆式凝视搜索成像模式,仿真过程为 400s。具体如下:

(1) 星体姿态从初始状态转入三轴对日,在 150s 时完成对日;

(2) 开始向钟摆式凝视搜索姿态切换,250s 前完成机动;

(3) 310s 过星下点,250~370s 进行成像。

规划姿态在 150s 前不接入闭环。控制周期为 0.1s,仿真周期为 0.05s,仿真分析对应的星体姿态三轴欧拉角、星体三轴姿态角跟踪误差和惯性系下姿态角速度如图 7-36~图 7-38 所示。

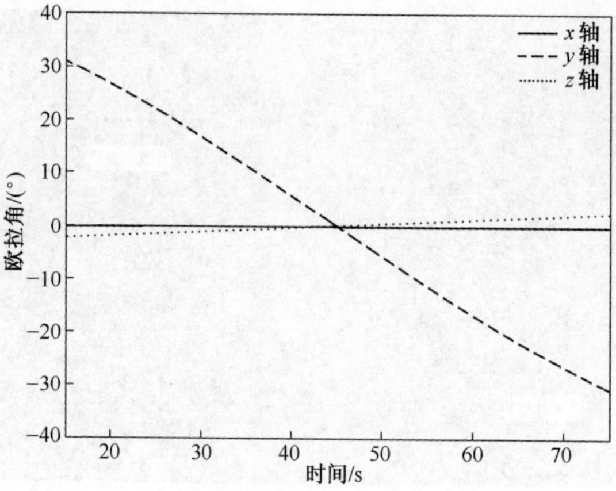

图 7-36　钟摆式搜索成像三轴欧拉角半物理仿真

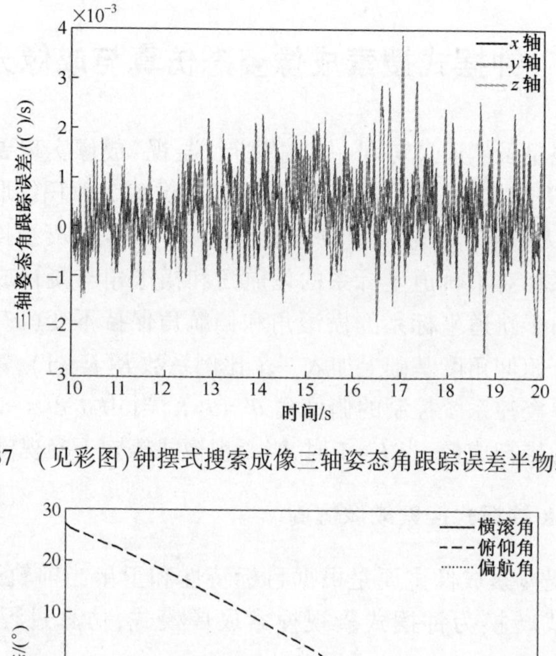

图 7-37　(见彩图)钟摆式搜索成像三轴姿态角跟踪误差半物理仿真

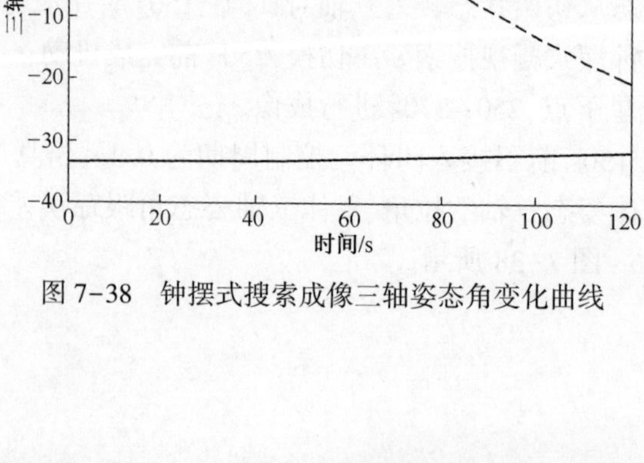

图 7-38　钟摆式搜索成像三轴姿态角变化曲线

7.5.2 STK 钟摆式搜索成像仿真

利用 STK 软件进行模拟演示验证，采用 Matlab 生成的 J2000 下的时间信息、姿态四元数和姿态角速度信息写成 *.a 文件，带入 STK 软件，仿真分析钟摆式凝视成像系数 $K=0.98$ 时半凝视效果图如图 7-39～图 7-42 所示，仿真实现了比全凝视区域扩大 3～5 倍范围的凝视搜索成像。

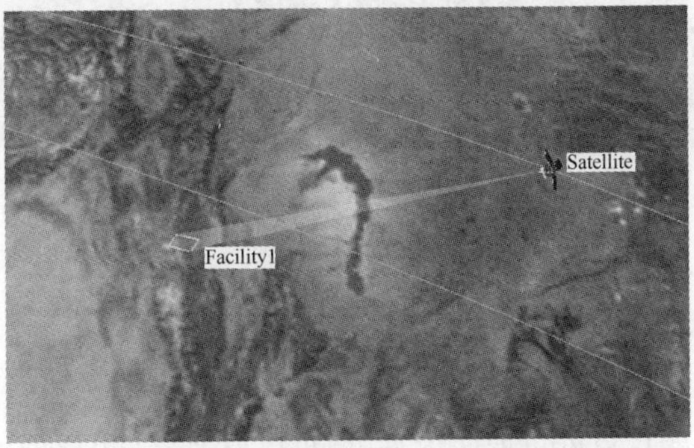

图 7-39　钟摆式凝视搜索成像前期示意图

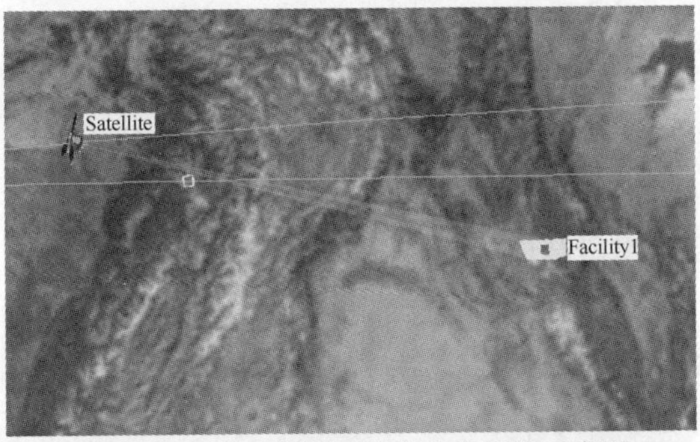

图 7-40　钟摆式凝视搜索成像后期示意图

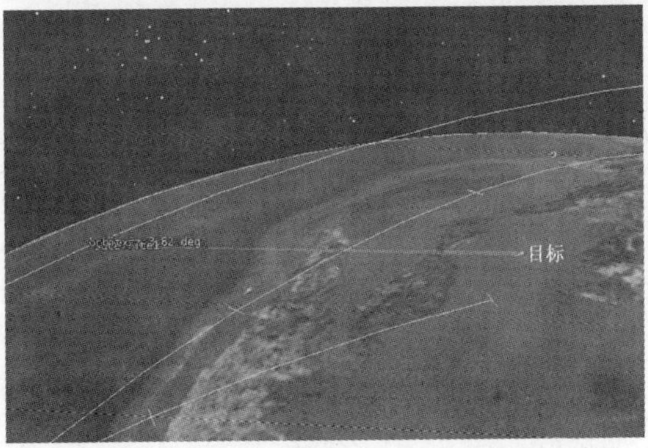

图 7-41　钟摆式凝视搜索成像三维示意图

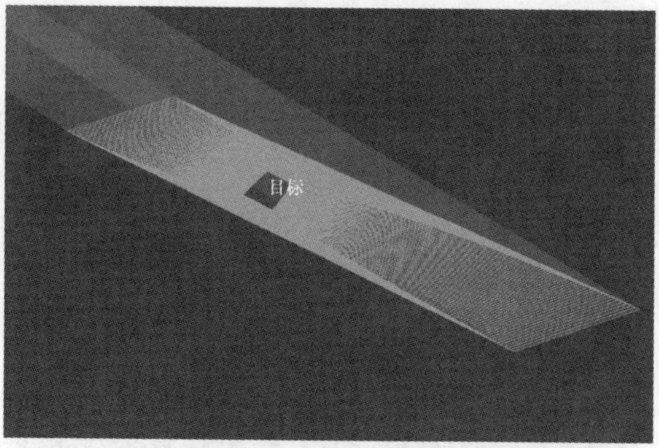

图 7-42　钟摆式凝视搜索成像过程目标景物与视场分布图

7.6　地面转台实验技术[5,6]

基于三轴气浮转台进行地面仿真试验,可以对设计的姿态控制算法进行真实验证,对一些新颖的成像模式进行物理级的校验[7-10]。

7.6.1　系统设计

从系统配置上讲,气浮台可分为地面设备、台上仿真控制系统及台上支撑技术系统。地面设备主要包括上位机、三轴气浮台及其附属结构件(气浮轴承、台底座、安装面及支撑梁结构件、部件安装支架)。台上仿真控制系统主要包括姿态敏感部件(倾角传感器、光纤陀螺和磁强计)、执行部件(控制力矩陀螺、动量轮、喷气驱动和自动调平机构)。台上支撑技术系统主要包括电源部件、通信部件、台上控制计算机及接口。

1. 高精度三轴气浮台

哑铃形三轴气浮转台的负载特性指标及主要功能指标如表 7-4 所列,实物如图 7-43 所示。

表 7-4　哑铃型三轴气浮转台的负载特性及主要功能

转台特性	有效负载/kg	300(压力 0.5MPa)
	台面数量(层)	4
主要功能	z 轴方向运动范围/(°)	±360
	x 轴方向运动范围/(°)	±360
	y 轴方向运动范围/(°)	±25
	锁紧功能	非工作状态下机械锁紧
	调平衡功能	粗、细平衡块人工调整
	摩擦力矩/(N·m)	≤0.002

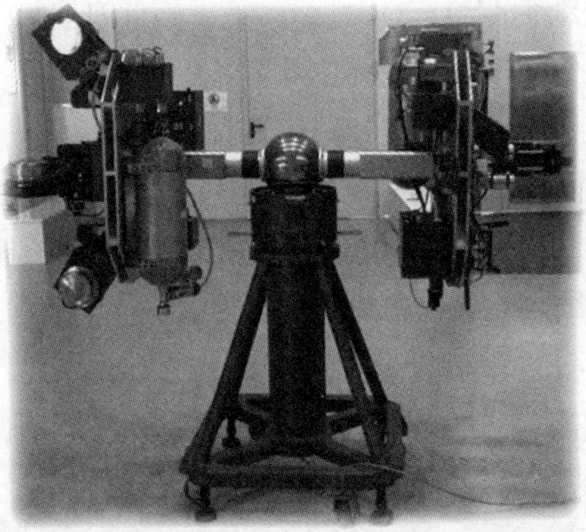

图 7-43　哑铃型三轴气浮台实物

气浮台总体机械系统主要由哑铃形工作台、调平衡机构、机械锁紧机构、基座及静压气浮球轴承组成。

静压气浮球轴承提供了三自由度的低摩擦运动，是哑铃形三轴气浮转台的核心部件。作为一种运动副润滑剂的新型轴承，它采用高压气体，结构简单可靠，承载及刚度适中，且摩擦损耗小。静压气浮球轴承产生的涡流力矩是气浮台干扰力矩的最主要来源。本节搭建三轴气浮台的干扰力矩测量平台并对干扰力矩进行测量，同时对实验数据进行了处理及分析。

当气浮台绕竖直轴旋转时，在没有外界载荷的情况下，相当于一个增益衰减过程，气浮台旋转的角速度单调递减。由气浮台绕竖直轴旋转时的角速度值，得到气浮台旋转的角加速度 β，然后根据公式 $M=J\beta$ 可求出气浮台绕竖直轴旋转时的干扰力矩 M。

图 7-44 中，由气浮台顺时针旋转时的角速度拟合曲线可得 $\beta=0.0028(°)/s^2$，

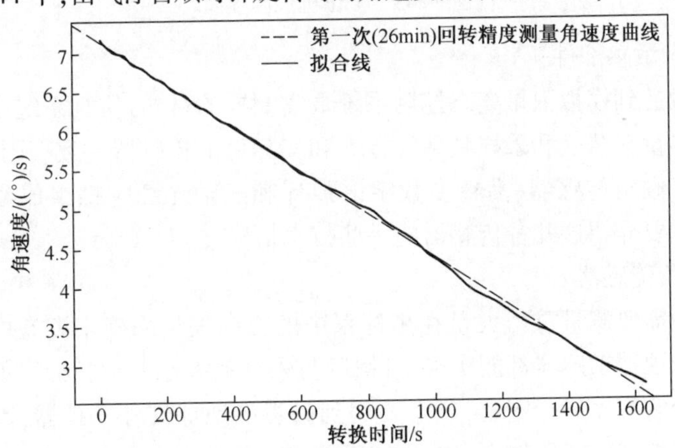

图 7-44　气浮台顺时针旋转时的角速度拟合曲线

气浮台浮起部分的转动惯量 $J=31.7\text{kg}\cdot\text{m}^2$。由此计算出气浮台绕竖直轴顺时针旋转时的不平衡力矩(即干扰力矩)为 $M=1.58\text{mN}\cdot\text{m}$。

2. 上位机

上位机提供人机交互界面,实现了全物理仿真系统控制功能的控制。设计上位机操控界面如图 7-45 所示,包含控制面板和显示面板双窗口,控制面板完成指令设置和发送,能够在线设置、修改参数;显示面板实时采集、存储和显示测量数据;操作简单,可读性强。

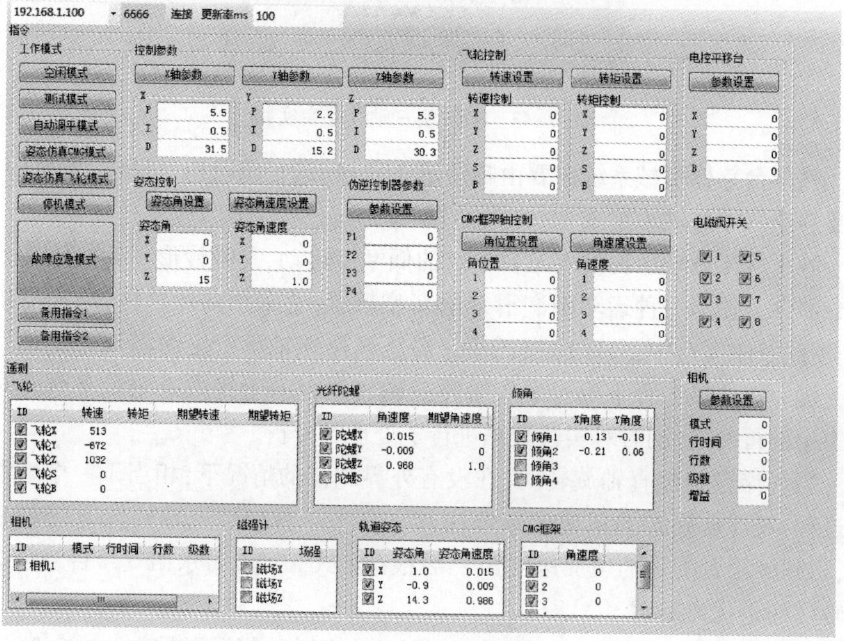

图 7-45　上位机控制界面

3. 姿态敏感部件

为尽量达到模拟卫星姿态控制系统真实配置的目的,仿真系统中的传感器在选择上尽量在精度和采样频率等方面和实际星上传感器一致。因此,选择了高精度数字倾角传感器、高精度数字磁强计和三轴光纤陀螺组成姿态确定系统。下面主要介绍这几种传感器的一些技术指标。

1) 倾角传感器

实验中需要测量重力矢量在坐标系中的方向矢量来确定姿态的部件。倾角传感器与地球敏感器都能实现,且精度与采样频率也非常相似。但由于实验室采用地球敏感器进行定姿,还需要用到昂贵的地球红外模拟器,因此用倾角传感器代替地球敏感器作为姿态确定系统主要部件既方便又经济。

全物理仿真系统选用 LE-30 型高精度倾角传感器，其主要技术指标如表 7-5所列。

表 7-5　LE-30 性能指标

型号	LE-30
测量范围/(°)	±38
分辨率/(°)	0.001
总体误差/(°)	<0.01
采样频率/Hz	1~5

2）磁强计

磁强计是卫星上必备的姿态传感器，它的特点是体积小、功耗低、可靠性高。本设计选用 Crossbow 公司的 CXM539 型高精度磁强计，测量范围是±1Gs，分辨率高达 1nT，采样噪声小于 3nT，综合误差小于 100nT。

3）光纤陀螺

全物理仿真系统选用 4 只 HY-98D 型高精度光纤陀螺作为角速度测量的重要部件。HY-98D 主要技术指标如表 7-6 所列。

表 7-6　HY-98D 主要技术指标

参数指标	数　值
角速度测量范围/((°)/s)	±150
常值漂移/((°)/h)	≤0.5(1σ)
标度因数(LSB)/((°)/s)	34000
标度因数非线性度	$<50\times10^{-6}$(1σ)
标度因数重复性	$<100\times10^{-6}$(1σ)
随机游走/((°)/$\sqrt{h}$)	<0.05
带宽(-3db)/Hz	>350

4. 反作用飞轮

反作用飞轮是长寿命、高精度对地三轴稳定卫星最常用的姿态执行机构，具有控制精确、功耗低等突出特点。其原理：当卫星不受到外力矩或者外力矩很小的情况下，由角动量守恒原理，利用力矩电机使飞轮向一个方向加速或减速，将使星体产生相反方向的角动量，使总的动量守恒。在理想条件下，当卫星受到外力矩作用时，如外力矩一直与反作用飞轮产生的力矩相等，则卫星本体可以一直保持稳定，就可看作外力矩被反作用飞轮“吸收”了。哑铃形气浮台共使用五个反作用飞轮，其中四个用作 CMG 转子。反作用飞轮指标：最大输出力矩为 0.1N · m；工作在最高转速时可提供的角动量为 2N · ms；转速一般不超过 6000r/min；稳态功耗不超过 10W。

5. 控制力矩陀螺

本系统包含四个组成金字塔构型的单框架控制力矩陀螺原理样机，由四个反作用飞轮作为转子配合高精度转台组成,最大输出力矩为 2N·m,框架角位置精度为 0.02°。单框架控制力矩陀螺实物如图 7-46 所示。

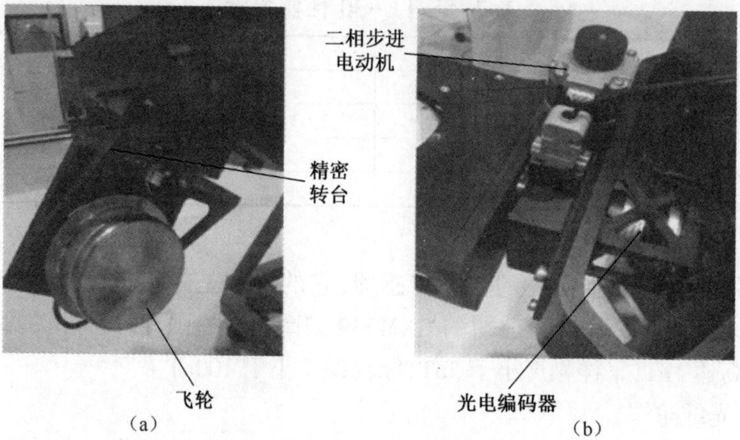

图 7-46 单框架控制力矩陀螺实物

飞轮(动量轮)作用是为控制力矩陀螺提供工作所需的偏置角动量并在必要的时候工作在飞轮模式下。精密转台主要机构为一螺纹丝杠减速器,可提供 60:1 的减速比,具备自锁功能。精密转台通过导电滑环将转台上飞轮的电源及通信线路转接到转台下。二相步进电动机步距角为 1.8°,经过 64 细分,可达 0.0281°;最高工作转速为 30(°)/s。步进电动机为脉冲控制方式,由 FPGA 产生脉冲来控制其行进的速率和步数。23 位光电编码器测角精度为 0.006°。

控制力矩陀螺群结构选用航天领域广泛应用的金字塔构型,四个控制力矩陀螺对称安装,如图 7-47 所示。

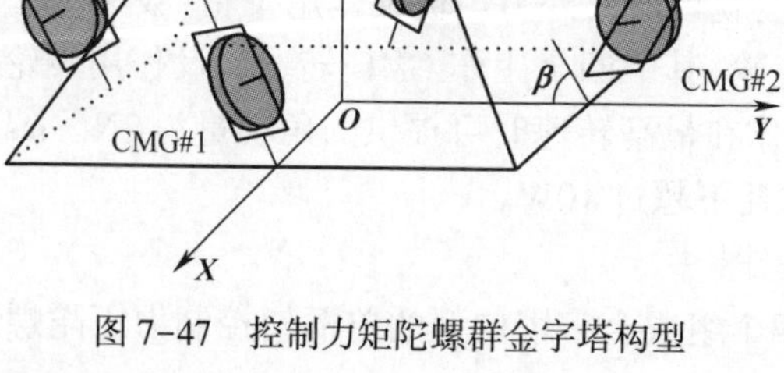

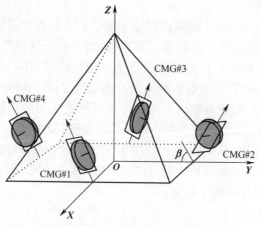

图 7-47 控制力矩陀螺群金字塔构型

6. 喷气驱动

三轴喷气推力机构可以卸载飞轮和控制力矩陀螺及为姿态控制提供喷气推力，由 2 个高压碳纤维复合气瓶、2 个减压阀和 8 个高频电磁阀组成。

7. 自动调平机构

自动调平机构主要由高精度丝杠、电动机与驱动电路组成。其工作原理：控制系统在进行姿态控制过程中由系统观测器计算所受到的干扰力矩，然后通过驱动调平机构进行自动调整，以减小干扰力矩值。自动调平机构可快速将系统所受到的重力干扰力矩减小到 0.003N · m 以下。

8. 台上支撑技术系统

台上支撑技术系统组成如下：

(1) 电源部件，2 个大容量锂电池；

(2) 通信部件，蓝牙通信装置和无线路由通信装置各 1 套；

(3) 台上控制计算机及接口 PC104 计算机和 PC104CAN 卡各 1 块。

系统采用 PC104 控制计算机，联合 Matlab 和 VxWorks 实时操作系统对仿真验证核心算法进行快速部署。利用其快速实现的优越性，可以有效地对各种算法的优劣性能进行比较，从而实现卫星姿态控制算法快速验证。通过无线局域网与上位机通信，同时采用波特率为 1Mb/s 的 CAN 总线扩展卡与各部分功能模块通信，如图 7-48 所示。

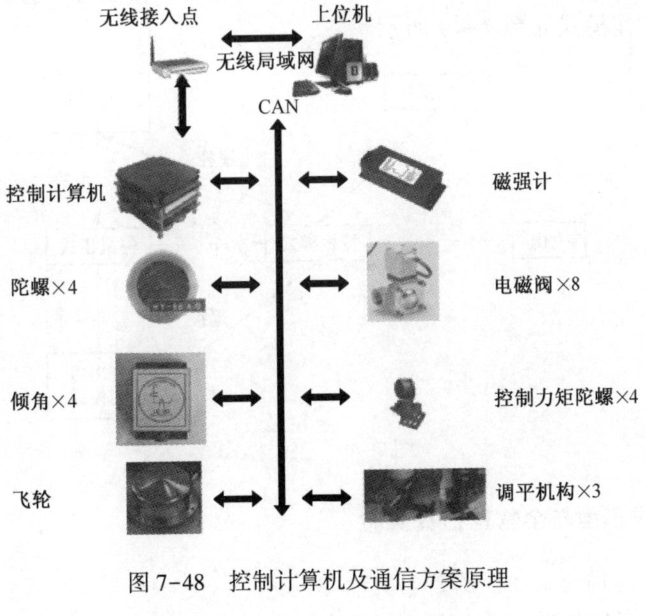

图 7-48　控制计算机及通信方案原理

7.6.2 卫星全物理仿真系统功能及工作模式

该卫星全物理仿真系统具备以下功能:

(1) 通过传感器进行自主定姿;

(2) 实现手动调平和自动调平;

(3) 完成基于三台正交安装飞轮控制的三轴姿态控制仿真实验;

(4) 完成基于四台金字塔构型安装单框架控制力矩陀螺的姿态控制仿真实验;

(5) 通过三轴喷气执行机构完成动量卸载、阻尼姿态控制;

(6) 与台下遥测遥控系统进行数据交换。

该卫星全物理仿真系统具有待机模式、测试模式、自动调平模式、姿态仿真模式(CMG 归零模式、CMG 模式和飞轮模式)和停机模式。除待机模式外,进入其他模式均需上位机上注相应指令。

仿真系统上电后自动进入待机模式,控制计算机加载程序并进行初始化,初始化完成后等待上注指令进入下一个工作模式。测试模式中,控制计算机对所有部件轮询遥测信息,并将测试结果下传。自动调平模式中,仿真系统通过滤波算法估计重力干扰力矩的大小,驱动自动调平机构进行补偿,并将干扰力矩估计残差实时下传。姿态仿真模式中,仿真系统根据上注指令进行姿态控制,包括找到金字塔构型的 4 个控制力矩陀螺的机械零位、采用控制策略实现 CMG 机动控制和采用控制策略驱动反作用飞轮对台体姿态进行机动及稳定控制。仿真系统收到进入停机模式指令后,将飞轮转速降为零,随后自动转入待机模式。工作模式如图 7-49 所示。

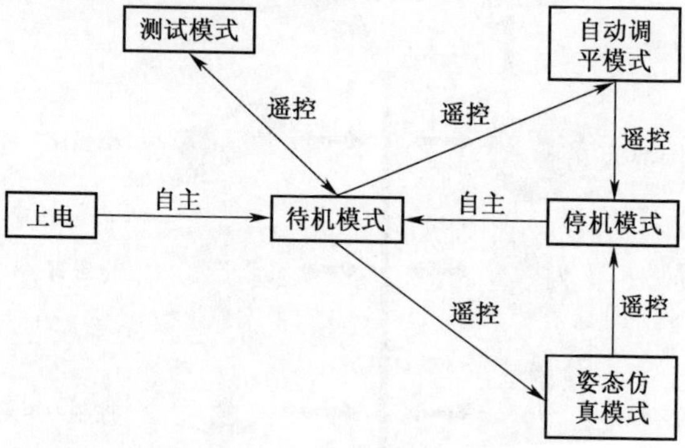

图 7-49 工作模式

7.6.3 数学模型与全物理仿真实验

1. 基于递阶饱和 PD 的姿态机动律设计

考虑执行结构输出力矩饱和、星体最大转动角速率受限等约束条件,设计

简单实用的递阶饱和 PD 控制器,它能够对姿态偏差进行逐次消除,达到良好的控制效果。控制器形式如下:

$$\boldsymbol{\tau}=-\boldsymbol{J}_{\mathrm{s}}\{k\,\underset{L}{\mathrm{sat}}(\boldsymbol{q}_{\mathrm{e}})+d\boldsymbol{\omega}_{\mathrm{e}}\} \tag{7-1}$$

式中:$\boldsymbol{q}_{\mathrm{e}}$为误差四元素的矢量部分;$\boldsymbol{\omega}_{\mathrm{e}}$为误差角速度;$k$ 和 d 为与系统频率及积分时间常数相关的常量。

饱和函数定义为

$$\underset{L}{\mathrm{sat}}(\boldsymbol{q}_{\mathrm{e}})=\begin{cases}\boldsymbol{q}_{\mathrm{e}},\ \|\boldsymbol{q}_{\mathrm{e}}\|_{\infty}<L\\ \dfrac{\boldsymbol{q}_{\mathrm{e}}}{\|\boldsymbol{q}_{\mathrm{e}}\|_{\infty}}\times L,\ \|\boldsymbol{q}_{\mathrm{e}}\|_{\infty}\geqslant L\end{cases} \tag{7-2}$$

式中:$\|\boldsymbol{q}_{\mathrm{e}}\|_{\infty}$ 为取矢量中的最大值,$\|\boldsymbol{q}_{\mathrm{e}}\|_{\infty}=\max\{|q_{\mathrm{e}1}|,|q_{\mathrm{e}2}|,|q_{\mathrm{e}3}|\}$。

参数 L 的设计如下:

$$L=(d/k)\times|w_i|_{\max} \tag{7-3}$$

式中:$|w_i|_{\max}$ 为每个轴上陀螺的最大角速度限幅值。

在卫星机动速率及控制输出受限情况下,设计的递阶饱和 PD 控制器形式为

$$\boldsymbol{u}=\underset{U}{\mathrm{sat}}(\boldsymbol{\tau})=\begin{cases}\boldsymbol{\tau}\quad,\ \|\boldsymbol{\tau}\|_{\infty}<U\\ U(\boldsymbol{\tau}/\|\boldsymbol{\tau}\|_{\infty})\quad,\ \|\boldsymbol{\tau}\|_{\infty}\geqslant U\end{cases} \tag{7-4}$$

式中:U 为控制器的最大输出值;$\|\boldsymbol{\tau}\|_{\infty}$ 为取矢量中的最大值,$\|\boldsymbol{\tau}\|_{\infty}=\max\{|\tau_1|,|\tau_2|,|\tau_3|\}$。

2. 金字塔构型 CMG 操纵律设计

CMG 的操纵律作用是将控制律规划出的期望控制力矩转化为金字塔构型 CMG 群中每个 CMG 的运动指令,即每个 CMG 的框架角速度运动指令。为使得金字塔构型 CMG 群能够输出稳定、平滑的控制力矩,采用鲁棒伪逆操纵律。其设计可通过最小化如下的优化指标:

$$J=(\boldsymbol{A}\dot{\delta}-\boldsymbol{\tau})^{\mathrm{T}}\boldsymbol{H}(\boldsymbol{A}\dot{\delta}-\boldsymbol{\tau})+\dot{\delta}^{\mathrm{T}}\boldsymbol{M}\dot{\delta} \tag{7-5}$$

式中:$\boldsymbol{H}$、$\boldsymbol{M}$ 为待设计的正常值矩阵;$\boldsymbol{\tau}$ 为规划出的期望控制力矩;$\boldsymbol{A}$ 为雅可比矩阵。

由以上的优化问题,可以确定出框架角速度变化规律为

$$\dot{\delta}=\boldsymbol{A}^{+}\dot{h}=\frac{1}{h_0}\boldsymbol{W}\boldsymbol{A}^{\mathrm{T}}(\boldsymbol{A}\boldsymbol{W}\boldsymbol{A}^{\mathrm{T}}+\boldsymbol{V})^{-1}\dot{h} \tag{7-6}$$

为了避免 CMG 框架锁死,提高鲁棒伪逆操纵律对奇异性的回避,需要合理的设计矩阵 $\boldsymbol{H}$、$\boldsymbol{M}$。采用如下方法设计矩阵 $\boldsymbol{H}$、$\boldsymbol{M}$:

$$V \equiv H^{-1} = \lambda \begin{pmatrix} 1 & \varepsilon_3 & \varepsilon_2 \\ \varepsilon_3 & 1 & \varepsilon_1 \\ \varepsilon_2 & \varepsilon_1 & 1 \end{pmatrix} > 0$$

$$W \equiv M^{-1} = \begin{pmatrix} W_1 & \lambda & \lambda & \lambda \\ \lambda & W_2 & \lambda & \lambda \\ \lambda & \lambda & W_3 & \lambda \\ \lambda & \lambda & \lambda & W_4 \end{pmatrix} > 0 \tag{7-7}$$

式中：ε_i可选取为零值附近周期变化的函数，$\varepsilon_i = \varepsilon_0 \sin(\omega t + \Phi_i)$，$\lambda_0$、$\mu$、$\varepsilon_0$、$\Phi_i$为待定的设计系数，一般根据卫星姿态机动情况进行调整。矩阵 $\boldsymbol{W}$ 的选取需根据卫星姿态机动模式及给定参考控制力矩特点而选取。

3. 实验流程

系统上电后自动进入待机模式，台上控制计算机加载程序并进行初始化，在初始化完成后，控制计算机对所有部件进行轮询测量信息，并将测量结果遥测下传。

上位机实现控制算法，生成力矩指令，通过无线通信模块传给台上控制计算机，台上控制计算机模拟星载中心机，控制飞轮、控制力矩陀螺及喷气驱动等执行机构来产生控制力矩，直接作用于三轴气浮台，姿态敏感部件测量出姿态运动信息，并通过无线通信模块传给上位机。

4. 全物理仿真实验结果

以控制力矩陀螺为姿态执行机构，姿态机动[40°,15°,20°]的各实测曲线如图 7-50~图 7-54 所示。

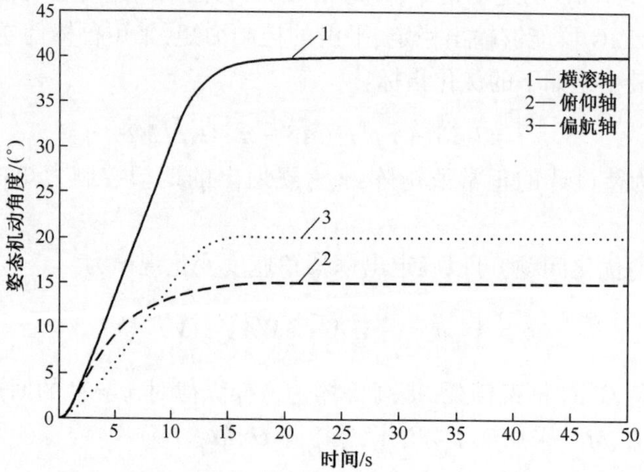

图 7-50 姿态角度曲线

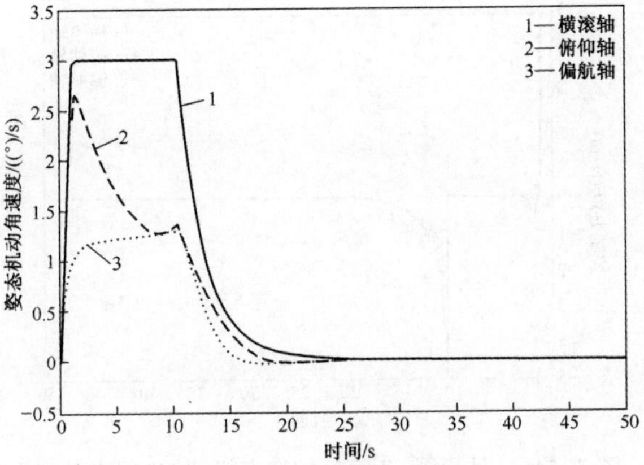

图 7-51　姿态角速度曲线

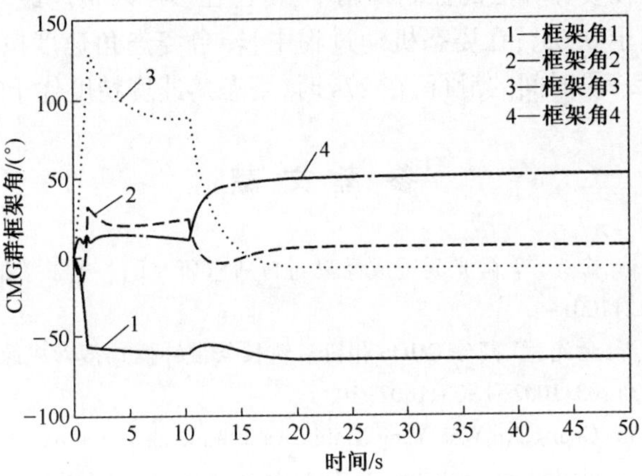

图 7-52　框架角度曲线

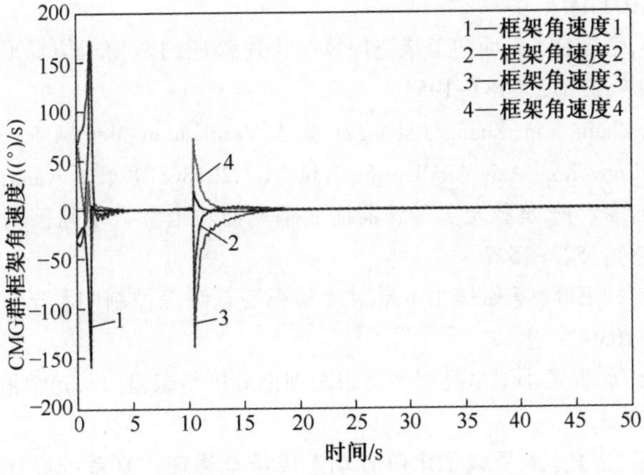

图 7-53　框架角速度曲线

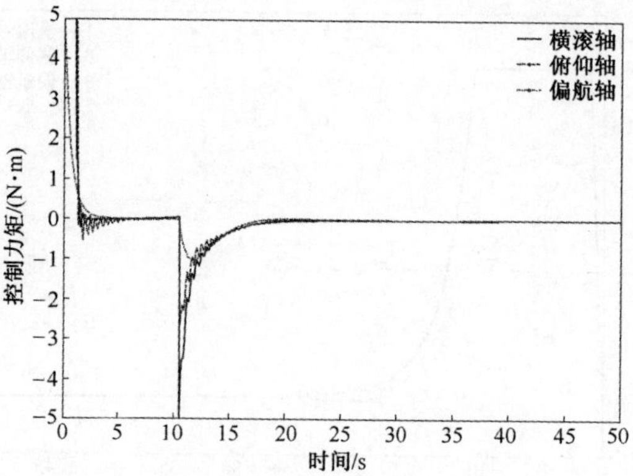

图 7-54 (见彩图)折算后的姿态机动控制力矩曲线

可以看出,在姿控算法的控制作用下,转台在 24s 内实现最大 40°的姿态机动任务,精度优于 0.05°;在姿态机动过程中,转台姿态角速度按照设计的最大值 3(°)/s 保持一段时间的滑行,在 27s 时,姿态角速度精度优于0.005(°)/s。

参 考 文 献

[1] 王亚敏,杨秀彬,金光,等.微光凝视成像曝光自适应研究[J].光子学报,2016,45(12):1211001-1-1211001-7.

[2] 王亚敏,杨秀彬,金光,等.高分 CMOS 相机沿轨长条带钟摆式搜索成像设计[J].光子学报,2017,46(3):0311002-1-0311002-10.

[3] Wang Yamin, Jin Guang, Xu Wei, Yang Xiubin. An attitude algorithm based on the band seamless splicing imaging for agile satellite[J]. Optoelectronics Letters, 2017.

[4] 杨秀彬,姜丽,王亚敏,等.高分 CMOS 相机垂轨引导式凝视搜索成像设计[J].光学学报,2017,37(7):0711002.

[5] 周美丽,常琳,范国伟,等.面向卫星姿控算法快速验证的全物理仿真平台构建[J].光学精密工程,2017,25(12):187-195.

[6] Fan Guowei, Chang Lin, Zhang Jiabao, et al. A Verification Method for Non-along Track Imaging Based on Three Axis Air Bearing Table[C]. 2018CCDC, Shenyang, 2018.

[7] 张贵祥,金光,曲宏松.星载光学遥感器地面幅宽与轨道参数之间关系[J].光学精密工程,2008,16(8):1522-1527.

[8] 陈雪芹,耿云海,王峰,等.敏捷小卫星对地凝视姿态跟踪控制[J].光学精密工程,2012,20(5):1031-1039.

[9] 孙志远,金光,等.视频小卫星凝视姿态跟踪理论分析与试验[J].光学精密工程,2011,19(11):2715-2723.

[10] 张刘,孙志远,金光,等.星载 TDI CCD 动态成像全物理仿真系统设计[J].光学精密工程,2011,19(3):641-650.

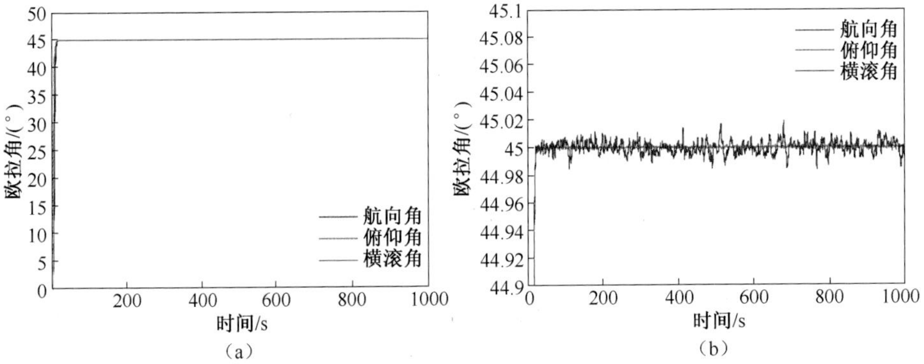

图 5-6 欧拉角及放大曲线（准滑模控制）

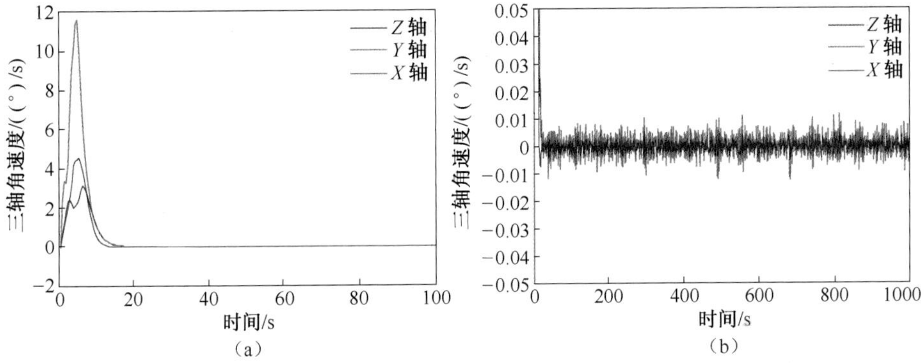

图 5-7 三轴角速度及放大曲线（准滑模控制）

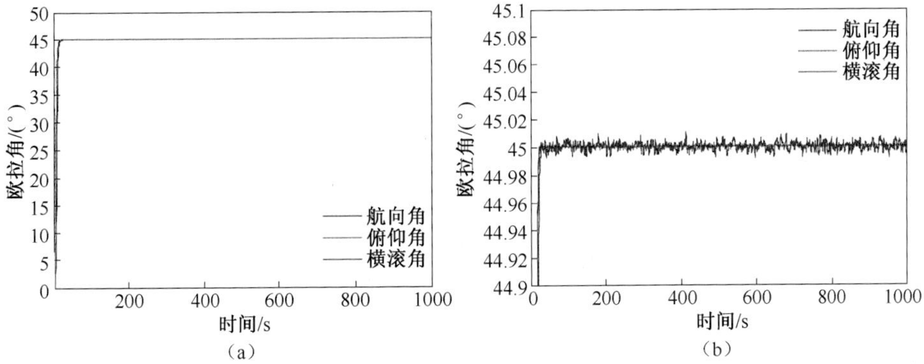

图 5-8 欧拉角及放大曲线（基于 LESO 的准滑模控制）

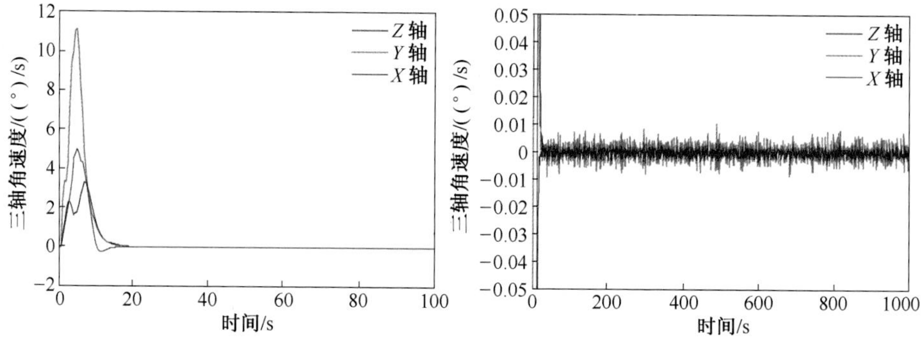

（a）　　　　（b）

图 5-9　三轴角速度及放大曲线（基于 LESO 的准滑模控制）

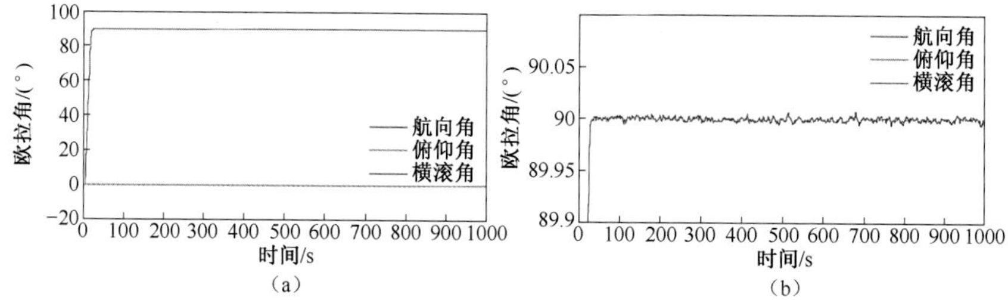

（a）　　　　（b）

（c）

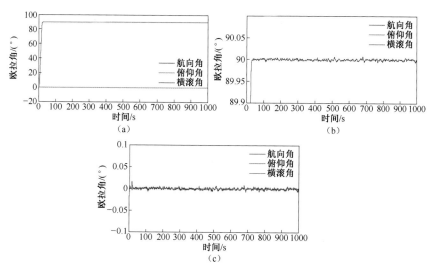

图 5-10　欧拉角及放大曲线（准滑模控制）

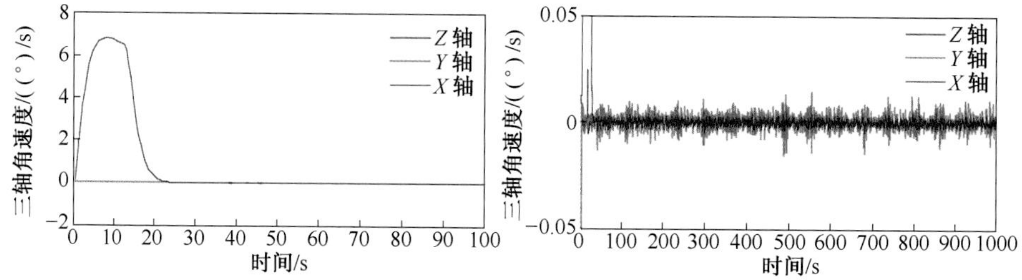

（a）　　　　（b）

图 5-11　三轴角速度及放大曲线（准滑模控制）

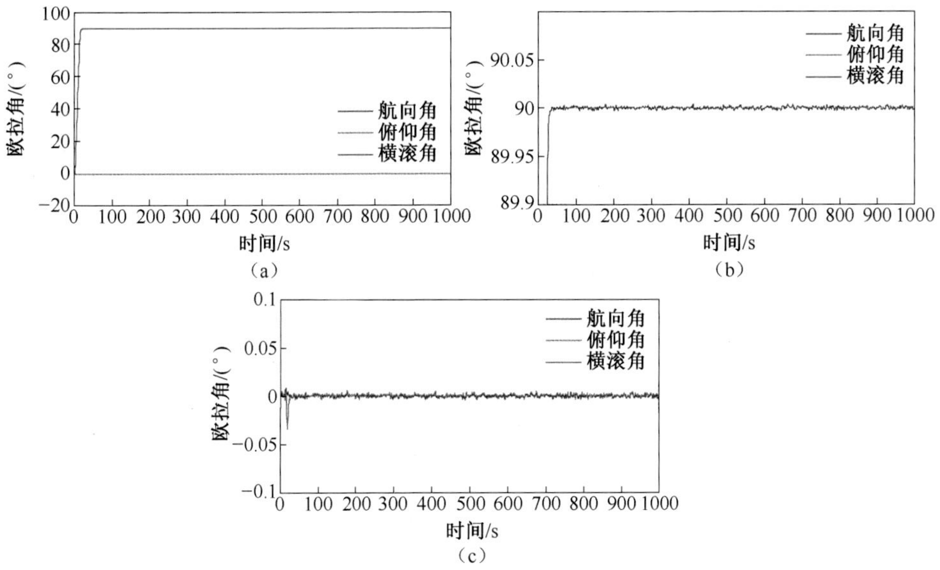

图 5-12　欧拉角及放大曲线(基于 LESO 的准滑模控制)

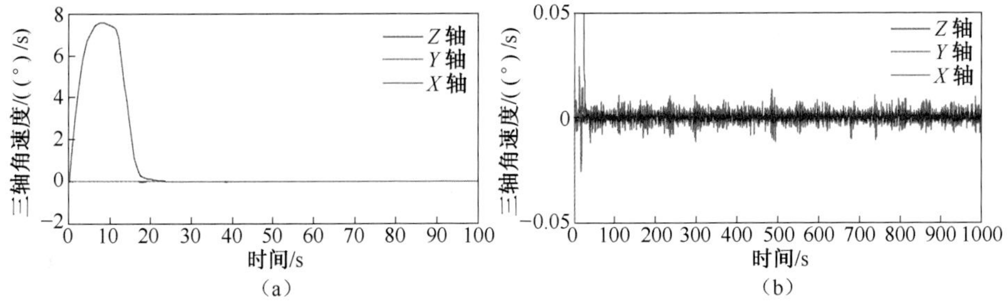

图 5-13　三轴角速度及放大曲线 (基于 LESO 的准滑模控制)

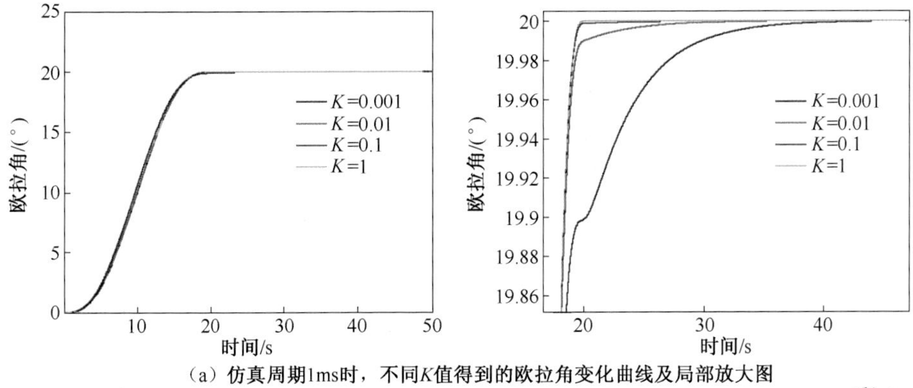

(a) 仿真周期1ms时，不同K值得到的欧拉角变化曲线及局部放大图

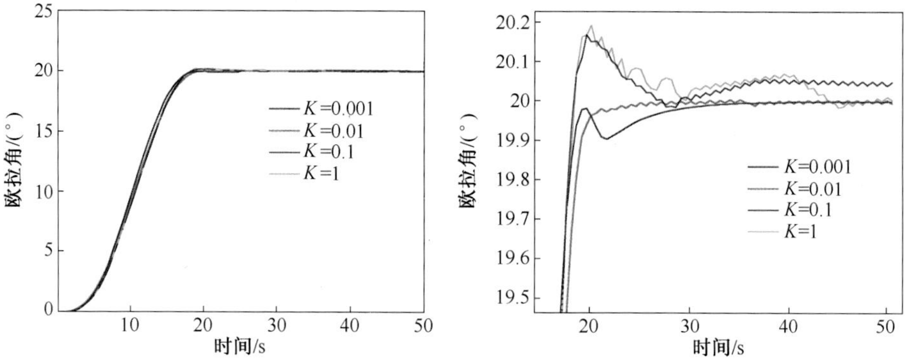

（b）仿真周期0.5s时，不同K值得到的欧拉角变化曲线及局部放大图

图 5-14　不同 K 值对机动结果的影响

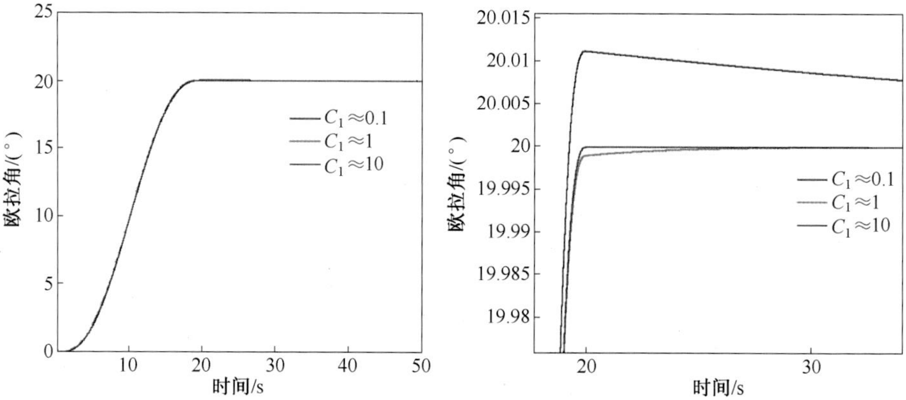

（a）仿真周期1ms时，不同C_1值得到的欧拉角变化曲线及局部放大图

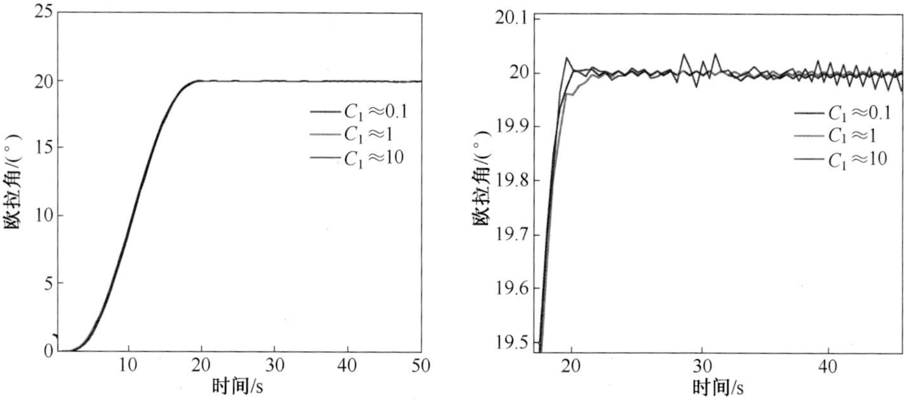

（b）仿真周期0.5s时，不同C_1值得到的欧拉角变化曲线及局部放大图

图 5-15　不同 C_1 值对机动结果的影响

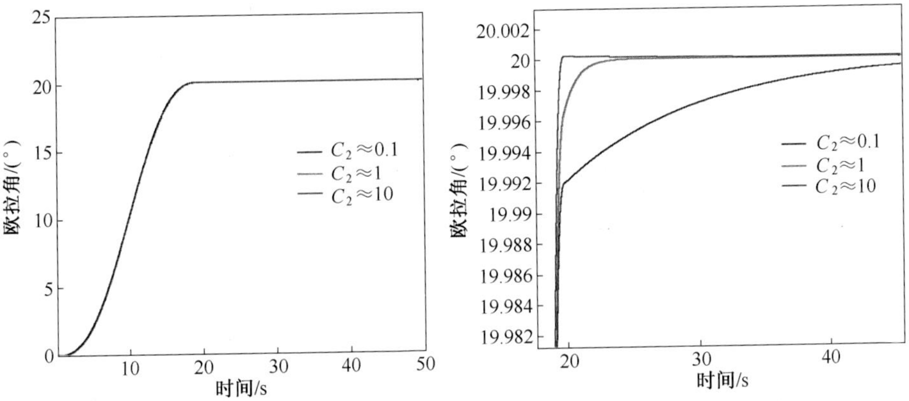

（a）仿真周期1ms时，不同C_2值得到的欧拉角变化曲线及局部放大图

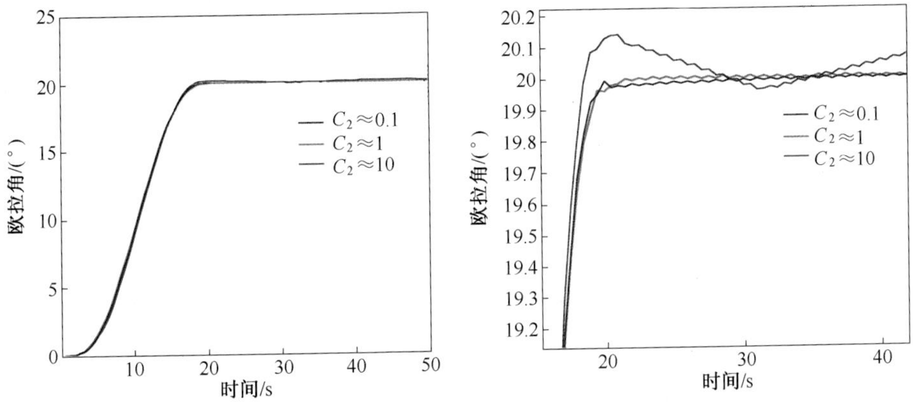

（b）仿真周期0.5s时，不同C_2值得到的欧拉角变化曲线及局部放大图

图 5-16 不同 C_2 值对机动结果的影响

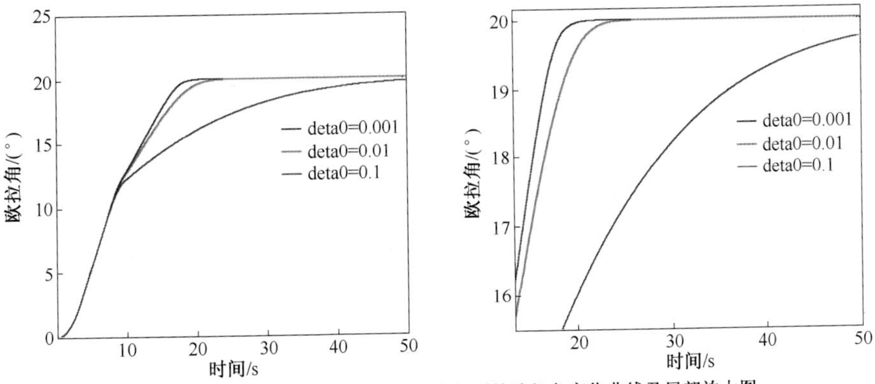

（a）仿真周期1ms时，不同deta0值得到的欧拉角变化曲线及局部放大图

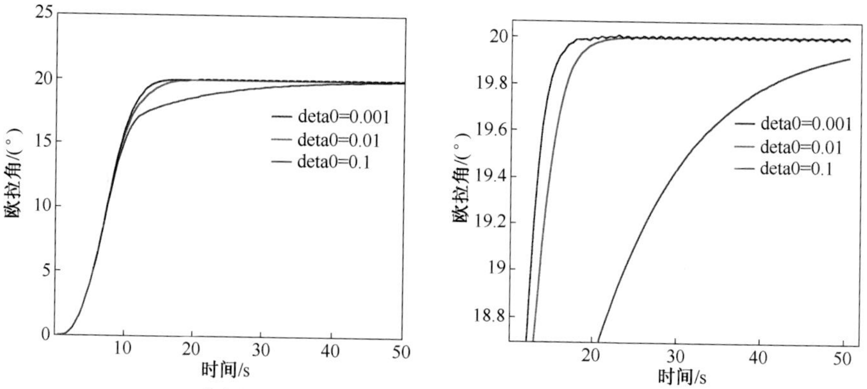

（b）仿真周期0.5s时，不同 deta0 值得到的欧拉角变化曲线及局部放大图

图 5-17　不同 deta0 值对机动结果的影响

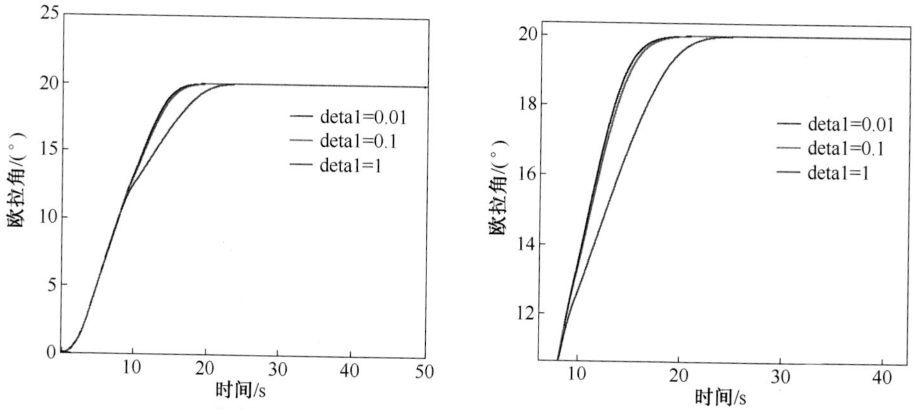

（a）仿真周期1ms时，不同deta1值得到的欧拉角变化曲线及局部放大图

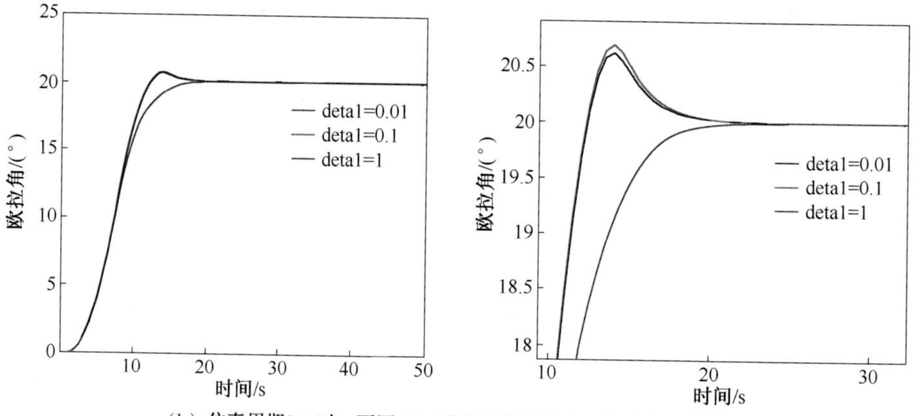

（b）仿真周期0.5s时，不同deta1值得到的欧拉角变化曲线及局部放大图

图 5-18　不同 deta1 值对机动结果的影响

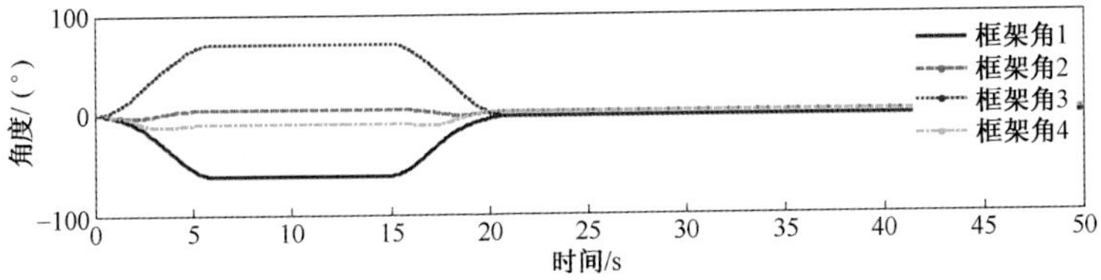

（a）CMG框架角

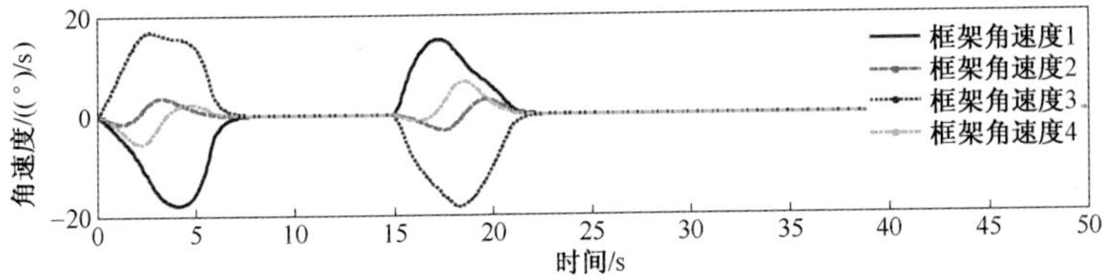

（b）CMG框架角速度

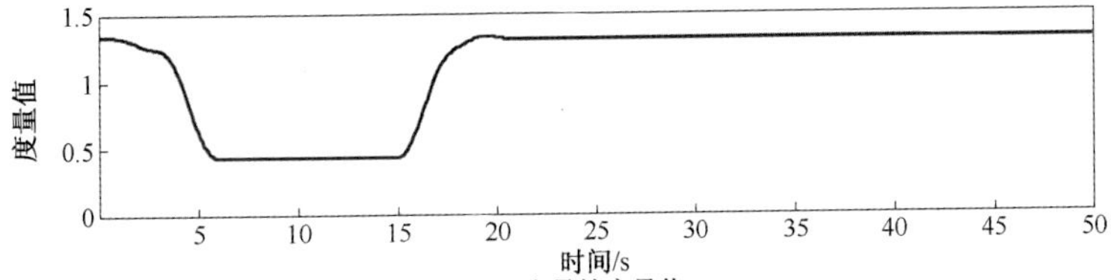

（c）奇异性度量值

图 5-22　CMG 群框架角位置、角速度及奇异性度量变化曲线

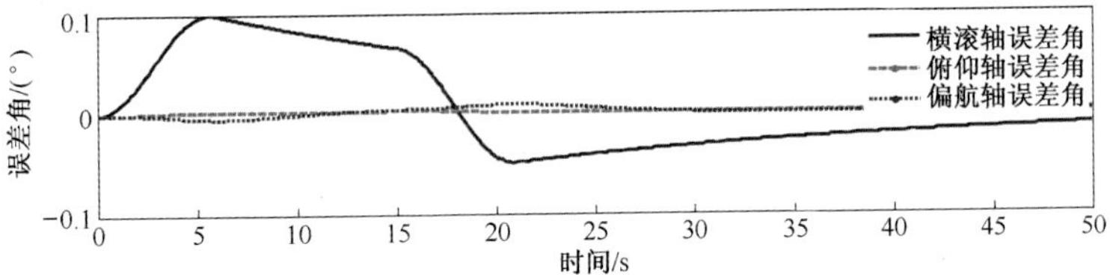

（a）跟踪误差角

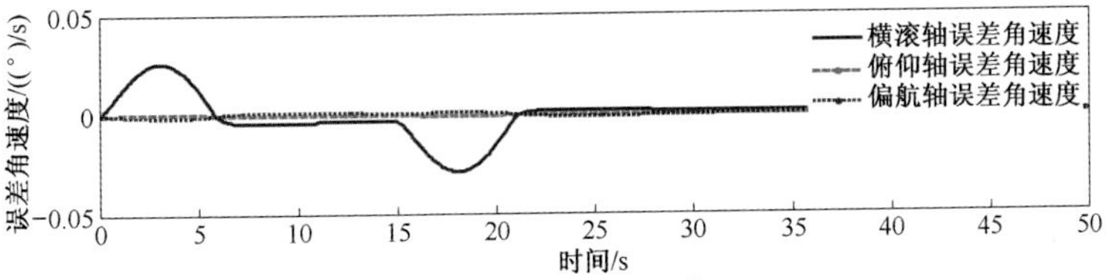

（b）跟踪误差角速度

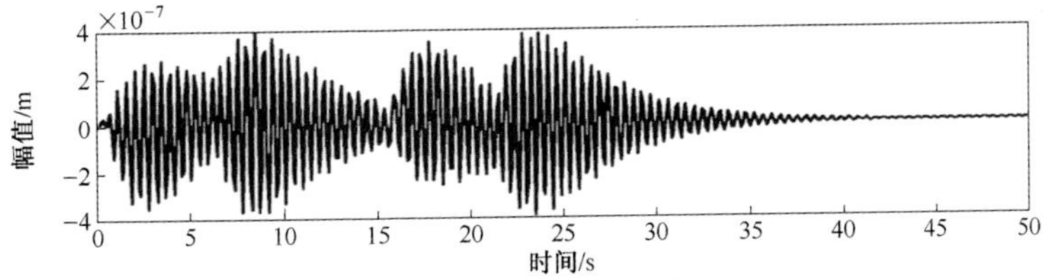

（c）挠性附件振动幅值

图 5-23　跟踪误差及挠性附件振动位移变化曲线

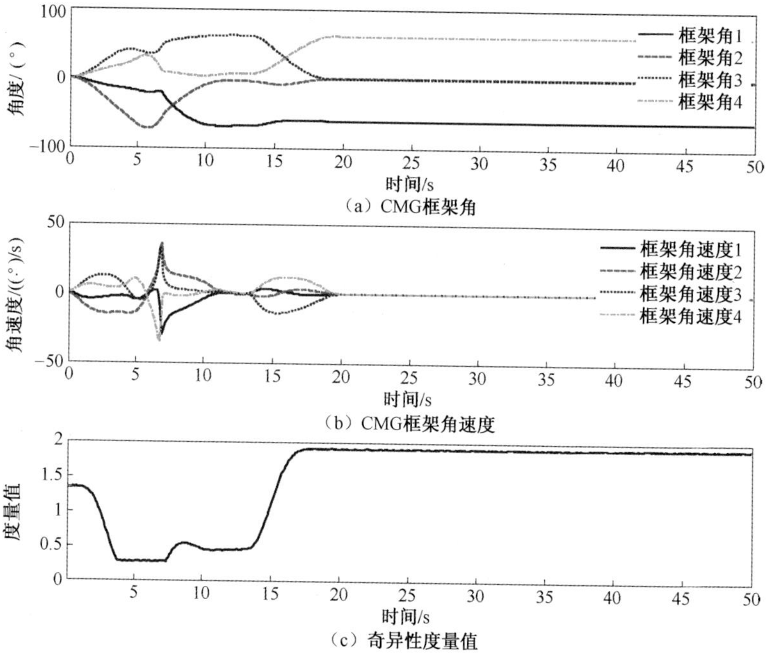

（a）CMG框架角

（b）CMG框架角速度

（c）奇异性度量值

图 5-25　CMG 群框架角位置、角速度及奇异性度量变化曲线

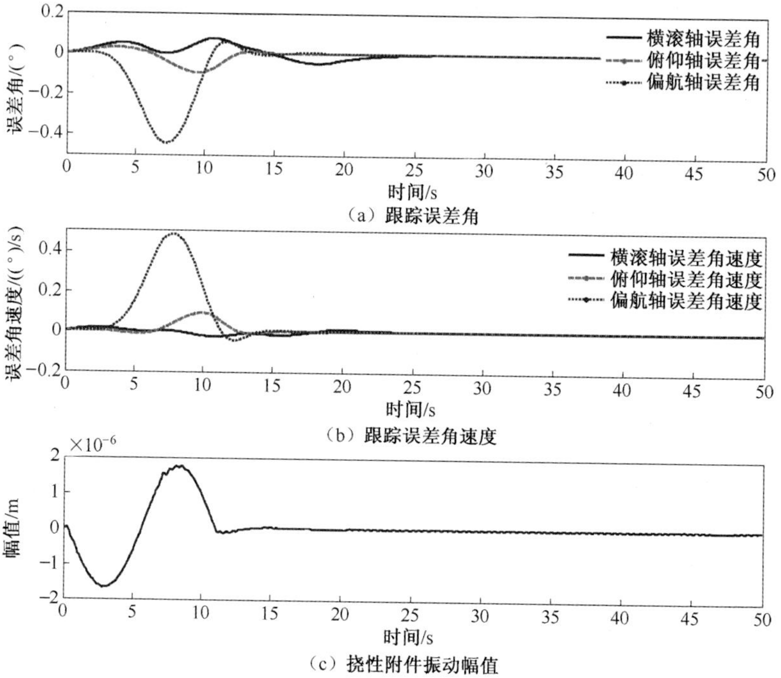

（a）跟踪误差角

（b）跟踪误差角速度

（c）挠性附件振动幅值

图 5-26　跟踪误差及挠性附件振动位移变化曲线

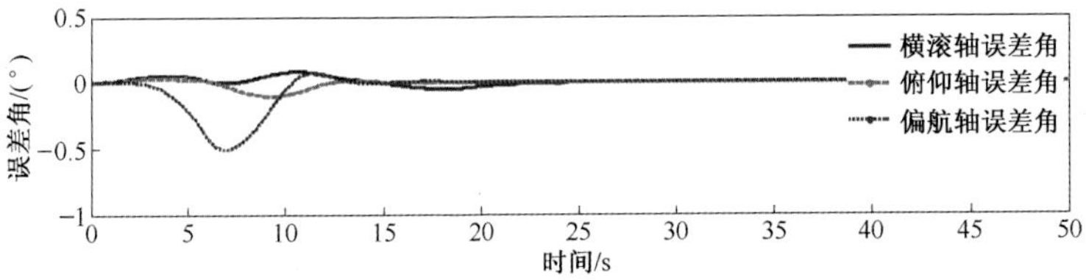

（a）跟踪误差角

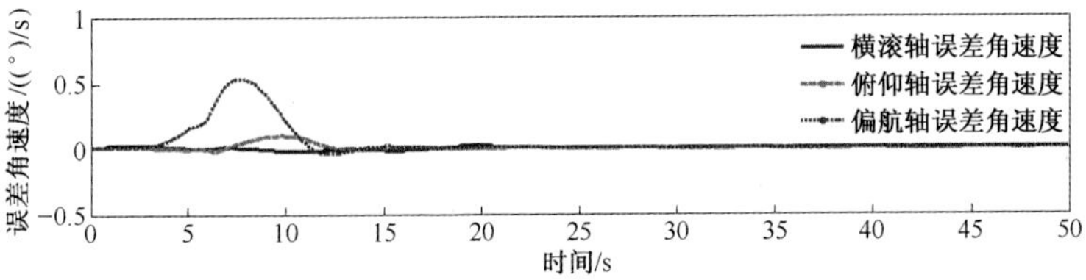

（b）跟踪误差角速度

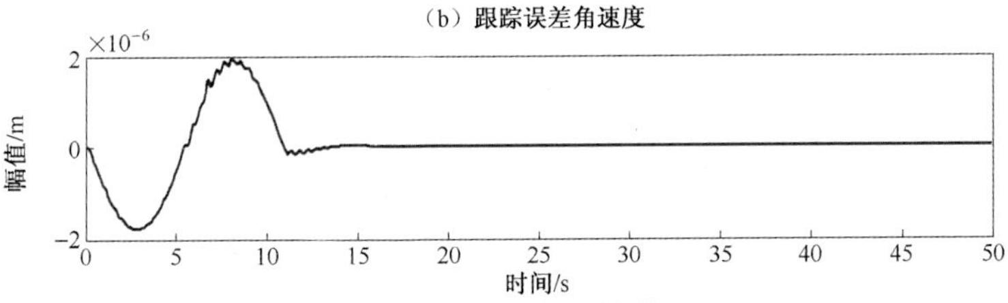

（c）挠性附件振动幅值

图 5-28　跟踪误差及挠性附件振动位移变化曲线

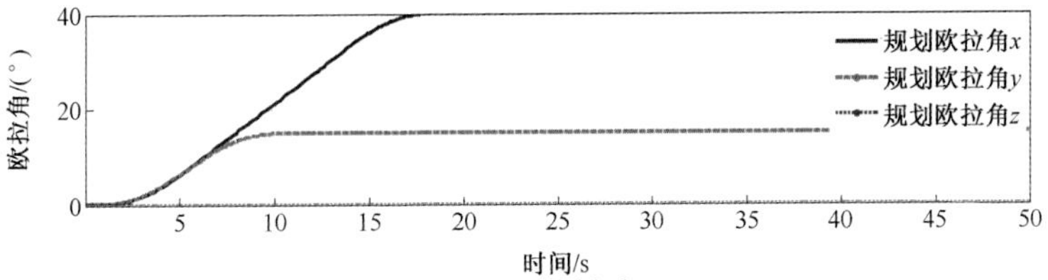

（a）规划欧拉角

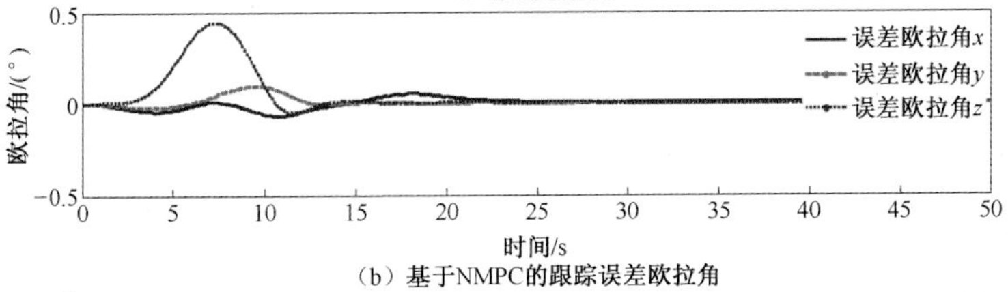

（b）基于NMPC的跟踪误差欧拉角

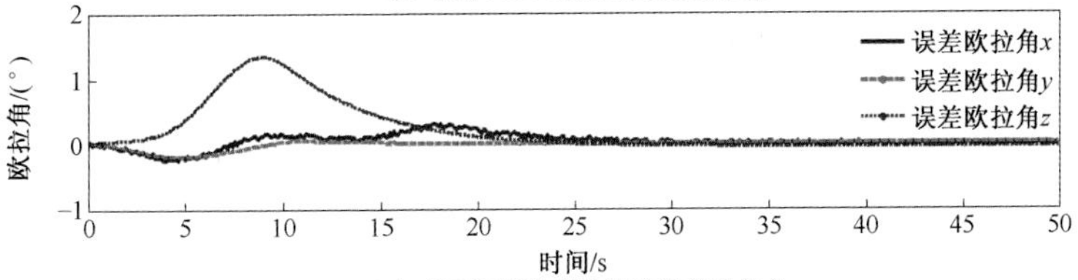

（c）基于滑模控制的跟踪误差欧拉角

图 5-29　两种方法对规划欧拉角的跟踪结果对比

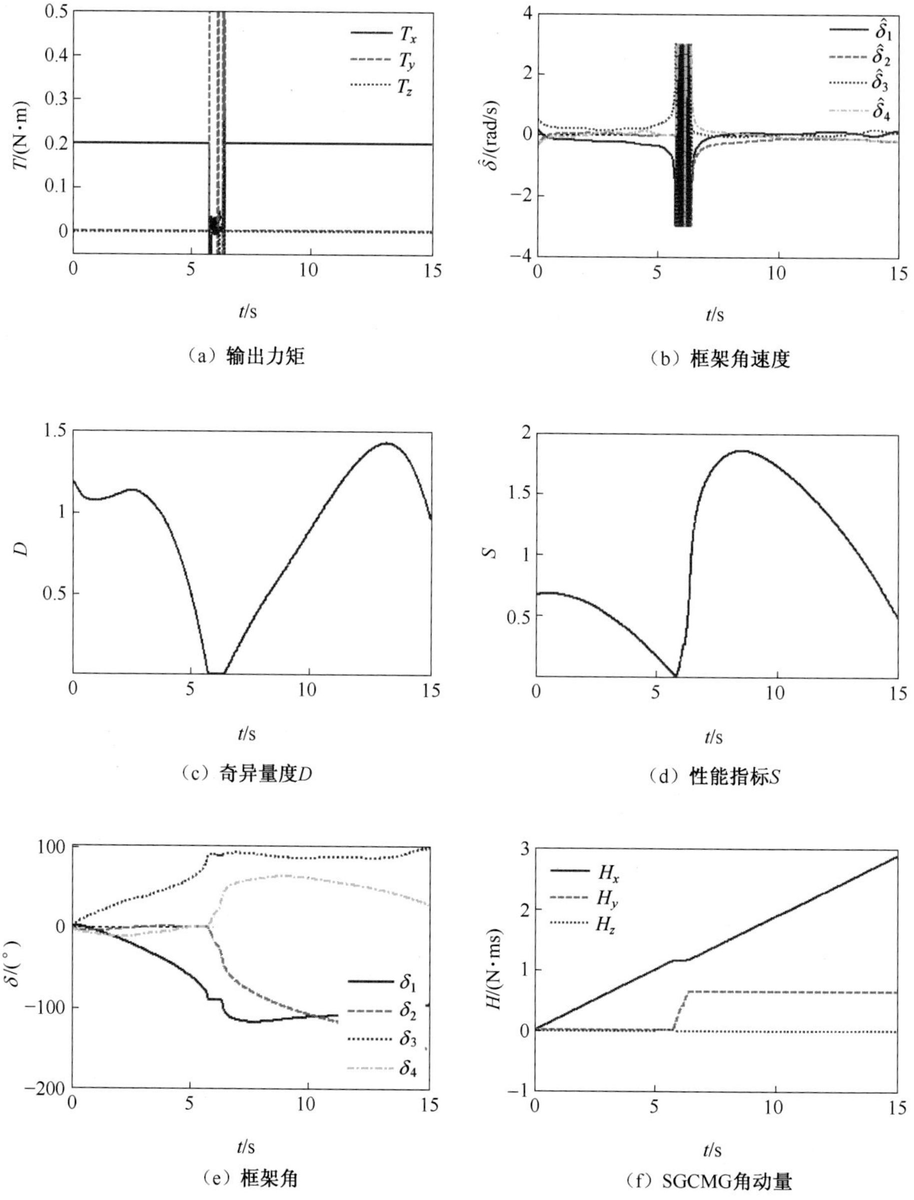

（a）输出力矩　（b）框架角速度

（c）奇异量度D　（d）性能指标S

（e）框架角　（f）SGCMG角动量

图 6-14　带零运动操纵律仿真结果($\delta=[0°,0°,0°,0°]^{T}$)

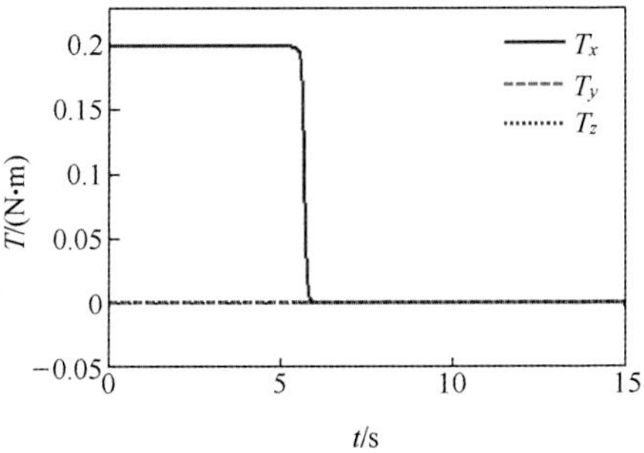

(a) 输出力矩

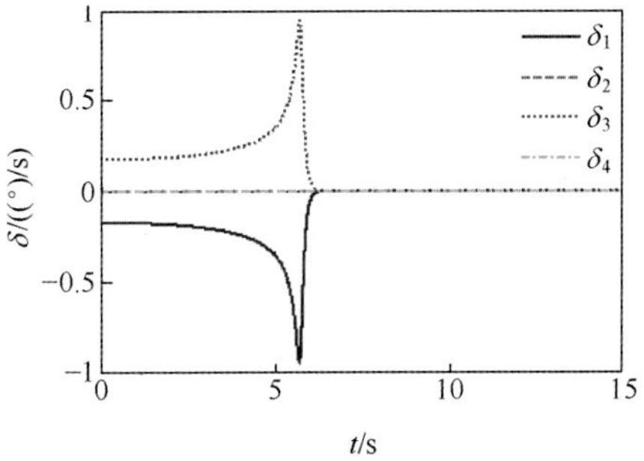

(b) 框架角速度

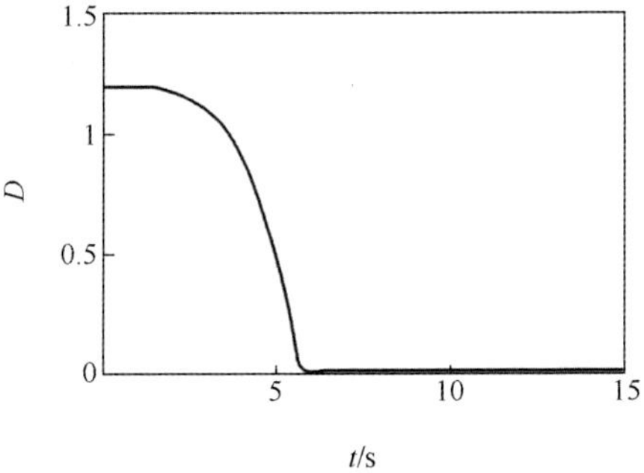

(c) 奇异量度D

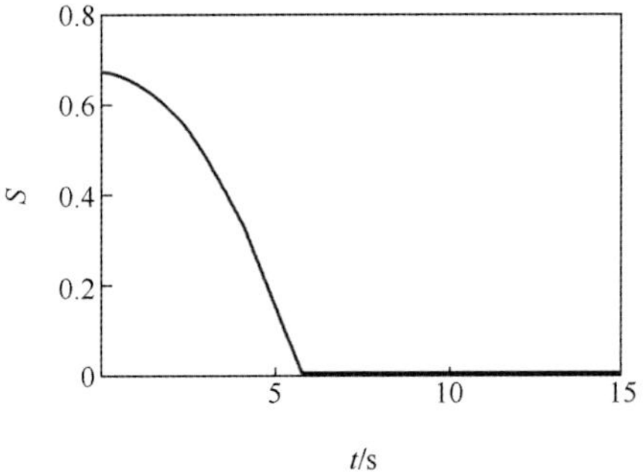

(d) 性能指标S

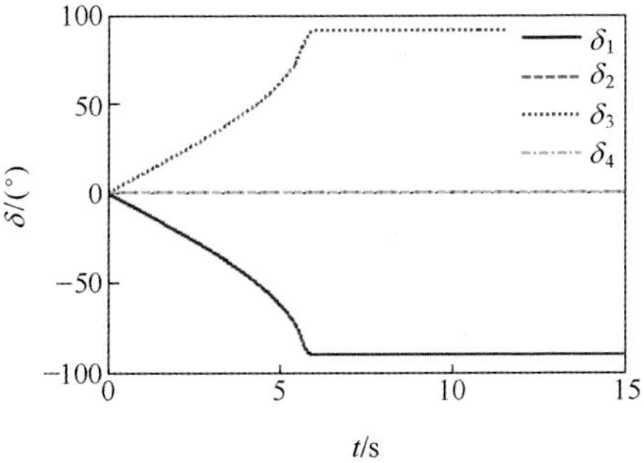

(e) 框架角

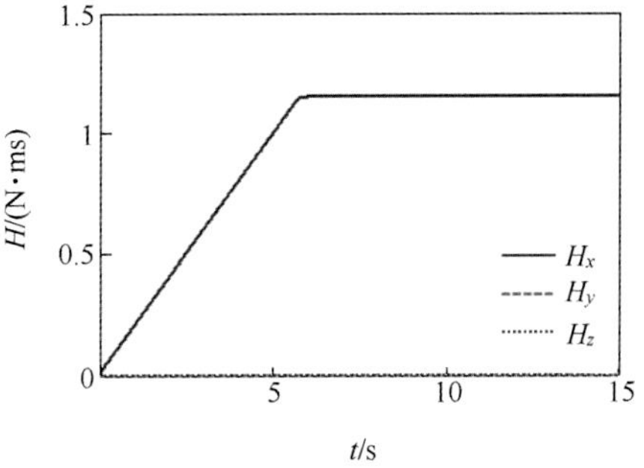

(f) SGCMG角动量

图 6-15 奇异鲁棒操纵律仿真结果($\delta_0=[0°,0°,0°,0°]$)

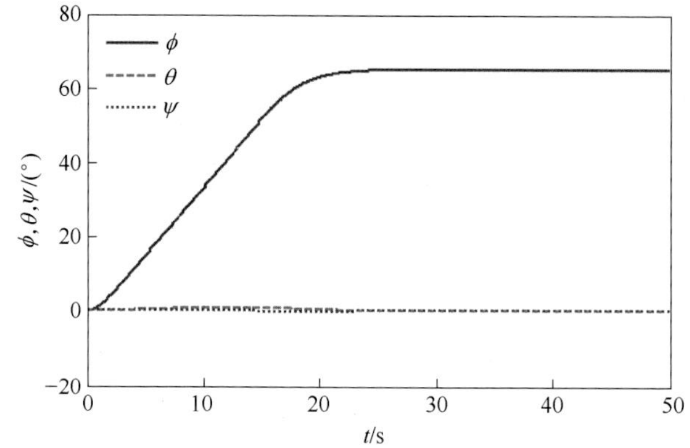

图 6-19　欧拉角变化曲线

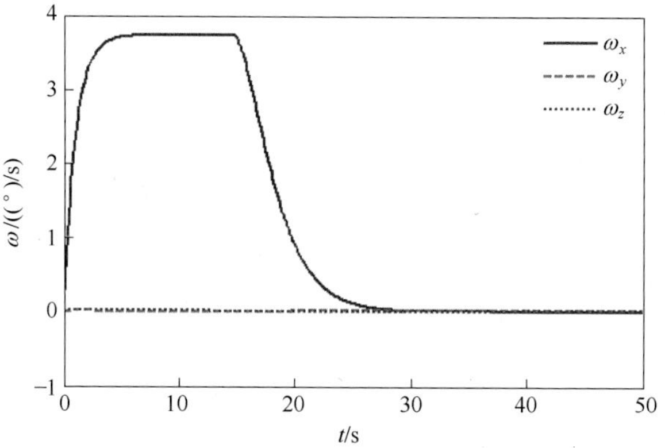

图 6-20　姿态角速度变化曲线

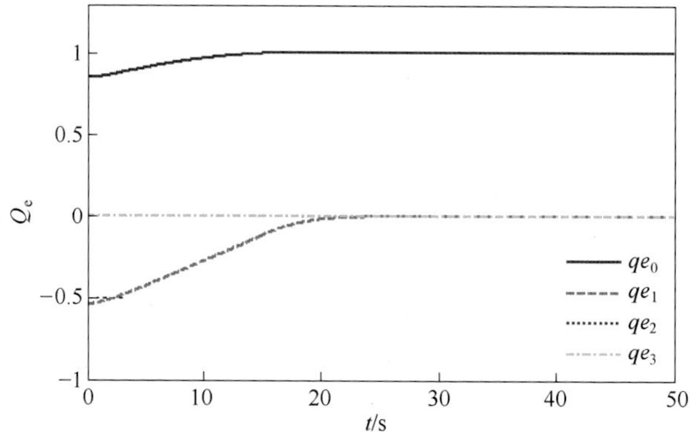

图 6-21　误差四元数变化曲线

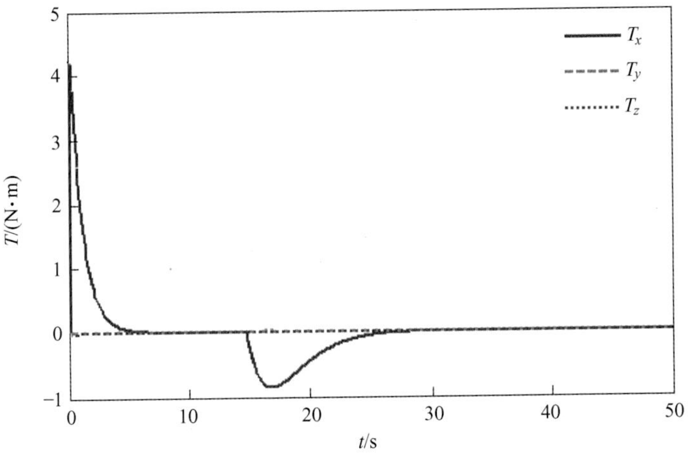

图 6-22　控制力矩变化曲线

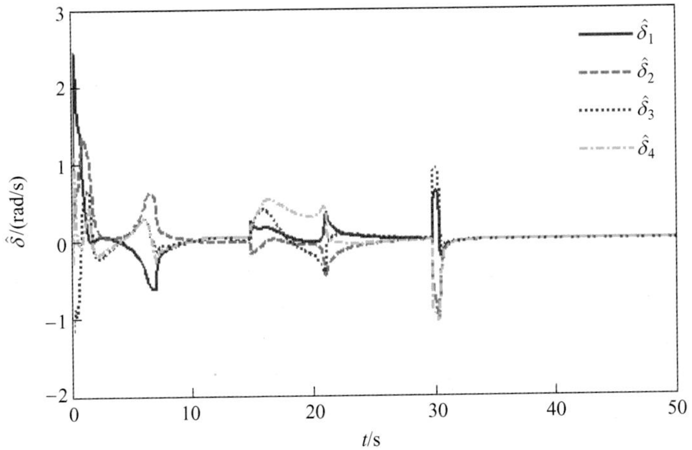

图 6-23　框架角速度变化曲线

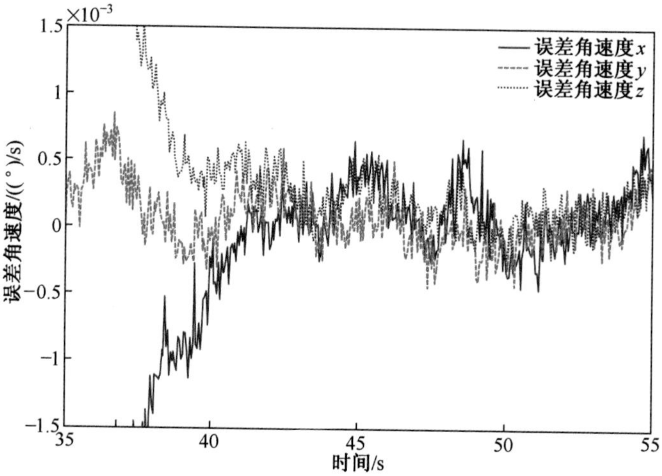

图 7-12　第二条带误差角速度放大图

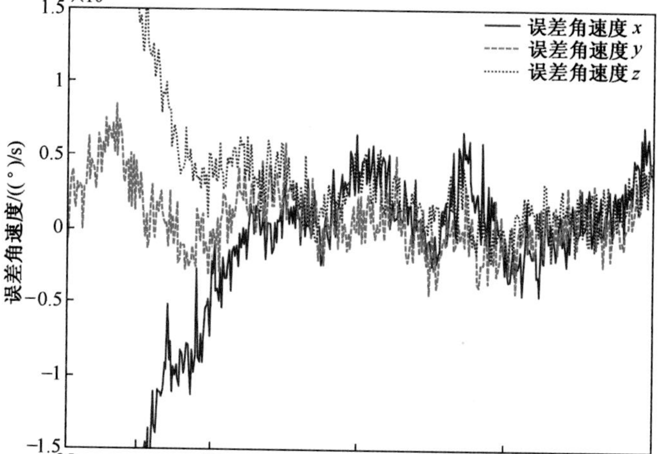

图 7-15　第三条带误差角速度放大图

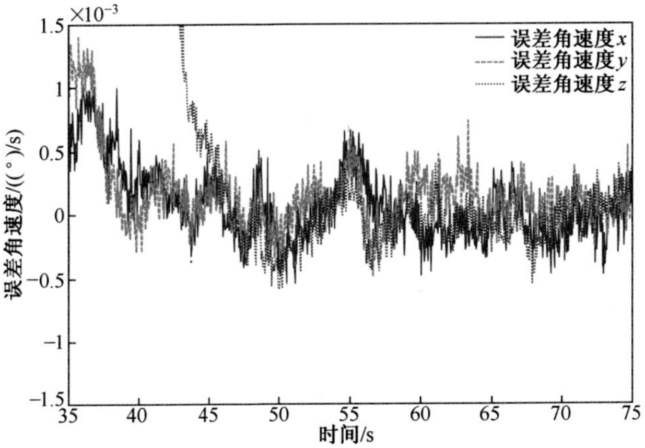

图 7-18　第二条带误差角速度放大图

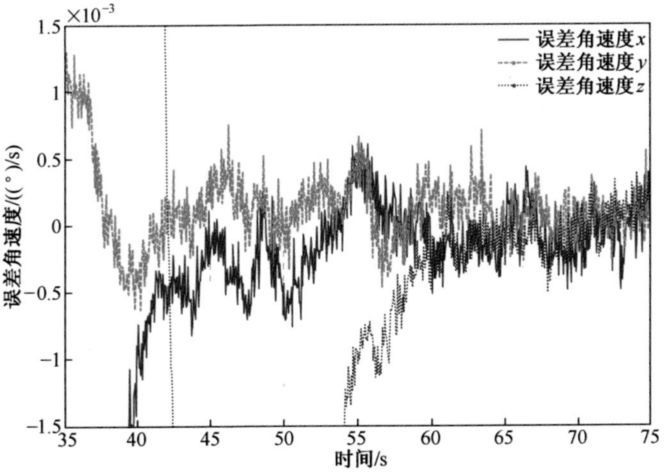

图 7-21　第三条带误差角速度放大图

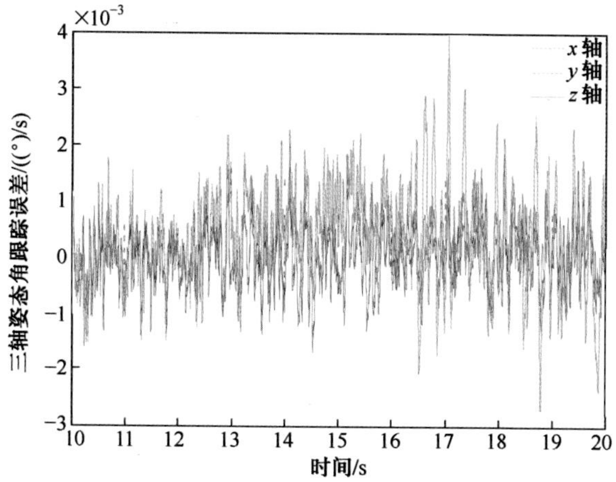

图 7-37　钟摆式搜索成像三轴姿态角跟踪误差半物理仿真

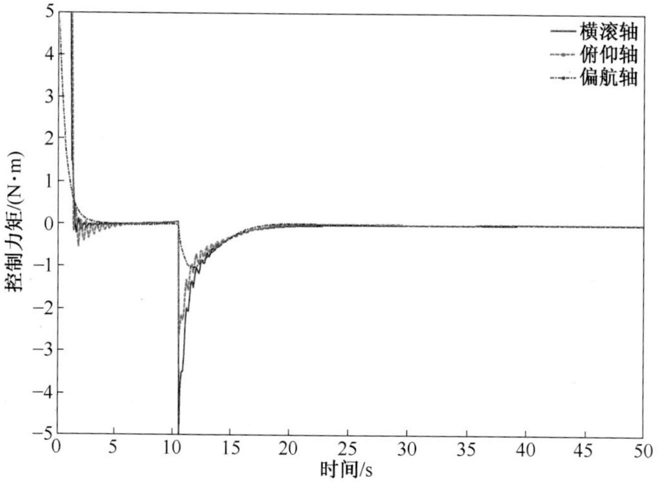

图 7-54　折算后的姿态机动控制力矩曲线